高等职业教育土木建筑类系列规划教材

建筑安装工程
BIM计量软件应用

主　编　宋洁萱　毕凤奇
主　审　郭红全

大连理工大学出版社

图书在版编目(CIP)数据

建筑安装工程 BIM 计量软件应用 / 宋洁萱，毕凤奇主编. -- 大连 ：大连理工大学出版社，2024.6

ISBN 978-7-5685-4953-0

Ⅰ. ①建… Ⅱ. ①宋… ②毕… Ⅲ. ①建筑安装一工程造价一计算机辅助设计一应用软件一高等职业教育一教材 Ⅳ. ①TU723.3-39

中国国家版本馆 CIP 数据核字(2024)第 080607 号

大连理工大学出版社出版

地址:大连市软件园路 80 号　邮政编码:116023

发行:0411-84708842　邮购:0411-84708943　传真:0411-84701466

E-mail:dutp@dutp.cn　URL:https://www.dutp.cn

大连图腾彩色印刷有限公司印刷　　大连理工大学出版社发行

幅面尺寸:185mm×260mm　印张:11.25　字数:287 千字

2024 年 6 月第 1 版　　2024 年 6 月第 1 次印刷

责任编辑:康云霞　　责任校对:唐　爽

封面设计:方　茜

ISBN 978-7-5685-4953-0　　定　价:65.00 元

前言

随着建筑业技术的不断进步，建筑信息模型(BIM)技术已成为推动行业发展的关键因素。BIM技术不仅能提高建筑项目设计的质量和效率，还能在其全生命周期中发挥重要作用，尤其在安装工程的计量和成本管理方面表现突出。同时随着建筑业数字化和智能化趋势日益显现及市场认可度逐年提升，我国对BIM软件的需求量正逐年增长。本教材结合高等职业教育的特点，按照建筑安装工程的一般流程编写而成。本教材可作为高等职业院校建筑工程技术、工程造价、建筑装饰工程技术、建筑设备工程技术、建筑智能化工程技术、建筑消防技术等专业的教学用书，也可作为建筑工程单位预算管理人员学习参考、概预算人员资格考试的培训教材。本教材旨在为建筑专业的学生和从业人员提供全面的指南，帮助读者理解并掌握使用BIM计量软件进行建筑安装工程计量的方法，进而提高工程项目成本控制能力和决策效率。

本教材特色主要体现在以下三方面：

1. 坚持正确的政治方向，弘扬新时代爱国精神

在教材编写过程中，为系统、全面、准确落实党的二十大精神，切实增强教材的铸魂育人功能，编者深入学习了党的二十大报告，创新了教材的呈现形式，将习近平新时代中国特色社会主义思想融入其中，以立德树人为根本任务，坚持德技并修的育人机制，培养学生规范操作、细致认真、精益求精的工匠精神和勇挑重担、共创美好家园的爱国情怀。

2. 理论与实际结合紧密，注重典型工程实例的选取

本教材通过选取若干工程实例系统阐述了广联达BIM计量软件GQI2021操作流程，包含理论知识讲解、工程实例特点分析和实际操作指导，旨在帮助读者全面理解并掌握BIM计量软件在安装工程中的应用方法。选取的工程实例按照建筑安装工程的一般顺序进行编排，包括同一个工程项目的给排水工程建模、消防工程建模、采暖工程建模、通风空调工程建模、电气工程建模，使读者能够系统理解建筑安装工程的知识重点和难点，熟练掌握BIM计量软件的操作技能。

3. 利用“互联网+”融媒体，提供教学视频资源

本教材的每个工程实例都配备了构件建模操作的教学视频，读者可以扫描教材中的二维码来观看这些视频，体验教师的详尽讲解，从而增强学习过程的身临感、参与感和积极性、互动性，使软件操作简单易学。

本教材由青海建筑职业技术学院宋洁萱、毕凤奇任主编，青海大学佟勇、青海建筑职业技术学院赵春福、雷占军任副主编，青海省宏盛工程建设监理有限公司总工程师段永萍任参编，青海建筑职业技术学院院长郭红全任主审。具体编写分工如下：第一章、第二章、第四章由宋洁萱编写，第三章由赵春福、段永萍编写，第五章由佟勇编写，第六章由毕凤奇、雷占军编写。全书由宋洁萱统稿并定稿。

在编写本教材的过程中，我们参考、引用和改编了国内外出版物中的相关资料以及网络资源，在此对这些资料的作者表示深深的谢意。请相关著作权人看到本教材后与出版社联系，出版社将按照相关法律规定支付稿酬。

编　者
2024 年 6 月

所有意见和建议请发往：dutpgz@163.com
欢迎访问职教数字化服务平台：https://www.dutp.cn/sve/
联系电话：0411-84707424　84708979

目录

第一章
建筑安装工程BIM计量软件概述

章节概述

在科学技术日新月异、"互联网+"和工业4.0应运而生的年代，建筑业在信息技术的引领下进入绿色工程、装配式工程阶段，逐渐脱离粗放式建设。利用BIM技术协同管理，模拟方案，设置路径，预先解决问题，可使工程造价和施工项目管理全面转型为精细化全生命周期管理。目前BIM技术在建筑安装工程领域应用相对成熟，而且效益非常明显，如净空分析、管线综合、机电深化等。BIM模型的可视化与协同设计，使建筑安装工程的效率得到了显著提高。

学习目标

知识目标：1. 熟悉BIM的基本概念、功能特色。

2. 掌握广联达BIM安装计量软件GQI2021的安装。

3. 理解参数化建模的技术要点。

能力目标：能够使用广联达BIM安装计量软件GQI2021建模。

素质目标：1. 培养遵守职业道德、保守商业秘密、公正无私、诚实守信的精神。

2. 培养团队合作精神，能够在团队中发挥作用，与其他成员协作完成复杂的工程项目。

3. 培养合理安排工作时间、确保在规定时间内完成预算编制任务的能力。

第一节　BIM的概念及其在造价管理中的应用

一、BIM的概念

BIM的中文名称为建筑信息模型(Building Information Modeling),由欧特克(Autodesk)公司在2002年率先提出,目前已在全球范围内得到业界的广泛认可,被誉为建筑业实现可持续设计的标杆。BIM概念及其提供的解决方案是我国建筑业实现高效、协作和可持续发展的必经之路。从理念上说,BIM试图将建筑项目的所有信息纳入一个三维的数字化模型中。这个模型不是静态的,而是随着建筑全生命周期的不断发展而逐步演化的,前期方案、设计、施工、建后维护和运营管理等各个阶段的信息都可被不断地集成到模型中。

简单来讲,BIM就是在建筑工程动工之前,先在计算机中模拟一遍建造过程,以弥补设计中的不足和解决真实施工中可能存在的问题。这个模拟以真实数据为基础,是一种能够真正反映现实问题的模拟。经过二十多年的发展和论证,各大城市均已认可BIM的技术优势,BIM作为基于可视化建筑信息模型的信息集成和管理技术,先天具有协同性、可视化、模拟性、优化性、节约成本、共建共享等优势。因此可以说BIM就是真实建筑物在计算机中的数字化记录。

当设计、施工、运营等各阶段相关人员需要获取建筑信息(如图纸、材料统计、施工进度等)时,可以从BIM中将其快速提取出来。虽然BIM由三维CAD技术发展而来,但是它的目标比CAD更为高远。如果说CAD旨在提高建筑设计师的绘图效率,那么BIM则旨在改善建筑全生命周期的性能表现和整合信息。

从技术上说,BIM不像CAD那样,将建筑信息存放在相互独立的成百上千个DWG格式文件中,而是用一个模型文件来存储所有的建筑信息。当需要呈现某些建筑信息时,无论是建筑的平面图、剖面图,还是门窗明细表,这些建筑信息都可从模型文件中实时、动态地生成,因此可以被理解成数据库的一个视图。无论在模型中进行任何修改,所有相关的视图都会得到实时、动态的更新,从而保证所有数据一致和最新,从根本上消除了CAD文件修改时数据不一致、更新不及时的现象。

二、广联达BIM安装计量软件GQI2021

广联达BIM安装计量软件GQI2021是针对民用建筑安装全专业所研发的一款工程量计算软件。GQI2021能够兼容行业中所有图纸类型和算量模式,包括CAD图纸、PDF图纸、表格算量、Revit模型等。通过智能化识别、可视化三维显示、专业化计算规则、灵活化工程量统计、无缝化计价导入等,全面解决工程造价和技术人员在提量、对量等阶段手工计算效率低、审核难度大等问题。广联达BIM安装计量软件GQI2021的优势主要体现在以下几个方面:

1. 全专业、全类型、全模式

广联达BIM安装计量软件GQI2021包括了电气、给排水、消防、通风、空调、采暖、燃气等专业,可在安装算量软件里进行节能模拟、紧急疏散模拟、日照模拟、热能传导模拟、施工模拟等操作。

2. 可视化三维显示

可视化是以“所见即所得”的形式，向人们提供观察整体模型三维视图的功能。对于建筑业来说，可视化意义巨大，例如，施工人员拿到的施工图纸通常只有用线条来表达的各类构件信息，而这些构件的真实构造需要施工人员自行想象。对于简单的构件来说，这种想象未尝不可，但是现在的建筑形式多种多样，复杂造型不断涌现，光靠人脑来想象显然是不符合现实的。而广联达 BIM 安装计量软件 GQI2021 提供了可视化的功能，能将以往线条形式的构件以三维立体实物的形式展现出来；同时可以实现三维技术交底，提供 CAD 图形与三维模型对照，并可用于工程验收阶段，提高验收效率和验收质量。

在广联达 BIM 安装计量软件 GQI2021 的工作环境中，整个过程是可视化的，三维模型结果可以用于汇报和展示，同时项目设计、建造、运营过程中的沟通、讨论和决策也可以在可视化的状态下进行。

3. 智能化识别

在建筑物的建造前期会对各专业的碰撞问题进行协调。各行业的项目信息会出现不兼容现象，如管道与桥架冲突、预留的洞口未留或尺寸不对等，电梯井布置与其他设计布置及净空要求不协调、防火分区与其他设计布置不协调、地下排水布置与其他设计布置不协调等。而广联达 BIM 安装计量软件 GQI2021 实现了智能化识别，可以识别各种设备和管线，还可对一些零星构件通过识别进行快速建模、快速算量；在三维环境下（特别是在设计复杂和管线密集区域）可以优化净空和管线排布方案，解决管线碰撞冲突；应用专业检查工具，可以有效地控制净高，提高工作效率。

4. 灵活化工程量统计

利用广联达 BIM 安装计量软件 GQI2021 的图元查量功能，能够快速查看某一图元工程量统计，无须汇总计算。

5. 无缝化计价导入

在广联达 BIM 安装计量软件 GQI2021 中，图纸导入无须格式转换，Revit 模型文件也可无缝导入其中。

6. 专业化计算规则

在广联达 BIM 安装计量软件 GQI2021 中，不同的专业对应不同的模块计算规则。

7. 协同化工作

协同化工作包括建筑设计时的能量分析、碰撞检查、成本计算，施工时的进度跟踪、现场安全，使用时的运营管理、维修管理，以及使用后的翻新、改造、拆除等。在此期间，广联达 BIM 安装计量软件 GQI2021 能够有效地综合所有建筑项目所涉及的部门，为建筑项目的每个过程提供精准化服务。

在传统设计过程中，因软件和技术的局限性，难以实现各专业设计人员的协同化工作，必然产生沟通不畅与非必要性修改等问题，从而极大地影响了设计团队的工作效率。而在广联达 BIM 安装计量软件 GQI2021 中存在一个共享平台，即信息模型，各个专业设计人员可同时对此信息模型进行设计，将各自所需要的设备构件、管道信息设置于模型中并赋予其相应的参数，还可在第一时间了解其他专业的设备参数、设计进度、交叉碰撞等情况。

三、BIM技术在造价管理中的应用

BIM技术是利用计算机及相应的软件对建筑项目进行模拟和仿真，在此过程中提供建筑信息，使施工团队能够从多个角度了解建筑项目的基本信息和整体情况，为施工提供便利。在工程造价管理中，可运用BIM技术掌握施工要求和实际情况，充分发挥BIM技术的优势，构建工程项目三维模型，使建筑的整体形象更加直观、立体，并通过科学分析、合理设计，避免设计失误，使材料与技术的应用更加明确和有针对性。管理人员可结合建筑三维模型的实际情况，确定各环节的施工管理目标和造价，并结合所获得的信息和数据，使工程造价管理更加完善、细致，促进管理水平逐步提升，进而帮助企业或施工团队在工程造价管理中取得较好成效，解决原有因技术不足而存在的管理或施工问题，提高工作效率。同时设计人员可利用BIM技术，结合图纸、材料清单和施工技术要求，对工程造价管理方案进行有效设计，规避其中诸多影响因素。总之，运用BIM技术的三维模型可以明确工程造价管理各个环节的目标，提供材料数据和技术要求，根据施工现场进度合理推动工作进程，从而提高工程造价管理的水平和效率。

BIM技术在造价管理中的应用主要表现在以下几个方面：

1. 招投标阶段

招投标阶段的工作对于建筑工程造价管理来说尤为重要。在这个阶段中，造价管理人员需要确定承包商，利用BIM技术构建工程量模型，在掌握工程造价数据后提取相关的材料和设备价格信息，最终拟定工程项目建设方案。部分建设单位在招投标阶段容易产生问题，影响建筑工程项目最终的造价管理效用。在解决问题时，承包商需要掌握建筑工程项目建设施工的成本投入情况，做到对成本费用心里有数，这有利于后续各项工作的开展。在利用BIM技术优化招投标阶段的造价管理时，要将工作重点放在施工工艺和施工流程的优化上，以此快速掌握工程项目建设的造价信息，提高施工方案的技术含量，使其能够体现较高的经济价值，确保承包商的合法利益。

2. 设计阶段

设计阶段的工程造价管理是项目工程造价管理的关键，对项目整体造价的影响非常大。项目设计阶段包括初步设计和施工图纸设计两个阶段。在初步设计阶段，利用BIM模型信息，能够快速、准确地获取工程基础数据，拆分实物算量，保证项目在技术上可行，在经济上合理，由此控制工程造价。

在设计阶段，利用BIM技术开展建筑工程造价管理工作，主要表现在BIM技术可以通过构建信息模型的方式，对每个要点内容进行准确分析，为成本造价的合理控制提供可靠性保障。在这个阶段实施造价管理工作，要求管理人员与设计人员合作，根据BIM建筑结构模型、设备模型和场地信息模型联合展现出来的工程项目建设施工内容来控制整体造价，让其中涉及的多个专业和工种能够协同作业，以防止在计算成本造价阶段产生冲突。在设计阶段经常会产生资源分配不均的问题，造价管理人员可以利用BIM技术开展碰撞试验，对图纸内容进行审核，从而发现其中不符合设计意图之处，并对其进行优化。此外，还可以利用BIM模型从软件中直接提取工程信息、施工进度信息和构件结构信息，为后续进度款支付和材料采购提供数据支持。因此建筑工程项目建设施工的每一项操作都会更加准确，从而减少返工事件，提高资源利用率，达到有效控制工程造价项目成本的目的。

3. 决策阶段

BIM 技术的可视化和模拟性等特点为项目决策提供了有力支持。项目决策人员可利用 BIM 模型构件的可运算性，快速统计工程量信息，进而结合造价信息和估算指标，完成项目的投资估算。

4. 施工阶段

施工阶段的造价管理目标是将工程项目造价控制在计划投资额范围内，定期将实际工程造价与目标工程造价进行对比，发现并纠正偏差。通过模型取量，对工程计量、工程变更、进度款支付、索赔管理和资金使用计划等进行全面管理。

在施工阶段，通过 BIM 技术对施工进行模拟是 BIM 技术的重要应用之一。模拟施工的目的是在施工前对施工的整个过程进行模拟，分析不同资源配置对工期的影响，综合分析成本、工期和材料等因素，得出最优建筑施工方案，从而减少因建筑过程中的错误而造成的成本浪费，甚至可以实现建筑构件的无纸化加工建造、整个施工周期的可视化模拟和可视化管理。施工人员可以迅速地为业主制订展示场地使用情况或更新调整情况的规划，从而提高与业主的沟通效率，将施工过程对业主运营和施工人员操作的影响降到最低。BIM 技术还能改进施工规划，从而节省施工阶段在过程与管理上投入的时间和资金。

5. 竣工结算阶段

竣工结算阶段工作主要是对建筑工程项目整体造价进行结算，明确成本资金的实际使用情况，从而评价造价管理水平及效用。竣工结算阶段的工程造价管理主要是指核算工程项目的最终实际造价，编制竣工决算文件，办理竣工移交等。在这个阶段开展相关工作时，造价管理人员要通过全面监控的方式，掌握工程项目建设施工进度和质量情况，防止产生延误工期的现象。在利用 BIM 技术时，造价管理人员需要对建筑工程项目建设中的各类数据信息进行整理、分析，还需要通过科学的计算对项目成本预算与实际资金花费情况进行对比，一旦发现其中存在问题，就要妥善处理。在这个阶段开展造价管理工作时，管理人员需要确保整体工作的公开性，这不仅需要施工单位进行内部管理工作，还需要建筑企业和监理单位等部门加强监督，从而最大程度地防止产生造价纰漏，确保竣工结算的准确性及真实性。

6. 运营阶段

BIM 技术自从引入我国工程建设领域以来，带给行业的变革不仅体现在技术手段上，还体现在管理过程中，并贯穿于建筑全生命周期，其价值日益凸显且逐渐被认知。公共建筑和重要设施在运营和维护方面耗费的成本相当高，而运用 BIM 技术能够获得关于建筑项目协调一致的、可计算的信息，通过在建筑全生命周期中时间较长、成本较高的维护和运营阶段使用数字建筑信息，业主和运营商可大大减少由于缺乏互操作性而导致的成本损失。目前，BIM 技术在运营阶段的应用需求非常大，尤其是对公共建筑、重要设施的维护，如对公共建筑的能耗、折旧、安全性预测、物业使用、维护、调试手册、物业变化前的原始信息、建筑使用情况和性能，其创造的价值不言而喻。

总之，BIM 技术应用在建筑工程项目中，不仅可以对工程造价进行合理控制，还能应用到施工环节，在建筑施工中充分发挥作用，从而提升建筑工程质量。此外，BIM 技术的合理化应用还能提升工程管理质量。加强对 BIM 技术的研究，全面发挥该技术的优势，将有助于建筑工程项目质量的全面提升。

第二节　广联达 BIM 安装计量软件 GQI2021 的操作

一、广联达 BIM 安装计量软件 GQI2021 的安装和运行

1. 广联达 BIM 安装计量软件 GQI2021 的安装注意事项

广联达BIM安装计量软件GQI2021的安装

广联达 BIM 安装计量软件 GQI2021 不支持 Windows XP 系统，需要 Win7 以上的操作系统，产品分为 32 位版本和 64 位版本，安装前需要确保计算机系统配置符合软件安装要求。

（1）软件下载地址：http://www.fwxgx.com/→软件下载。

（2）软件加密锁：广联达 BIM 安装计量软件 GQI2021 设置加密锁，需要单独写锁。

（3）软件下载方法：双击图 1-1 所示“广联达 G+工作台 GWS”图标，在弹出的如图 1-2 所示“广联达软件管家”界面中下载“广联达 BIM 安装计量软件 GQI2021”（图 1-3）和“广联达新驱动”（图 1-4）。

图 1-1　“广联达 G+工作台 GWS”图标

图 1-2　“广联达软件管家”界面

图 1-3　“广联达 BIM 安装计量软件 GQI2021”图标

图 1-4　“广联达新驱动”图标

广联达BIM安装计量软件GQI2021的运行

2. 广联达 BIM 安装计量软件 GQI2021 的启动

安装完成上述两个软件后，双击“广联达 BIM 安装计量软件 GQI2021”图标即可启动软件。

3. 广联达 BIM 安装计量软件 GQI2021 的运行

方法 1：首次打开“广联达 BIM 安装计量软件 GQI2021”的用户，可以单击“新建”按钮，如图 1-5 所示，界面会弹出“新建工程”对话框。在“工程名称”栏中输入自定义的工程名称，这里使用软件默认的名称“工程 1”。单击“工程专业”栏的扩展按钮，如图 1-6 所示，弹出“安装专业编辑”对话框，通过勾选（单击）专业名称前复选框来选择专业。

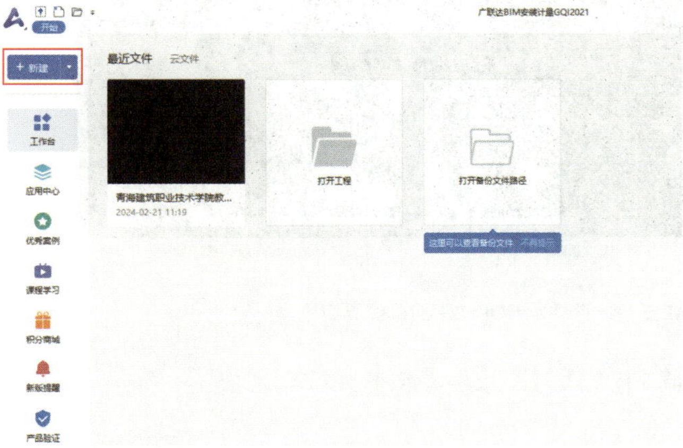

图 1-5　“快速新建与打开”对话框

图 1-6　“新建工程”对话框

方法 2：如果需要操作已保存的文件，可以单击图 1-5 中的“打开”图标按钮，界面会弹出“打开”文件对话框，通过查找文件存放位置来打开文件。

方法 3：如果需要操作上一次没有完成的文件，可以单击图 1-5 中的 按钮，软件将直接进入上一次保留的工作界面。

二、广联达 BIM 安装计量软件 GQI2021 的界面及菜单命令

如图 1-7 所示为广联达 BIM 安装计量软件 GQI2021 的操作界面，界面以页签区选项卡来区分不同的功能区，并以功能区来区分不同性质的功能。初学者按照选项卡、功能区的分类和归属方式，便可查找需要的功能。在软件界面中，每个功能区的名称都显示在功能集合区域的最下方。导航栏、构件列表、图纸管理区、属性和图层管理区布置在界面的左侧。

软件界面页签区选项卡有“开始”“工程设置”“建模”“工程量”“视图”“工具”“BIM 模型”“变更模块”“对量模块”9 项。如选中“工程设置”选项卡，则在功能区中打开的是与其对应的功能选项卡，分别为“工程设置”“图纸预处理”“图纸操作”。在使用软件进行算量前，应根据建模顺序依次进行工程设置、图纸预处理、图纸操作，而工程设置和图纸预处理等环节一旦出现错误，将影响整个工程的算量结果，因此正确输入工程设置的信息及正确进行图纸预处理至关重要。若在页签区中选择“建模”选项卡，则导航栏中所选的构件发生变化，功能区中的选项卡也随之发生变化。

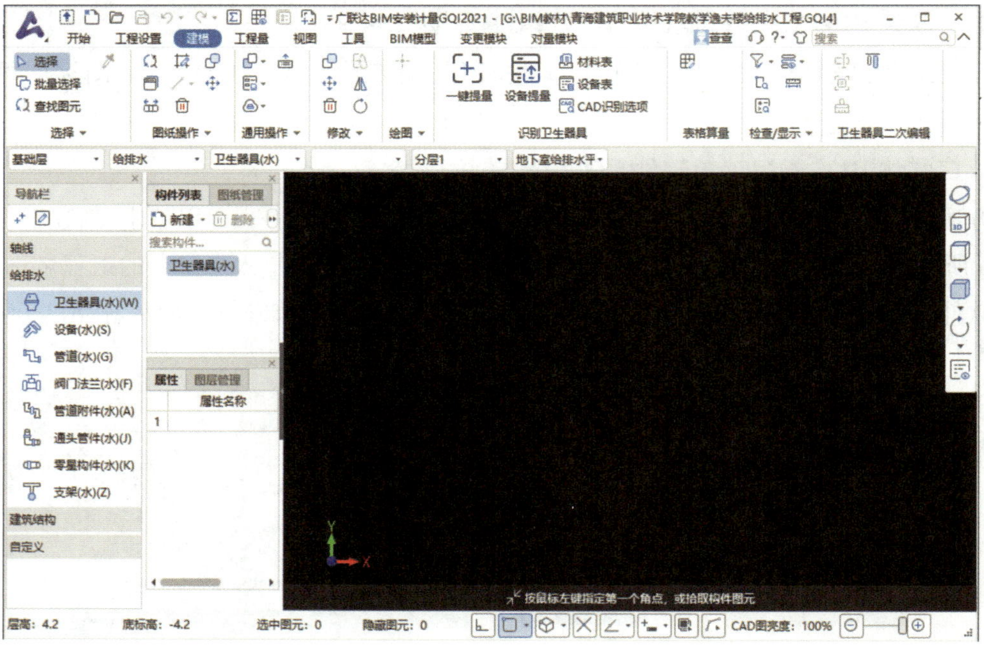

图 1-7　广联达 BIM 安装计量软件 GQI2021 的操作界面

三、广联达 BIM 安装计量软件 GQI2021 整体操作流程

1. 软件基本操作流程

安装工程涉及的专业较多，各专业的图纸设计特点差异较大，但利用广联达 BIM 安装计量软件 GQI2021 建模的基本操作流程大致相同，具体操作流程如图 1-8 所示。

(1)新建工程：建立工程文件，并明确基本信息。

(2)添加图纸：以 CAD 图纸为基准进行工程量计算。

(3)处理构件：通过智能识别，将二维图形转化为三维模型。

(4)计算汇总：整体汇总工程量，并根据需要进行结果呈现。

图 1-8　广联达 BIM 安装计量软件 GQI2021 建模的基本操作流程

2. 建模前的基本操作(图 1-9)

(1)新建工程：建立工程文件，并明确基本信息。

(2)工程设置：按照设计要求完善图纸信息。

(3)添加图纸：以 CAD 图纸为基准进行工程量计算。

(4)分割和定位图纸：根据不同内容对图纸进行准确分割和精准定位。

(5)设置比例：为 CAD 图元设置正确比例，为工程量计算准确性奠定基础。

图 1-9　利用广联达 BIM 安装计量软件 GQI2021 建模前的基本操作

3. 建模操作顺序(图 1-10)

(1)设备、器具构件建模:根据不同图符准确计算构件设备数量。

(2)管线构件建模:以管道系统、敷设方式不同分别汇总计算。

(3)管线构件附属物建模:对管道上的各类阀门、法兰准确提量。

(4)零星构件建模:对套管、伸缩节、孔洞等构件数量进行统计。

图 1-10　利用广联达 BIM 安装计量软件 GQI2021 建模操作顺序

按照以上操作顺序灵活运用软件,特别对初学者而言,会给建模工作带来很大便利,本书对工程实例的讲解,也将严格按照该操作顺序进行。

习　题

1. 常用的 BIM 软件有哪些?

2. 广联达 BIM 安装计量软件 GQI2021 有什么特点?

3. 广联达 BIM 安装计量软件 GQI2021 的安装和运行对计算机系统的要求是什么?

4. 广联达 BIM 安装计量软件 GQI2021 界面页签区选项卡有哪些?选中页签区不同选项卡,对应的功能区选项卡有什么变化?

第二章
给排水工程建模

章节概述

本章以青海建筑职业技术学院教学逸夫楼项目为例，详细讲解广联达 BIM 安装计量软件 GQI2021 在给排水工程中建模的全过程操作，并通过该软件提取准确的工程量信息，为施工过程中的成本控制提供有力支持，从而有效降低工程造价风险。随着 BIM 技术的不断发展和普及，其在工程造价领域的应用将越来越广。未来将涌现更多创新性应用和实践案例，为工程造价的持续发展贡献力量。

学习目标

知识目标：1. 熟悉给水系统的组成，了解给水方式及给水类型。
2. 了解BIM软件算量的基本原理和特点，掌握BIM软件算量的基本流程。

能力目标：1. 能够进行给水系统绘制前期准备。
2. 能够创建给水管道。
3. 能够添加给水阀门附件。

素质目标：1. 培养专业学习兴趣，能够收集有效资料。
2. 培养团队精神和组织协调能力。
3. 培养绿色建筑、节能减排的环境意识。

第一节 给排水工程特点及建模前的基本操作

一、给排水工程特点及工程量计算规则

1. 给排水工程特点

安装工程量的计算重点和难点在于管线，而给排水工程由于用水点多且分散，往往具备下列特点：支管管径繁多，规格变化频率高；管线布置常常会以标准间的形式批量出现；阀门及其他管道附件规格繁多。

针对给排水工程的上述特点，需要对下列构件进行建模：给排水管道、套管及支架、管道附件、卫生器具等。

2. 给排水工程工程量计算规则

(1)给排水管道工程量计算规则

①各类管道安装按室内外、材质、连接形式、规格分别列项。定额中铜管、塑料管、复合管（除钢塑复合管）按公称外径表示，其他管道均按公称直径表示。

②各类管道安装工程量，均按设计管道中心线长度，以“10 m”为计量单位，不扣除阀门、管件、附件(包括器具组成)及井类所占长度。

③室内给排水管道与卫生器具连接的分界线：

a. 排水管道工程量计算自卫生器具出口处的地面或墙面的设计尺寸起；与地漏连接的排水管道自地面设计尺寸起，不扣除地漏所占长度；蹲式大便器按一步台阶考虑。

b. 给水管道工程量计算至卫生器具(含附件)前与管道系统连接的第一个连接件(角阀、三通、弯头、管箍等)止。

④管道消毒、冲洗，按管道长度(不扣除阀门、管件所占长度)，以延长米为计量单位。

(2)套管及支架工程量计算规则

①管道、设备支架制作、安装按设计图示单件质量，以“100 kg”为计量单位。

②成品管卡、阻火圈、成品防火套管的安装，按工作介质管道直径区分不同规格，以“个”为计量单位。

套管安装计算时，刚性或柔性防水套管一般都是穿越楼板时才使用，其他位置不用。设计无说明时，一般钢管穿越钢套管、管道穿越楼板时，穿卫生间套管高出地坪 5 cm，套管总长 25 cm，其他房间套管长 2 cm，套管总长 20 cm；穿越墙身时，套管的两端与墙面平齐，套管总长 30 cm。塑料管穿塑料套管。

③管道保护管分为钢制和塑料两种材质，按材质区分不同规格，按设计图示管道中心线长度，以“10 m”为计量单位。

④预留孔洞、堵洞项目，按工作介质管道直径区分规格，以“10 个”为计量单位。

⑤管道水压试验、消毒冲洗，按设计图示管道长度区分规格，以“100 m”为计量单位。

⑥一般穿墙套管及柔性、刚性套管，按工作介质管道的公称直径执行定额子目。

⑦成品表箱安装按箱体半周长，以“个”为计量单位。

⑧机械钻孔项目分为混凝土楼板钻孔和混凝土墙体钻孔，按钻孔直径，以“个”为计量单位。

⑨剔堵槽(沟)项目分为砖结构和混凝土结构，按截面尺寸，以“10 m”为计量单位。

⑩水箱、水池消毒冲洗按容量，以“m^3”为计量单位。

(3)管道附件工程量计算规则

①阀门、补偿器、软接头、普通水表、IC 卡水表、水锤消除器、塑料排水管消声器安装，均按照不同连接方式、公称直径，以“个”为计量单位。

②减压器、疏水器、水表、倒流防止器、热量表成组安装，按照不同组成结构、连接方式、公称直径，以“组”为计量单位。减压器安装按高压侧的直径计算。

③卡紧式软管按照不同管径，以“根”为计量单位。

④法兰有不同公称直径，以“副”为计量单位。承插盘法兰短管按照不同连接方式、公称直径，以“副”为计量单位。

⑤浮标液面计、浮漂水位标尺分为不同的型号，以“组”为计量单位。

(4)卫生器具工程量计算规则

①各种卫生器具均按设计图示数量计算，以“10 组”或“10 套”为计量单位。

②大、小便器自动冲洗水箱安装分容积按设计图示数量，以“10 套”为计量单位。大、小便器自动冲洗水箱制作不分规格，以“100 kg”为计量单位。

③小便器冲洗管制作与安装按设计图示长度，以“10 m”为计量单位，不扣除阀门的长度。

④桑拿浴房依据使用人数，以“座”为计量单位。

⑤隔油器以安装方式和进水管径分为不同型号，以“套”为计量单位。

二、给排水工程实例图纸分析

按照《建设工程工程量清单计价规范》(GB 50500－2013)、《通用安装工程工程量计算规范》(GB 50856－2013)和《青海省通用安装工程计价定额》(2020 版)规范要求，运用广联达 BIM 安装计量软件 GQI2021 对“青海建筑职业技术学院教学逸夫楼给排水施工图”进行建模，并对给水管道、排水管道、卫生器具、阀门、套管等构件计量，掌握广联达 BIM 安装计量软件 GQI2021 操作。

本工程实例图纸采用“青海建筑职业技术学院教学逸夫楼给排水施工图”。图纸包括设计说明及材料表、地下室和 1～12 层给排水平面图、水箱间平面图、屋面排水平面图、卫生间详图、水泵房详图、给排水系统图(包括给水、排水、雨水、消防系统，其楼层信息详见表 2-1)。给水系统采用分区给水方式：低区(1～4 层)直接给水，高区(5～12 层)采用水池-水泵-水箱联合给水方式。给水管道采用铝合金衬塑管，DN≤50 时，采用卡环连接；DN＞50 时，采用法兰连接。明装管道外刷红樟丹漆、银粉各两道。地下室、吊顶、管井内管道需保温，材料为岩棉，厚度为 30 mm。排水管道采用抗震柔性排水铸铁管，机械接口，明装管道除锈后外刷红樟丹漆、银粉各两道。雨水管道采用雨水焊接钢管，焊接，明装管道除锈后外刷红樟丹漆、银粉各两道。

表 2-1　给排水工程实例楼层信息

楼层序号	层高/m	室内楼层地面标高/m	专业
−1(地下室、基础层)	4.2	−4.2	给水系统、排水系统、雨水系统、消防系统
1(首层)	3.9	0	
2	3.6	3.9	
3	3.6	7.5	
4	3.6	11.1	
5	3.6	14.7	
6	3.6	18.3	
7	3.6	21.9	
8	3.6	25.5	
9	3.6	29.1	
10	3.6	32.7	
11	3.6	36.3	
12	4.8	39.9	
水箱间	4.2	44.7	

三、给排水工程建模前的基本操作

在建模前，需要完成新建工程、工程设置、添加图纸、分割和定位图纸、设置比例 5 项操作。

1. 新建工程

新建工程的基本操作步骤如下：

步骤 1：双击“广联达 BIM 安装计量软件 GQI2021”图标，启动软件，打开界面，经过加载，弹出“快速新建与打开”对话框(图 1-5)，单击“新建”按钮，界面弹出“新建工程”对话框(图 1-6)。

步骤 2：在“新建工程”对话框中，根据工程实际情况，对“工程名称”“工程专业”“计算规则”“清单库”“定额库”“算量模式”等项分别进行设置，如图 2-1 所示，这里除“工程名称”设置可自拟外，其他项均须参照工程实际情况在软件提供的选项中进行选择。

(1)工程名称：手动输入“青海建筑职业技术学院教学逸夫楼给排水工程”。

(2)工程专业：单击图 2-1 中“工程专业”的扩展按钮，弹出“安装专业编辑”对话框，勾选对应专业前复选框，如图 2-2 所示。

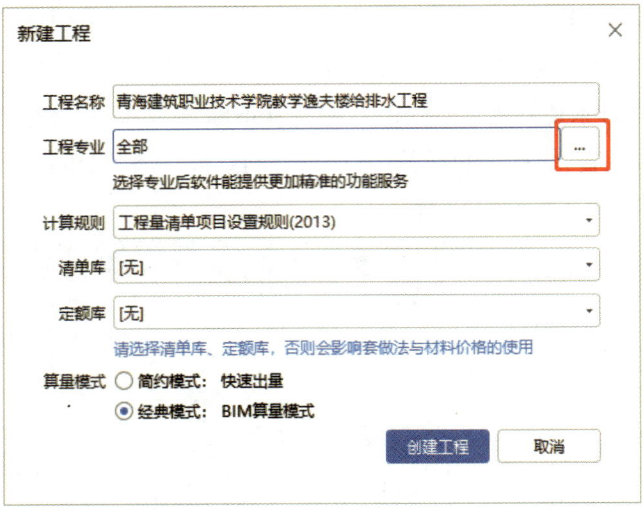

图 2-1 “新建工程”对话框

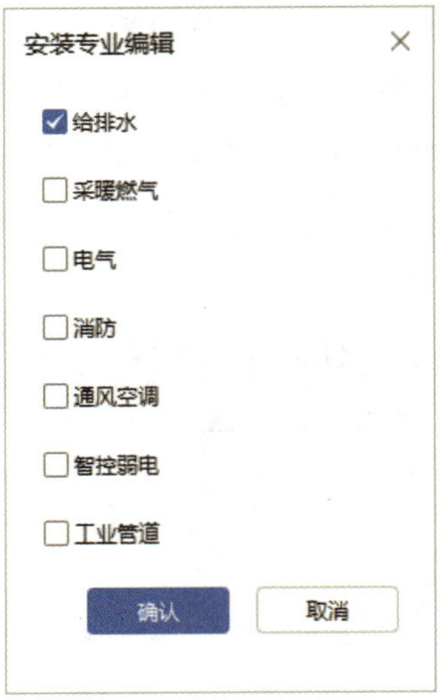

图 2-2 “安装专业编辑”对话框

(3)计算规则、清单库、定额库：这 3 个选项均可通过单击各自选项的扩展按钮，在展开的选项中进行相应的选择设置。需要说明的是，“计算规则”是必须设置项，“清单库”及“定额库”不是必须设置项，这两个选项只对算量后的“套做法”操作有影响，而且可以在后续的操作中随时添加。为避免烦琐，此处对“清单库”和“定额库”不做操作说明，设置完成的“新建工程”对话框如图 2-3 所示。

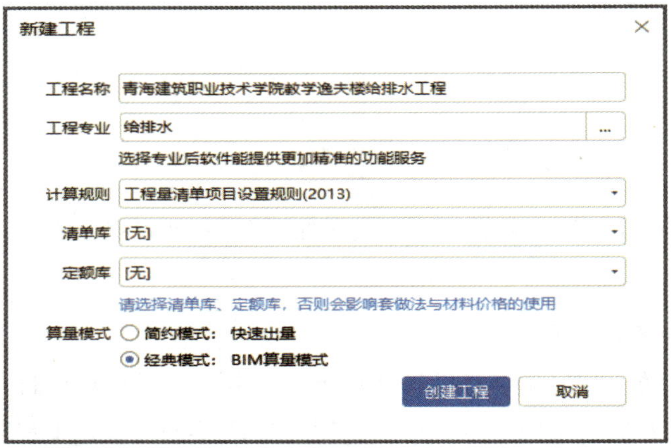

图 2-3 设置完成的“新建工程”对话框

(4)算量模式：自 GQI2018 起，广联达开发了两种算量模式，即“简约模式：快速出量”和“经典模式：BIM 算量模式”。其中“简约模式”为 GQI2021 版软件独有的模式，为保证 BIM 模型的完整性，建议使用“经典模式”。

2. 工程设置

经过数据初始化后进入软件操作界面，并默认激活“工程设置”选项卡。在此选项卡中完成“工程设置”“图纸预处理”等相应的选项功能设置。

(1)工程设置

通过单击各选项卡进行相应的“工程信息”功能操作，如图 2-4 所示。“工程设置”涉及“工程名称”“计算规则”“清单库”“定额库”等，它们的信息已默认为新建工程时设置的信息，这里只需要进行“工程类别”“结构类型”“建筑特征”等基本信息的编辑。

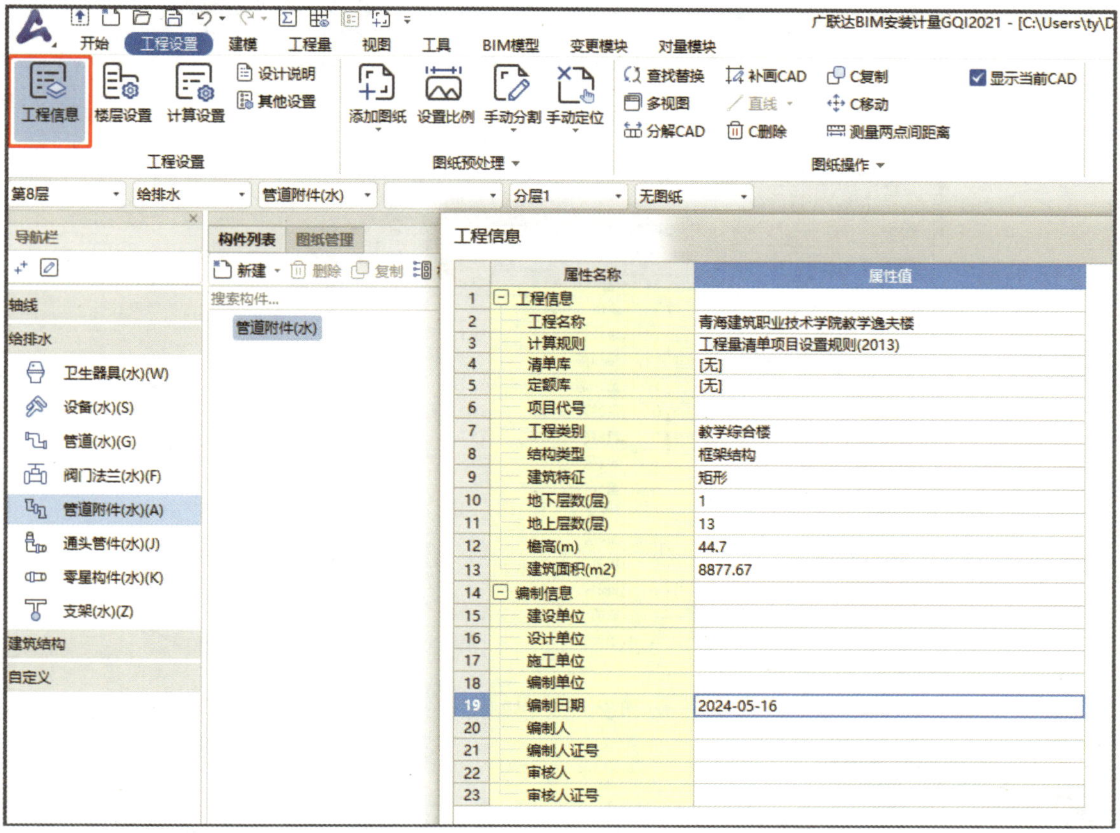

图 2-4　编辑“工程信息”对话框

(2)楼层设置

在安装工程中，几乎所有的工程模型都涉及楼层设置，本节主要讲解楼层设置操作步骤，而工程设置的其他内容，将在后面的章节中针对工程实例进行具体讲解。楼层设置具体操作步骤如下：

步骤 1：在“工程设置”选项卡中单击“楼层设置”图标按钮，启动该功能，如图 2-5 所示，界面弹出“楼层设置”对话框。软件默认包含“首层”和“基础层”信息，显然这是无法满足工程实际需要的，结合实际情况，进行楼层添加。

楼层设置

图 2-5　启动“楼层设置”功能

步骤 2：在“楼层设置”对话框（图 2-6）中，单击“批量插入楼层”图标按钮，将表 2-1 中的各楼层信息依次输入对话框。注意，图 2-7 所示淡黄色单元格中的数据无法被修改。

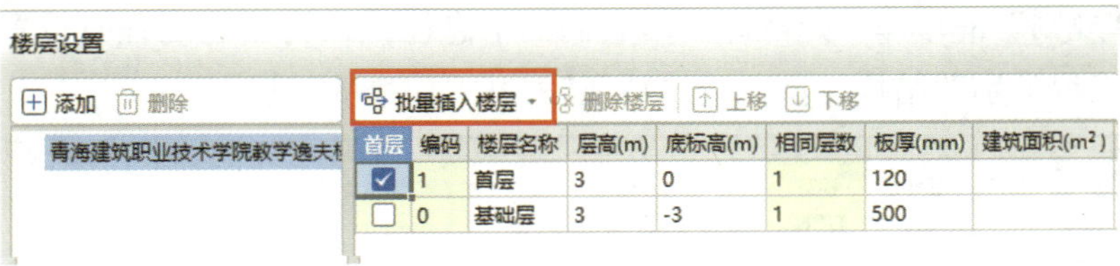

图 2-6 “楼层设置”对话框

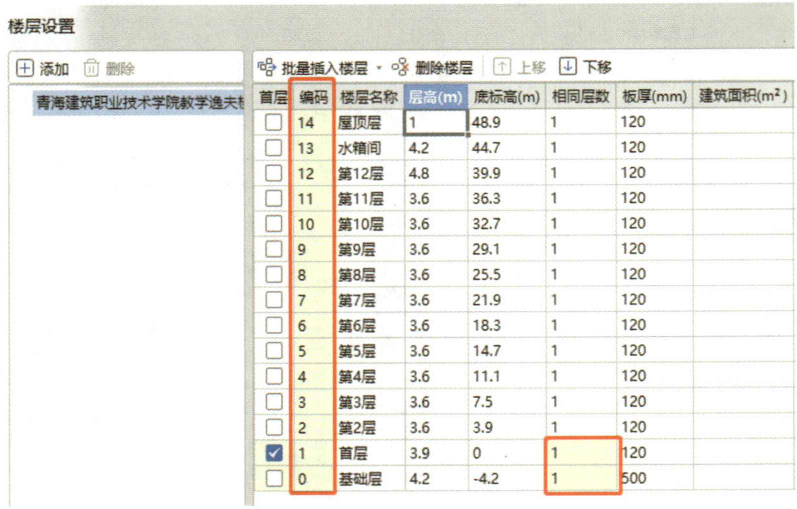

图 2-7 修改楼层

温馨提示

软件默认，单击“首层”是向上插入楼层，单击“基础层”是向下插入楼层。楼层列表中只有“首层”底标高可以直接被修改，其他楼层的底标高都是通过修改层高的方式进行修改的。

(3)设计说明和计算设置

根据本工程实例图纸的实际情况，不需要对“设计说明”和“计算设置”进行修改，如某个工程对这两项有特殊要求，则按要求进行设置即可。当设计说明涉及工程材料和工程模型时，需对“设计说明”进行修改，具体设置步骤如下：

步骤 1：在“工程设置”选项卡中，单击“基本设置”功能区中的“设计说明”图标按钮，启动该功能。界面弹出“设计说明”对话框，如图 2-8 所示。

步骤 2：单击对话框中“系统类型”为“给排水”的末行列表，再单击“添加行”按钮，插入一空白行。

步骤 3：根据图纸设计说明（给水管道采用铝合金衬塑管，当 DN≤50 时，采用卡环连接；当 DN>50 时，采用法兰连接）编辑空白行。单击表中空白处，弹出下拉菜单，在下拉菜单中选择对应的属性，在第 2 列中选择“给水系统”，在第 3 列中选择“全部”，在第 4 列中输入“铝合金衬塑管”，在第 5 列中选择“≤50”，在第 6 列中输入“卡环连接”。重复上述步骤，再添加一个属性为“DN>50 铝合金衬塑管（法兰连接）”的给水管道。

步骤 4：添加排水管道，在第 2 列中选择“排水系统”，在第 3 列中选择“全部”，在第 4 列中输入“抗震柔性排水铸铁管”，在第 5 列中选择“不限制”，在第 6 列中选择“机械接口”。

步骤 5：编辑雨水焊接钢管，在第 2 列中选择“雨水系统”，在第 3 列中选择“全部”，在第 4 列中选择“焊接钢管”，在第 5 列中选择“不限制”，在第 6 列中选择“焊接”，如图 2-8 所示。

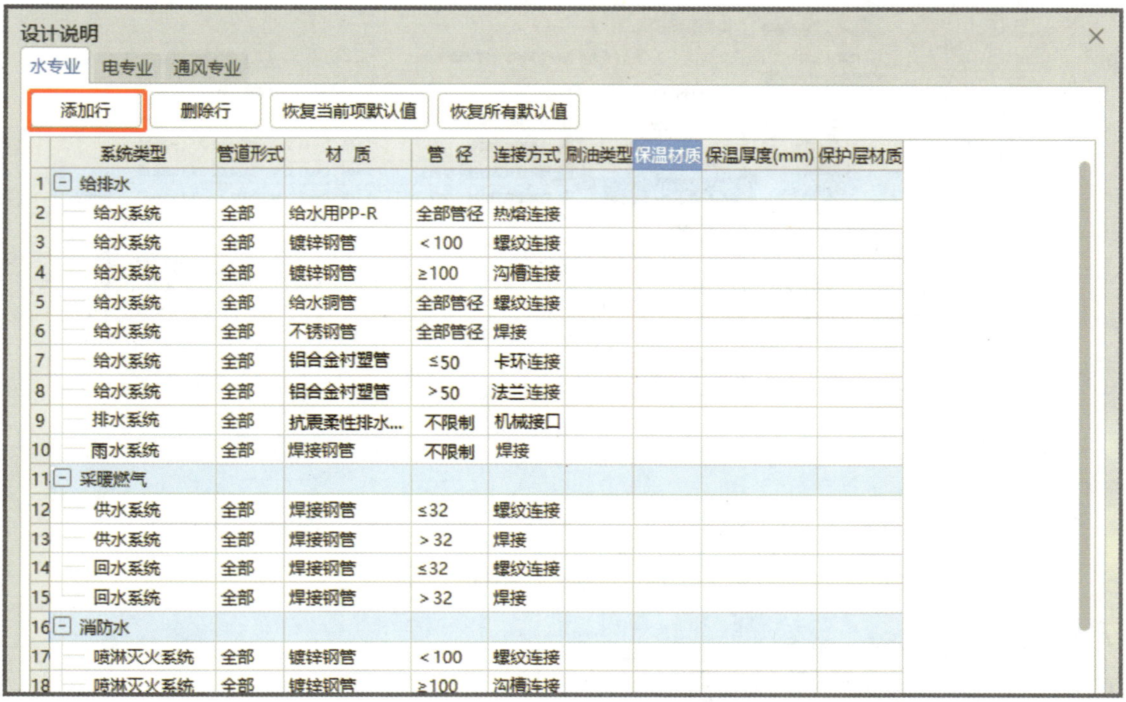

	系统类型	管道形式	材 质	管 径	连接方式	刷油类型	保温材质	保温厚度(mm)	保护层材质
1	⊟ 给排水								
2	给水系统	全部	给水用PP-R	全部管径	热熔连接				
3	给水系统	全部	镀锌钢管	<100	螺纹连接				
4	给水系统	全部	镀锌钢管	≥100	沟槽连接				
5	给水系统	全部	给水铜管	全部管径	螺纹连接				
6	给水系统	全部	不锈钢管	全部管径	焊接				
7	给水系统	全部	铝合金衬塑管	≤50	卡环连接				
8	给水系统	全部	铝合金衬塑管	>50	法兰连接				
9	排水系统	全部	抗震柔性排水...	不限制	机械接口				
10	雨水系统	全部	焊接钢管	不限制	焊接				
11	⊟ 采暖燃气								
12	供水系统	全部	焊接钢管	≤32	螺纹连接				
13	供水系统	全部	焊接钢管	>32	焊接				
14	回水系统	全部	焊接钢管	≤32	螺纹连接				
15	回水系统	全部	焊接钢管	>32	焊接				
16	⊟ 消防水								
17	喷淋灭火系统	全部	镀锌钢管	<100	螺纹连接				
18	喷淋灭火系统	全部	镀锌钢管	≥100	沟槽连接				

图 2-8　“设计说明”对话框

在“工程设置”功能区中单击“计算设置”图标按钮，启动该功能，查看软件为给排水工程制订的计算方法。如果需要修改，按工程实际要求进行修改，因为本工程实例对计算没有特殊要求，所以此处不需要修改。

3. 添加图纸

添加图纸具体操作步骤如下：

步骤 1：在“图纸预处理”功能区中单击“添加图纸”图标按钮（图 2-9(a)），界面弹出“添加图纸”对话框（图 2-9(b)）。

步骤 2：在“添加图纸”对话框中按照指引，在文件夹中找到需要添加的图纸的存放位置，双击该文件（也可单击），文件名被添加至对话框下方“文件名(N)”中。单击“打开”图标按钮，经过加载，“青海建筑职业技术学院教学逸夫楼给排水施工图”就被添加进来，在图纸管理区会增加相应的内容，如图 2-9(c)所示。

(a) 启动“添加图纸”功能

图 2-9　“添加图纸”的步骤

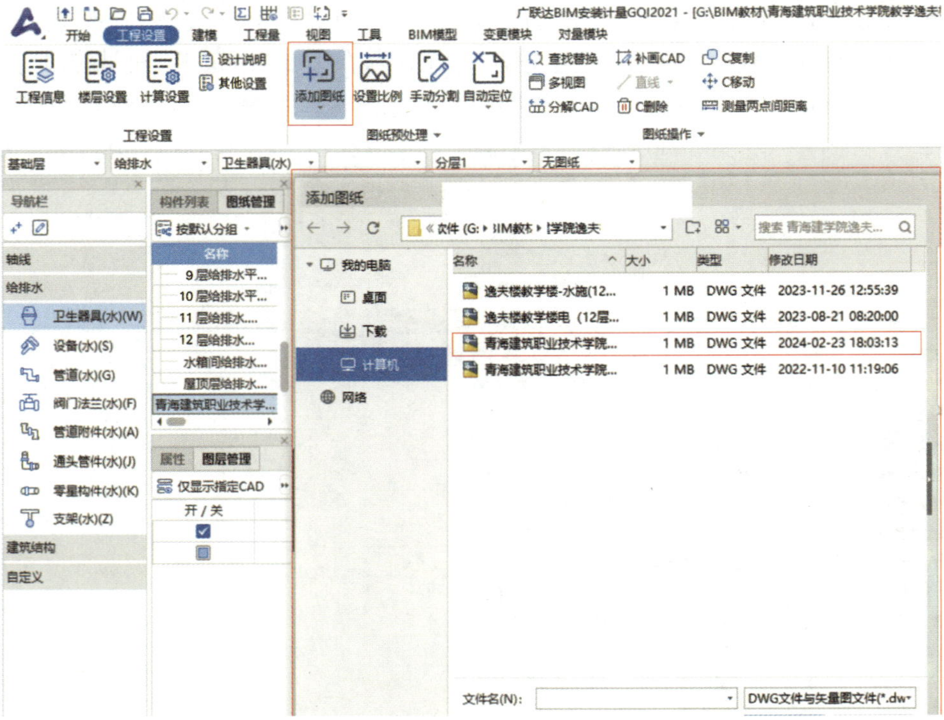

（b）“添加图纸”对话框

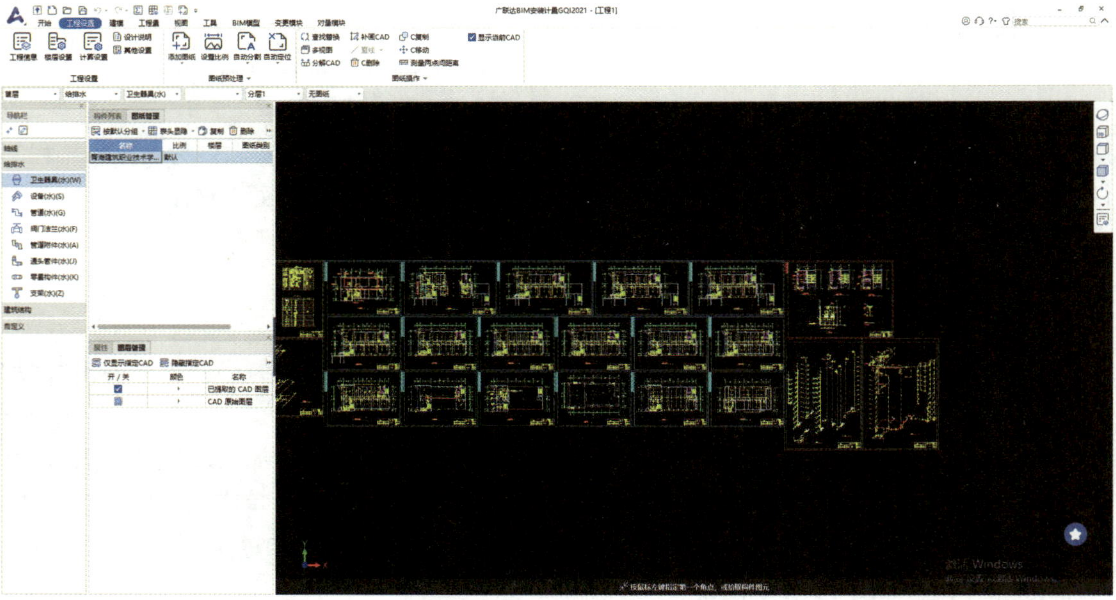

（c）图纸添加完成

续图 2-9　“添加图纸”的步骤

4. 分割和定位图纸

广联达 BIM 安装计量软件 GQI2021 建模算量是逐层进行的，因此需要获得构件相邻楼层之间的定位点数据。由于安装工程中大多数构件的位置与轴网并没有密切的关系，重新绘制轴网以建立相邻楼层联系没有实际意义，且比较耗费时间，因此在广联达 BIM 安装计量软件 GQI2021 中，主要以图纸中轴线之间的交点作为相邻楼层联系的点，即软件建模算量所需要的定位点。

(1)图纸分割

①手动分割

按楼层分割图纸，以方便逐层建模操作。手动分割的具体操作步骤如下：

步骤 1：在“图纸预处理”功能区中单击“手动分割”图标按钮，启动该功能，如图 2-10 所示。

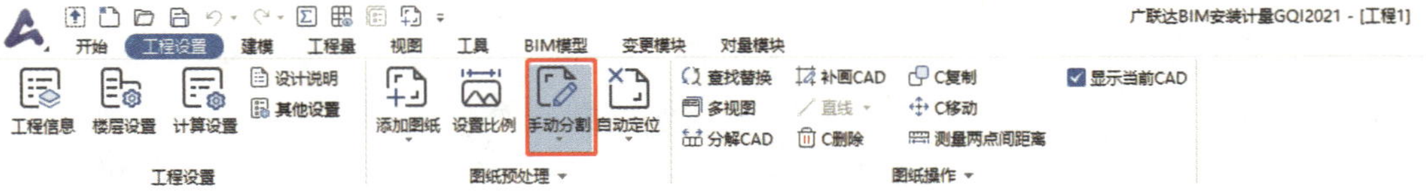

图 2-10　启动“手动分割”功能

步骤 2：根据文字提示，框选“基础层给排水平面图”，被选中的图纸内容变为蓝色，单击鼠标右键确认，界面弹出“手动分割”对话框，如图 2-11 所示。

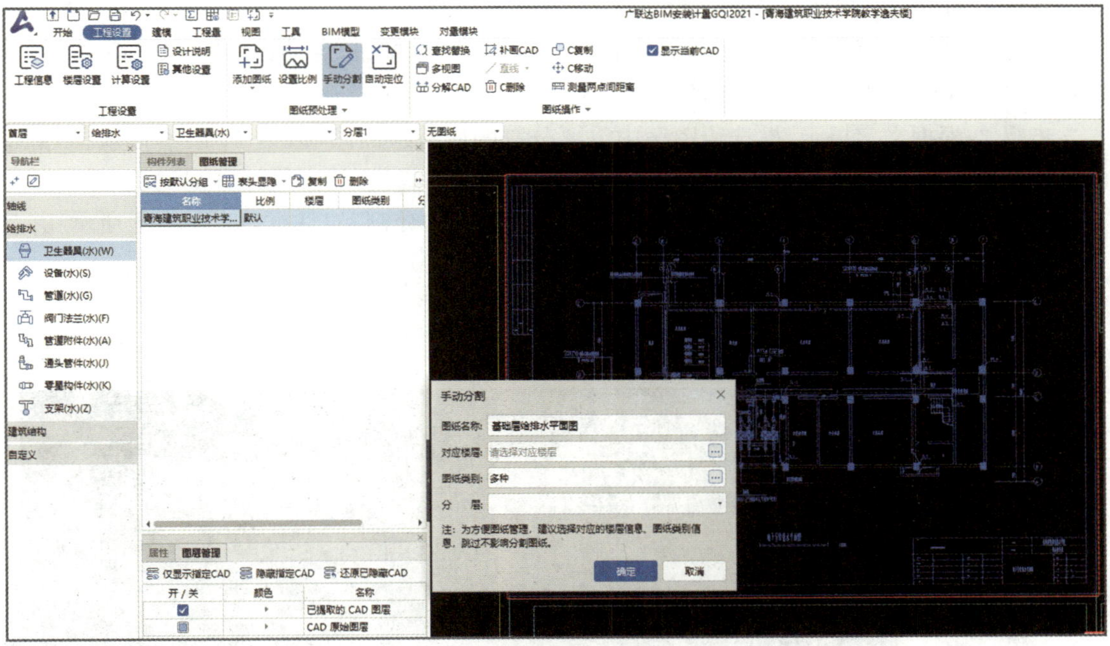

图 2-11　手动分割图纸

步骤 3：在“图纸名称”栏可手动输入名称，或单击“图纸名称”的空白处，界面会弹出文字提示“左键单击图纸提取图名，Ctrl＋左键单击追加选择，ESC 退出”，提取图纸中对应的文字。在“对应楼层”栏中单击扩展按钮，界面会弹出“标记信息”对话框，勾选对话框中的“基础层”前复选框，如图 2-12 所示，单击“确定”按钮。在“图纸类别”栏中单击扩展按钮，界面再次弹出“标记信息”对话框，勾选对话框中的“给水系统”“排水系统”和“雨水系统”前复选框，如图 2-13 所示，单击“确定”按钮。在“分层”栏选择“分层 1”，最后单击“手动分割”对话框的“确定”按钮，完成基础层（地下室）给排水平面图的分割。以此类推，完成 1～12 层给排水平面图的手动分割。

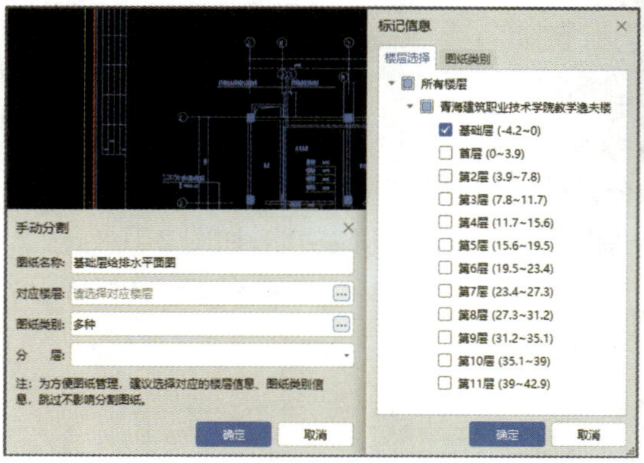

图 2-12　在“手动分割”对话框中设置对应楼层

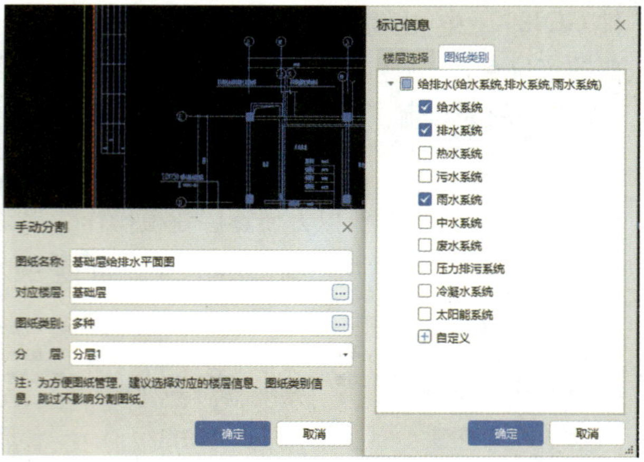

图 2-13　在“手动分割”对话框中设置专业系统

②自动分割

图纸自动分割的操作步骤如下：

步骤 1：在“图纸预处理”功能区中单击“自动分割”图标按钮，启动该功能，按文字提示“鼠标左键框选自动分割的范围，右键确定或 ESC 取消”进行操作。

步骤 2：根据文字提示，框选绘图区中需要分割的所有平面图（以第 11 层给排水、喷淋平面图为例），如图 2-14 所示。被选中的图纸内容全部变成蓝色，单击鼠标右键确认，界面弹出“正在进行自动分割图纸”提示窗口，经过加载，弹出“自动分割”对话框，如图 2-15 所示，并为自动分割生成的图纸文件命名。

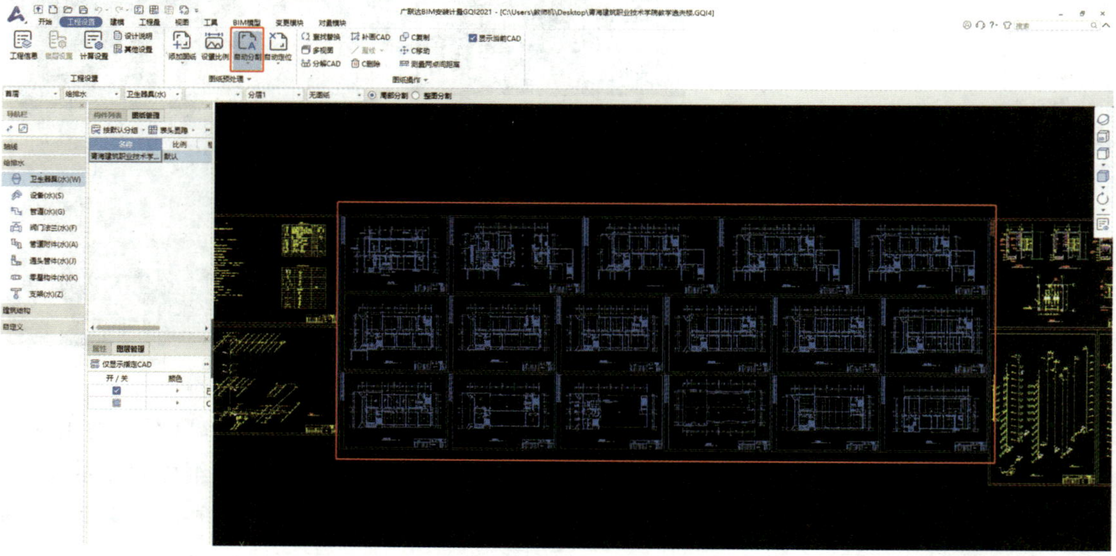

图 2-14　框选需自动分割的平面图

步骤 3：如果“自动分割”对话框中“图纸名称”列内容与预期的图纸名称不符，可单击图纸名称，此时在绘图区内被软件自动命名的图纸就会闪烁，单击提取图纸名称，为图纸重命名。在“楼层”列选项中单击扩展按钮，界面弹出“标记信息”对话框，勾选对话框中的“第 11 层”前复选框（图 2-15(a)）。在“图纸类别”中单击扩展按钮，界面再次弹出“标记信息”对话框，勾选对话框中的“给水系统”“排水系统”和“雨水系统”前复选框（图 2-15(b)），单击“确定”按钮，完成第 11 层给排水、喷淋平面图的分割。以此类推，完成其他层给排水(喷淋)平面图的自动分割，完成后软件会按楼层自动排序，如图 2-16 所示。

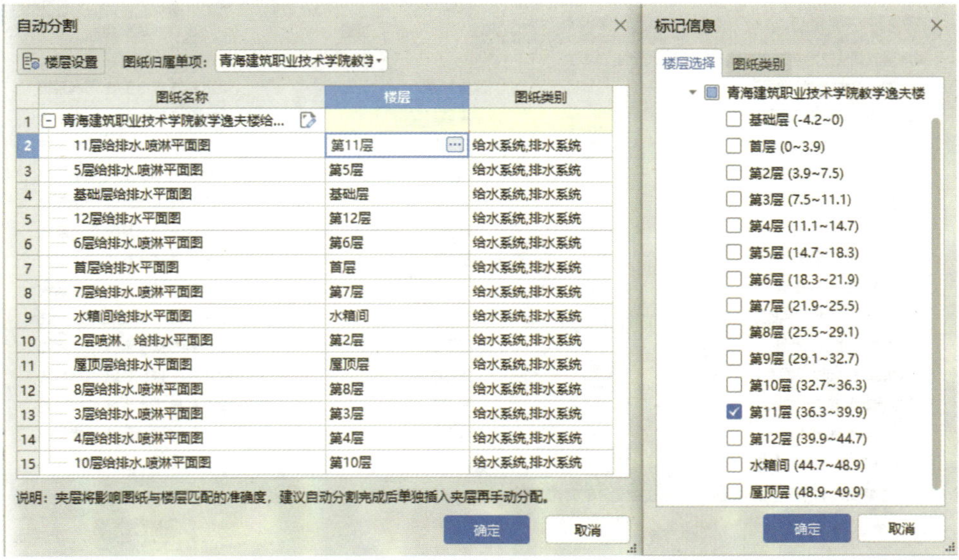

(a) 楼层设置

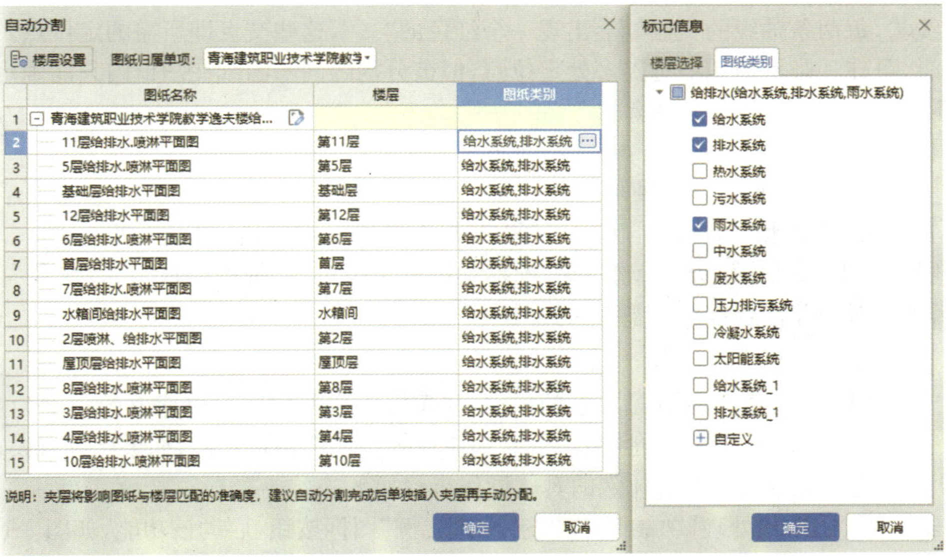

(b) 专业设置

图 2-15　自动分割图纸

(2)图纸定位

①手动定位

为图纸手动定位的操作步骤如下：

步骤 1：在"图纸预处理"功能区中单击"手动定位"图标按钮，启动该功能，按文字提示"按鼠标左键指定第一个角点或拾取构件图元"进行操作。

步骤 2：按文字提示完成"手动定位"，"手动定位"在已分割好的图纸中进行，在绘图区内，以每张平面图共有的轴线为图纸的定位点。操作时，可在捕捉工具栏中单击"交点捕捉"图标按钮，启动该功能。依次单击基础层(地下室)给排水平面图、1～12 层给排水平面图上的轴线

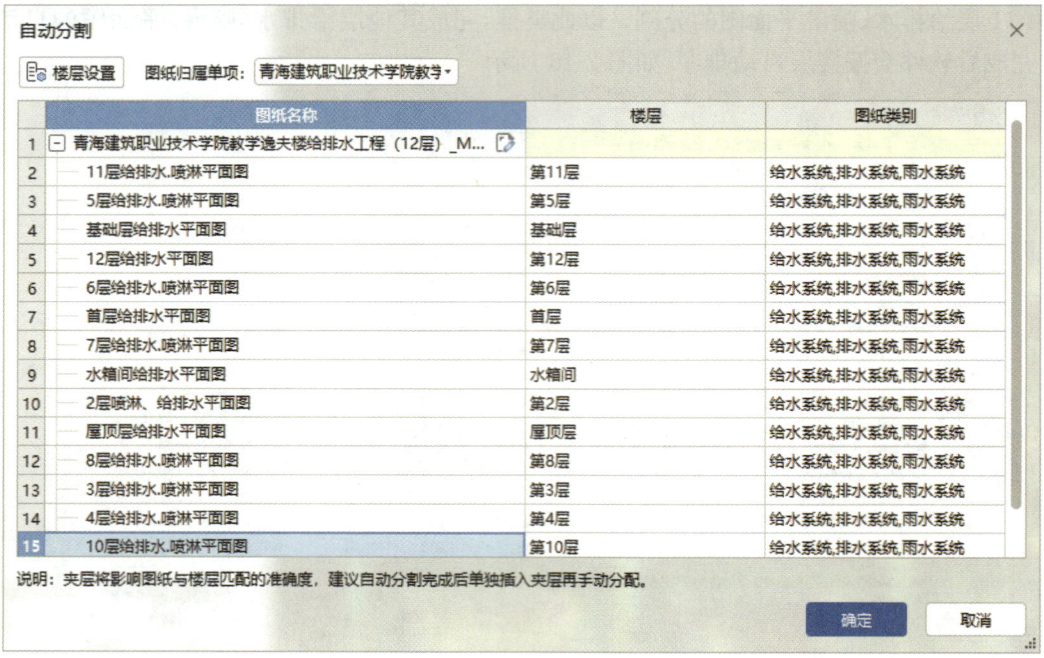

	图纸名称	楼层	图纸类别
1	青海建筑职业技术学院教学逸夫楼给排水工程（12层）_M...		
2	11层给排水.喷淋平面图	第11层	给水系统,排水系统,雨水系统
3	5层给排水.喷淋平面图	第5层	给水系统,排水系统,雨水系统
4	基础层给排水平面图	基础层	给水系统,排水系统,雨水系统
5	12层给排水平面图	第12层	给水系统,排水系统,雨水系统
6	6层给排水.喷淋平面图	第6层	给水系统,排水系统,雨水系统
7	首层给排水平面图	首层	给水系统,排水系统,雨水系统
8	7层给排水.喷淋平面图	第7层	给水系统,排水系统,雨水系统
9	水箱间给排水平面图	水箱间	给水系统,排水系统,雨水系统
10	2层喷淋、给排水平面图	第2层	给水系统,排水系统,雨水系统
11	屋顶层给排水平面图	屋顶层	给水系统,排水系统,雨水系统
12	8层给排水.喷淋平面图	第8层	给水系统,排水系统,雨水系统
13	3层给排水.喷淋平面图	第3层	给水系统,排水系统,雨水系统
14	4层给排水.喷淋平面图	第4层	给水系统,排水系统,雨水系统
15	10层给排水.喷淋平面图	第10层	给水系统,排水系统,雨水系统

图 2-16　完成图纸自动分割

Ⓔ和轴线②，每两条轴线的交点处会出现一个红色的"×"，这些交点即所需的定位点。在确定定位点时，可在一张平面图中选出多处定位点，但被分割的同一图纸在图框内只能确定一个定位点，所以多选的定位点需要删除。

②自动定位

为图纸自动定位的操作步骤如下：

步骤 1：在"图纸预处理"功能区中选择"自动定位"图标按钮，启动该功能。

步骤 2：软件自动为已设置楼层的图纸批量设置定位点，经加载完成"自动定位"。"自动定位"后要核对相邻楼层定位点是否一致。

5. 设置比例

在安装工程中，以长度为计量单位的构件，其建模工作的成功是以比例的正确为基础的。完成上述各项操作后，在进行其他操作之前，还应该确定比例是否正确，如果比例有误，则建立的 BIM 模型将毫无意义。设置比例的具体操作步骤如下：

步骤 1：在"图纸预处理"功能区中单击"设置比例"图标按钮，启动该功能，如图 2-17 所示。按文字提示"拉框选择要修改比例的 CAD 图元，鼠标右键确定，ESC 退出"进行操作。

图 2-17　启动"设置比例"功能

步骤 2：框选绘图区中所有的平面图(图 2-18(a))，并单击其中任意一张，按文字提示"指定第一个点"，单击轴线③，选中第一个指定点；按文字提示"指定第二个点"，单击轴线④，选中第二个指定点；再单击鼠标右键，界面弹出"尺寸输入"对话框。对话框中显示的是轴线③与轴线④的间距，目前显示的长度为 6 600 mm，如图 2-18(b)所示，与轴线③、④间距标注尺寸

6 600 一致，说明比例无误。如果对话框显示的长度不是 6 600 mm，则说明比例不正确，只要输入两轴线之间实际尺寸，就可调整比例（在图 2-18(b)所示的对话框中输入 6 600），单击“确定”按钮，完成操作。

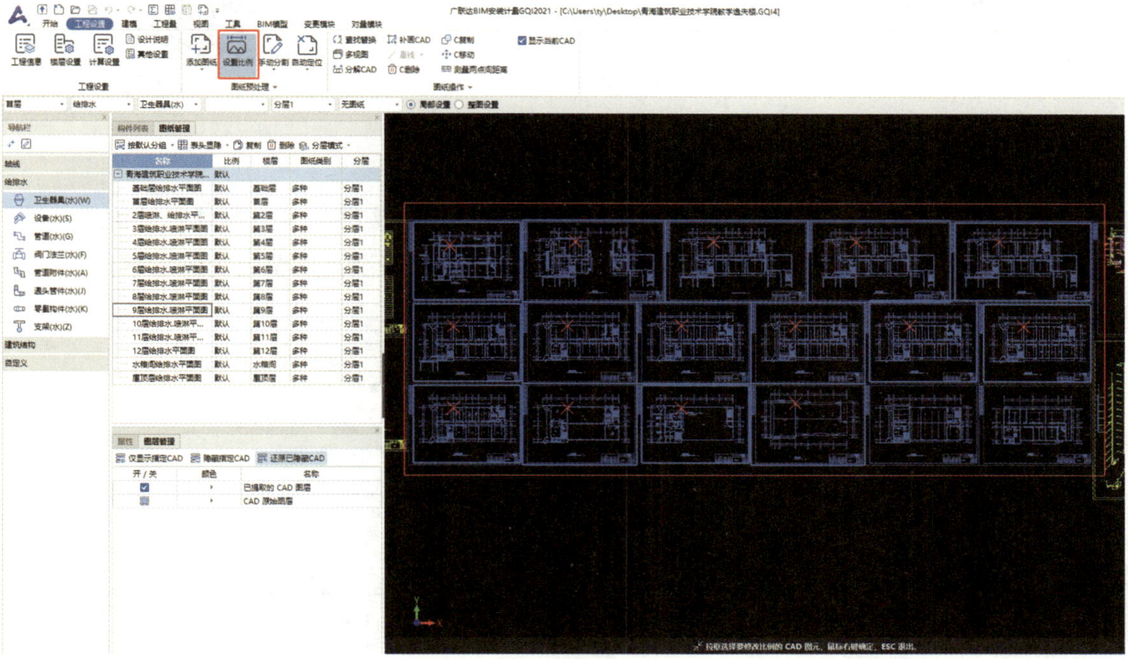

(a) 框选绘图区内平面图

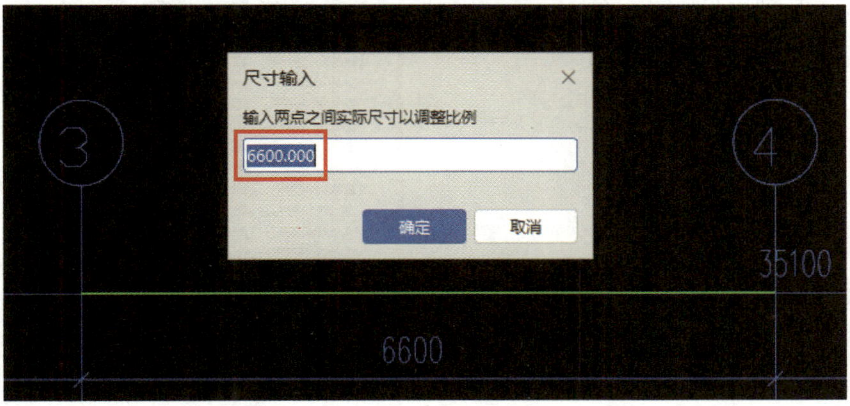

(b) 选择轴间距

图 2-18　设置比例

添加图纸、定位和分割图纸、设置比例

第二节　给排水工程构件建模

安装工程每个专业的建模流程大体相同，根据各个专业工程特点会有一定差异。给排水工程的管道流向通常是按引入管(排出管)、干管、立管、支管的顺序进行布置。由于引入管和排出管通常都是从房屋最底层开始敷设的，因此在软件中应遵循从下到上的顺序，逐层进行识别。此外，由于构件种类和数量繁多，为保证效率，这些构件的建模也需要遵循一定的顺序。图 2-19 所示为给排水工程构件的建模顺序，按照这个顺序并灵活运用软件将会给本工程实例的建模工作带来很大便利。

图 2-19　给排水工程构件的建模顺序

卫生器具的建模

一、卫生器具的建模

根据图 2-19 所示的构件建模顺序，首先进行平面图上各楼层的卫生器具和设备的建模。卫生器具的类型不同，其安装高度也不同。常见的卫生器具安装高度都已内置于软件中。在卫生器具的类型确定之后，可进行下一步操作，如需特殊设定，可自行修改标高。卫生器具的安装高度直接影响连接卫生器具的管道长度，因此卫生器具的类型选择十分关键。在设计图中，对卫生器具的名称可自定义，但类型选择应严格按照国家卫生器具安装高度标准中的对应类型来执行。

本工程实例的大部分卫生器具都绘制在卫生间详图中，在基础层（地下室）给排水平面图中，只有地面扫除口需要进行建模。

1. 卫生器具和设备构件的建模

在卫生器具和设备构件建模前需要了解的是，软件界面左侧有两个区域，一个区域为导航栏，另一个区域为构件列表、图纸管理区、属性和图层管理区，如图 2-20 所示。在操作软件时，经常会因为误操作将这两个区域关闭，可以在页签区中选择“视图”选项卡（包括“视图”“操作”“用户界面”3 个功能区），在“用户界面”功能区中单击“恢复默认界面”图标按钮，启动该功能，如图 2-21 所示。加载后的导航栏、构件列表、图纸管理区及属性和图层管理区恢复初始状态。

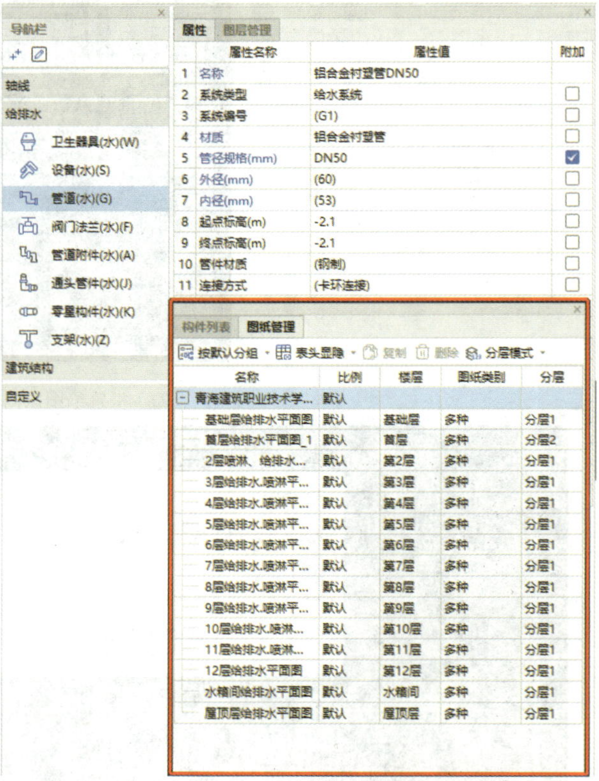

图 2-20　导航栏、构件列表、图纸管理区、属性和图层管理区

图 2-21　启动“恢复默认界面”功能

在识别卫生器具和设备之前，先查阅卫生器具详图，掌握卫生器具种类，然后根据材料表及系统图的信息对卫生器具构件进行建模。卫生器具构件建模的具体操作步骤如下：

步骤 1：使导航栏中的“卫生器具(水)(W)”构件类型处于选中状态，在构件列表中，单击“新建”图标按钮，如图 2-22 所示，并在下拉菜单中选择“新建卫生器具”。软件自动创建一个名称为“WSQJ-1”的构件，如图 2-23 所示。自动创建的构件往往无法满足实际需求，需要进行二次编辑。

由图纸可知，工程实例中存在两种扫除口，一种是设在地面上的“地面扫除口”，另一种是设在管道末端的“末端扫除口”，我们先来设置“地面扫除口”。

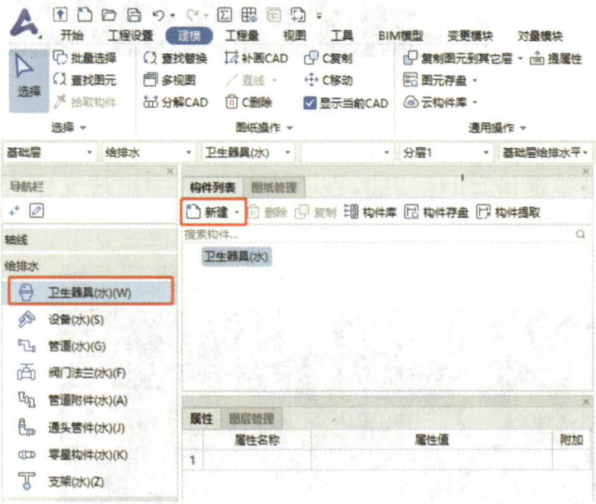

图 2-22　新建卫生器具构件

图 2-23　卫生器具属性对话框

步骤 2：单击图 2-23 所示的“台式洗脸盆”处，在该对话框右侧出现扩展按钮，单击该扩展按钮，选择“地面扫除口”，构件的类型即更改为“地面扫除口”。

步骤 3：单击“类型”栏的属性值，复制文字“地面扫除口”，将其粘贴至“名称”栏的属性值，构件名称即更改为“地面扫除口”，构件的新建操作完成。

步骤 4：通过手动输入的方式修改各属性的属性值，在“材质”栏添加“铸铁”，在“规格型号”栏输入“DN150”，在“标高(m)”栏输入“层底标高”，其他属性值为软件默认值，如图 2-24 所示。

在构件“末端扫除口”建模时，在构件列表中复制已建好的“地面扫除口”，在列表中即生成一个新建构件“地面扫除口-1”，只需将其名称修改为“末端扫除口”，将“标高”属性值修改为“层底标高－0.4”(排水管在地下室的标高)，其他属性值不需要修改。

2. 设备提量

在地下室平面图中，只出现“末端扫除口”这类卫生器具，故只需一次操作，即可完成该类

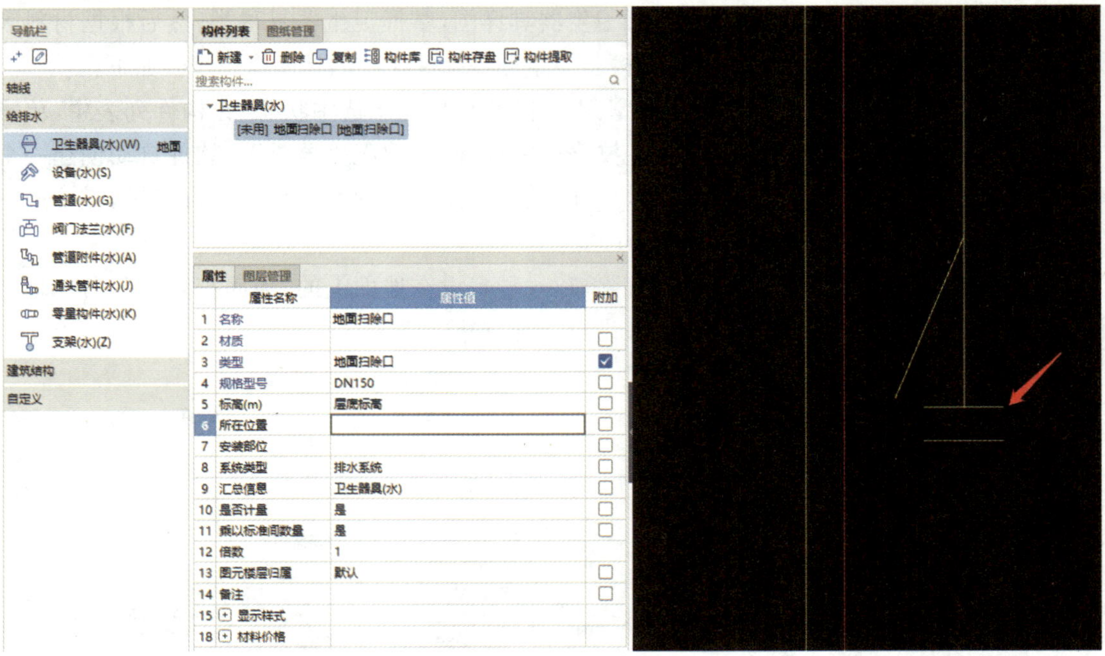

图 2-24 更改卫生器具的属性

构件的建模，具体操作步骤如下：

步骤 1：单击“识别卫生器具”功能区中“设备提量”图标按钮，在下方提示栏中出现文字提示“左键点选或拉框选择图例和文字(可不选)，右键确认或 ESC 退出”。

步骤 2：根据文字提示，点选或框选平面图中该卫生器具的图例，如图 2-25 所示。

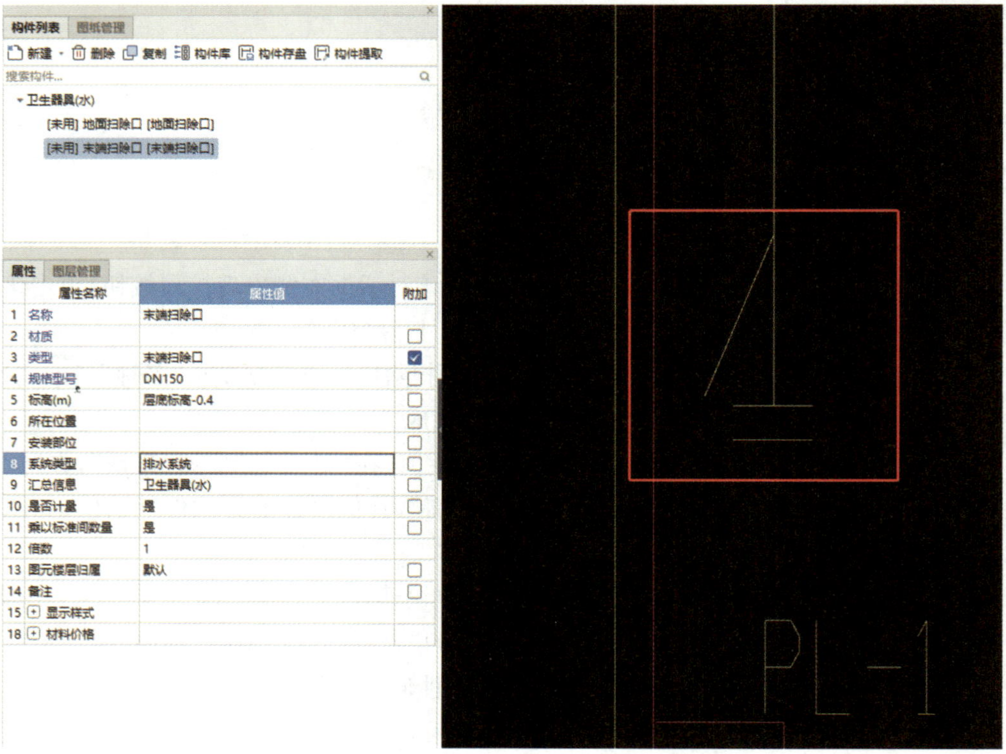

图 2-25 “设备提量”(末端扫除口)对话框

步骤 3:单击鼠标右键,弹出“选择要识别成的构件”对话框,如图 2-26 所示。

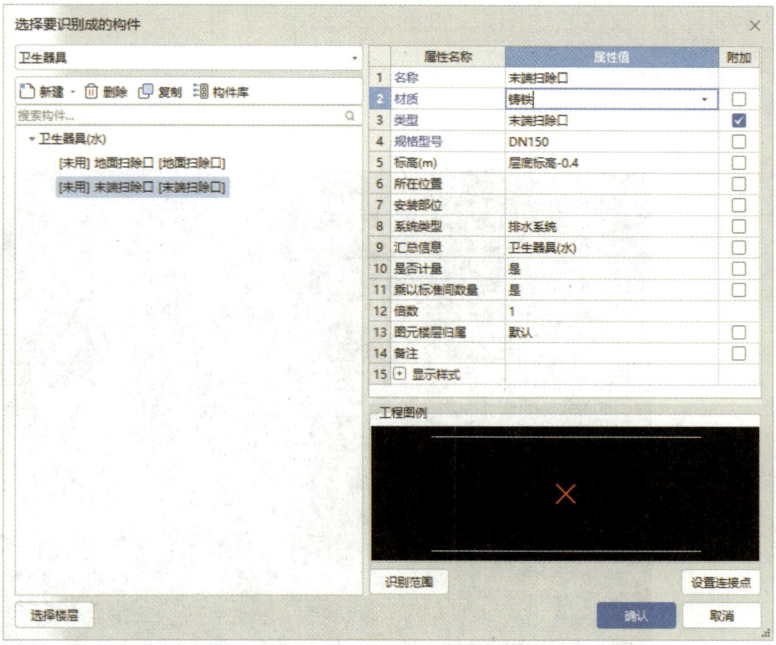

图 2-26　“选择要识别成的构件”对话框

步骤 4:单击“选择要识别成的构件”对话框中的“确认”按钮,完成构件与选中图例的匹配操作。同时界面弹出提示窗口“识别的设备数量:3”,如图 2-27 所示,单击“确定”按钮,完成操作。

图 2-27　提示识别的“末端扫除口”数量

卫生间内卫生器具构件的建模

3. 卫生间内卫生器具构件的建模

完成基础层(地下室)平面图中构件“末端扫除口”的建模操作后,进行卫生间详图中的卫生器具建模。

步骤 1:将楼层切换至首层,在页签区中打开“工程设置”选项卡,在“图纸预处理”功能区中单击“插入 CAD”图标按钮，将“青海建筑职业技术学院教学逸夫楼给排水施工图”插入绘图区，并只保留卫生间详图，删除其他图纸，如图 2-28 所示。

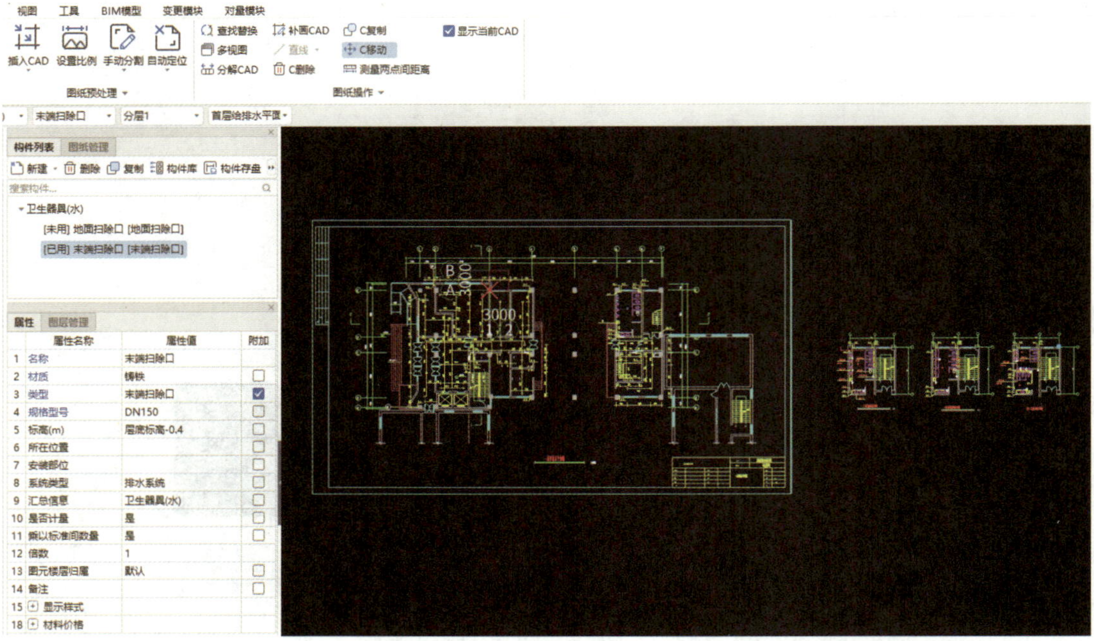

图 2-28　将卫生间详图插入绘图区

步骤 2：在“图纸预处理”功能区中单击“设置比例”图标按钮，在绘图区内框选需要修改比例的卫生间详图，框选后图纸内容变成蓝色，单击选择轴线⑥、⑦间距，弹出“尺寸输入”对话框，其中显示的数值为 13 800，如图 2-29(a)所示，将其修改为图中标注尺寸 6 900，完成对卫生间详图的比例设置，如图 2-29(b)所示。

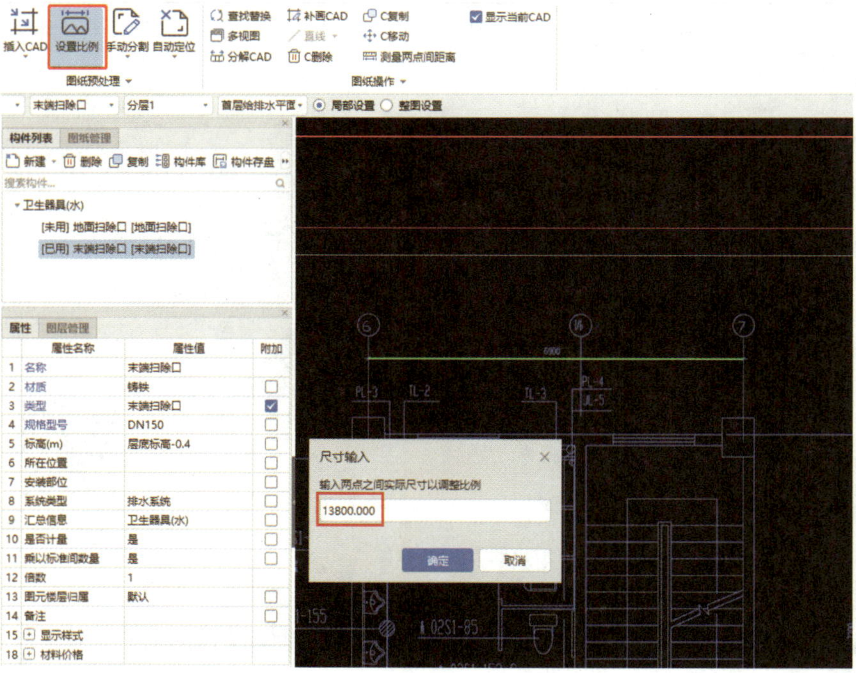

(a) 修改“尺寸输入”数值

图 2-29　卫生间详图比例设置

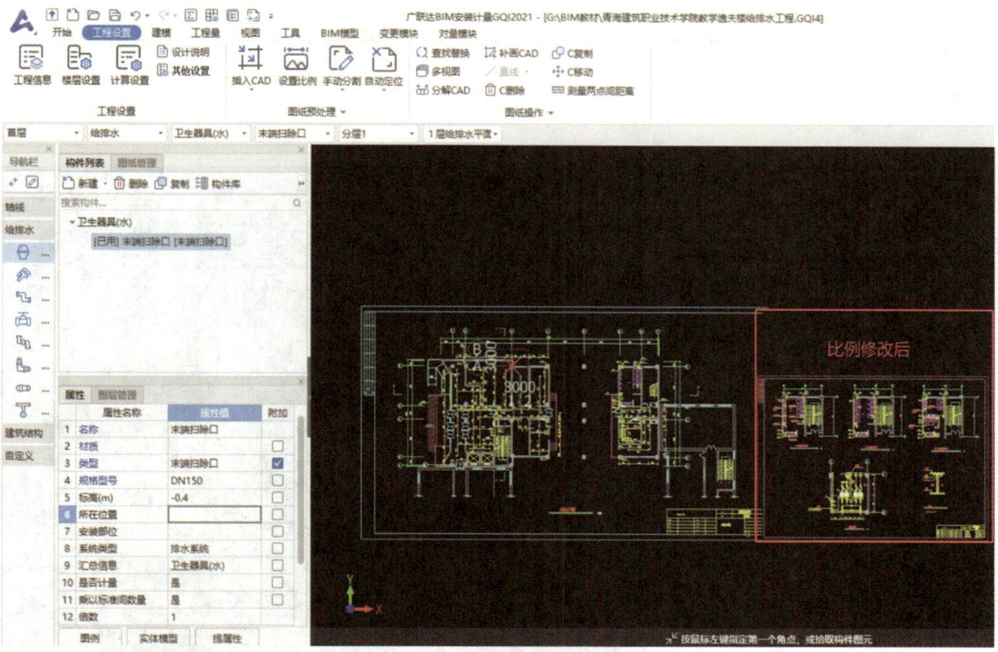

(b) 设置比例后的卫生间详图

续图 2-29 卫生间详图比例设置

步骤 3:卫生间详图包括第 1、3、5 层卫生间详图,第 2、4、6 层卫生间详图及 7～12 层卫生间详图,如图 2-30 所示。采用“设备提量”方法完成各层“卫生器具”的提量,如图 2-31 所示。

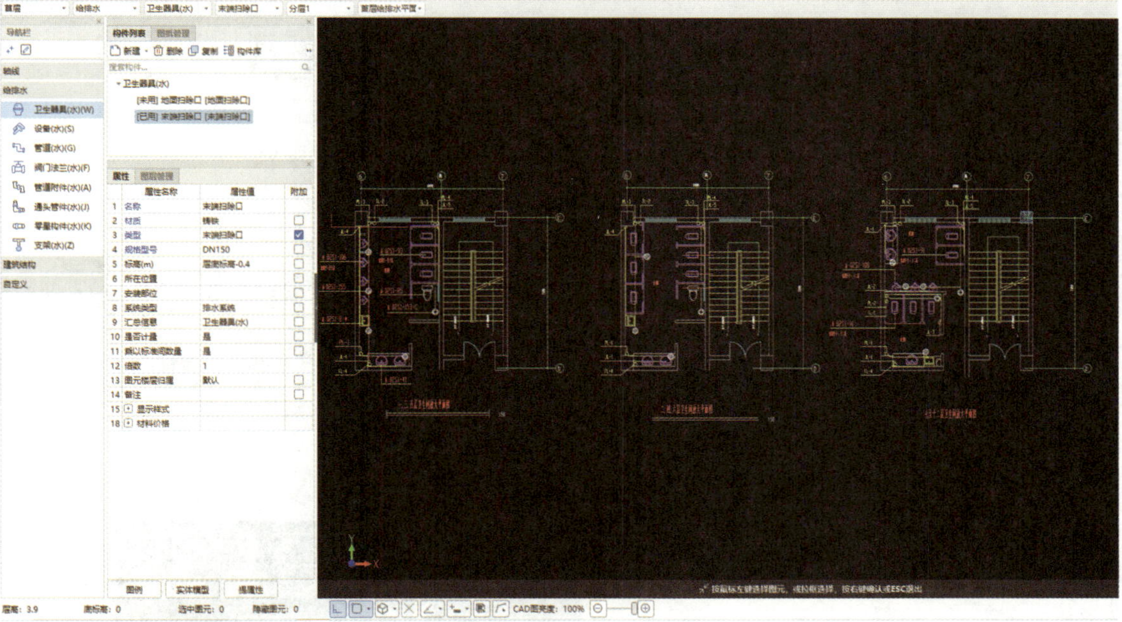

图 2-30 各层卫生间详图

步骤 4:单击“设备提量”图标按钮,界面切换至绘图区,选择图纸上对应的图例,界面弹出“选择要识别成的构件”对话框。在图纸上选择卫生器具给水、排水管的连接点,可在对话框中通过单击“设置连接点”更改连接点,如图 2-32 所示。识别完成后,构件列表中的卫生器具由识别前的“未用”状态变成“已用”状态,如图 2-33 所示。

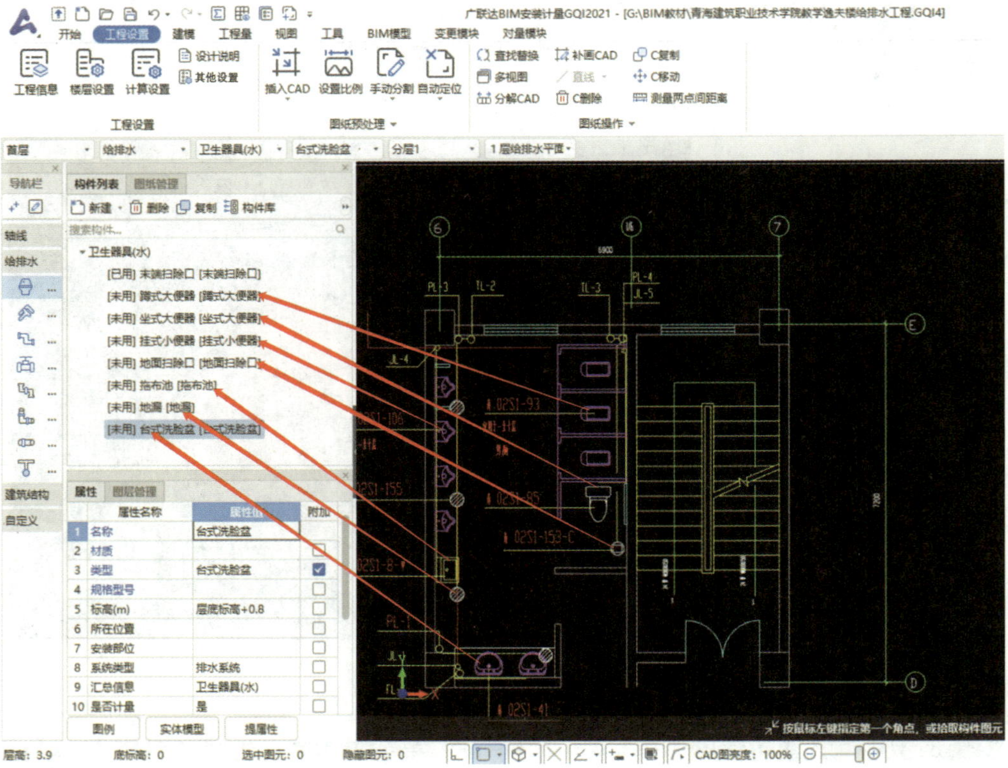

图 2-31 完成新建卫生器具构件的提量

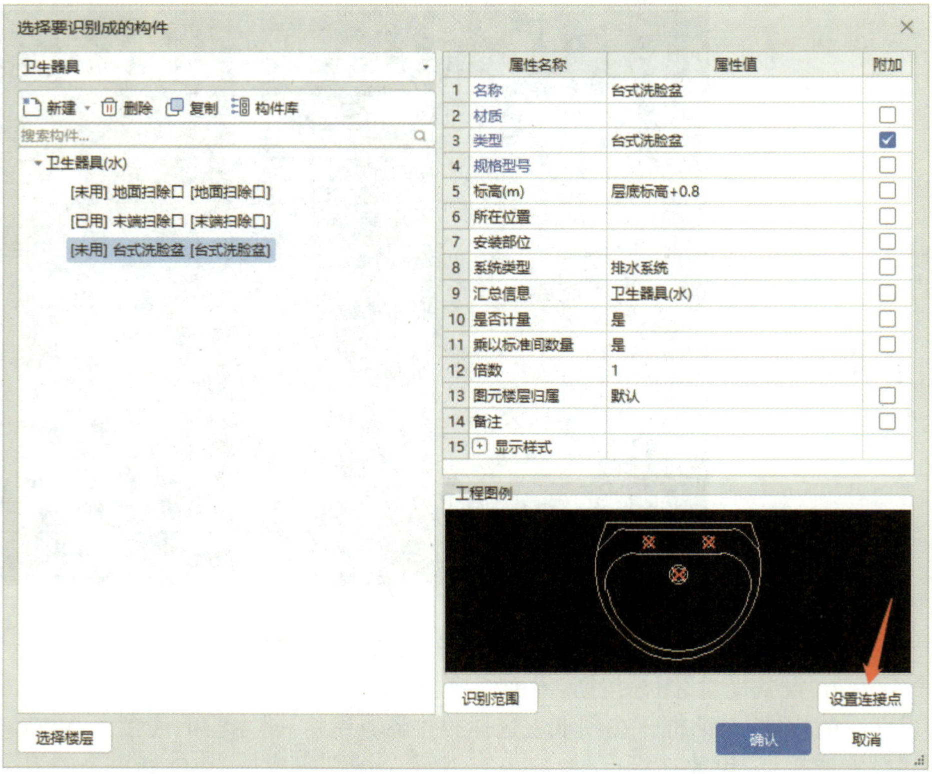

图 2-32 设置卫生器具连接点

步骤 5：每完成一种卫生器具建模，软件都会提示其数量，如提示小便器完成建模的数量为 7，蹲式大便器完成建模的数量为 14，地面扫除口 DN100 完成建模的数量为 4。完成建模后的卫生器具图例颜色由原来的玫红色变成白色，如图 2-34 所示。

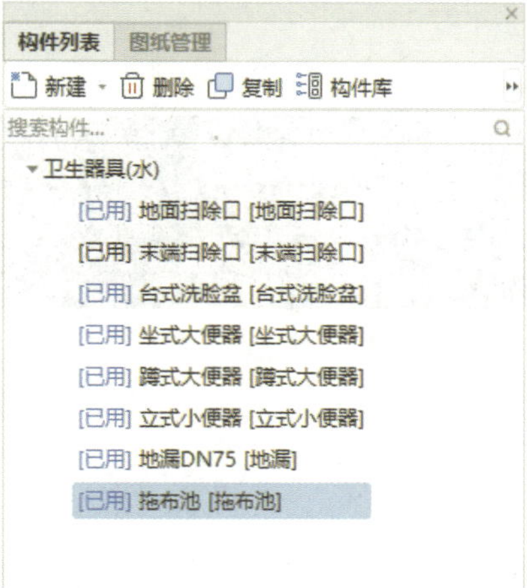

图 2-33　卫生器具识别后构件列表的状态

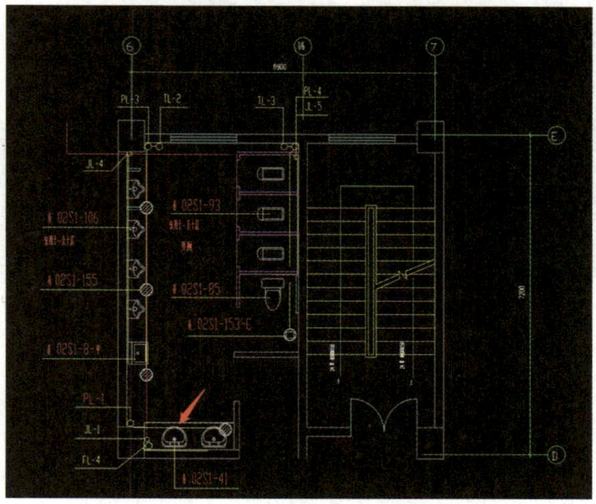

图 2-34　卫生器具建模完成

二、给水管道的建模

平面图中存在 3 种系统管道，即给水系统管道、排水系统管道和雨水系统管道，我们首先进行给水系统管道的建模。

如图 2-35～图 2-37 所示，本工程实例采用分区给水方式供水，低区（1～4 层）采用直接给水方式，高区（5～12 层）采用水池-水泵-水箱联合给水方式，给水管道引入管均在 1/2 轴处引入。下面以低区管道为例进行讲解。

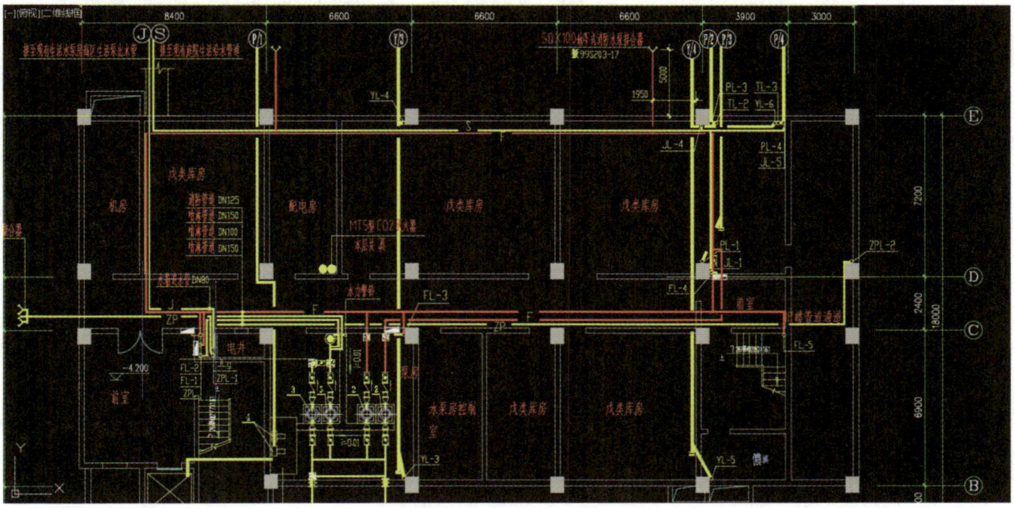

图 2-35　基础层（地下室）管道平面图

给水管道包括引入管、干管、立管和支管，其中引入管和干管多数沿水平方向敷设，多采用绘制直线的方法来完成建模。立管沿垂直方向敷设，支管可沿垂直或水平方向敷设。无论管道如何敷设，都要根据其敷设方式、防腐保温方式的不同，先进行构件建模，后绘制管线。

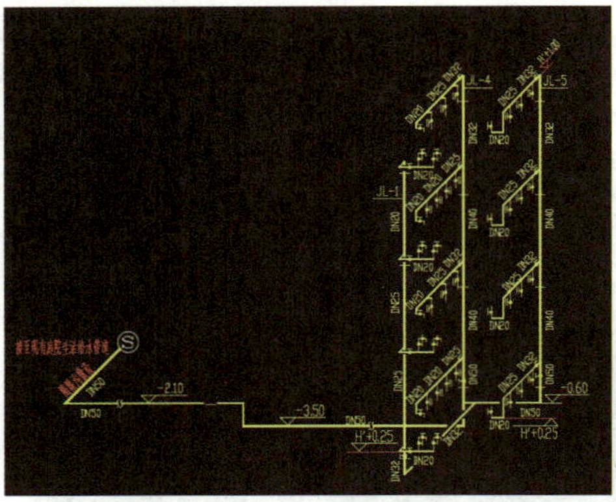

图 2-36　低区(1～4 层)生活给水系统图

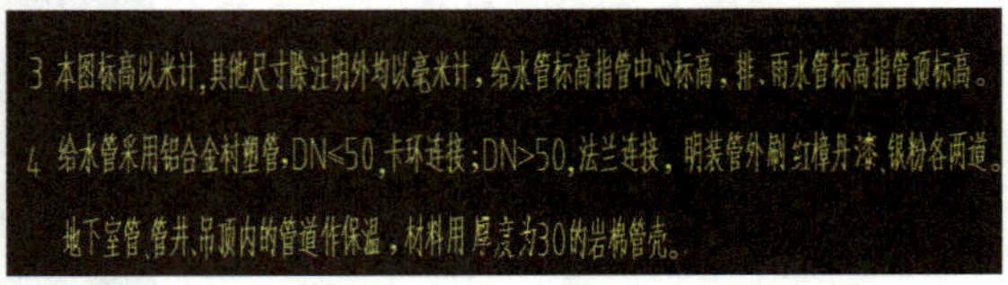

3 本图标高以米计，其他尺寸除注明外均以毫米计，给水管标高指管中心标高，排、雨水管标高指管顶标高。

4 给水管采用铝合金衬塑管，DN<50，卡环连接；DN>50，法兰连接，明装管外刷红樟丹漆，银粉各两道。地下室管、管井、吊顶内的管道作保温，材料用厚度为30的岩棉管壳。

图 2-37　设计说明

1. 管道建模

(1)管道构件的新建

新建管道构件的操作步骤如下：

步骤 1：单击导航栏中的“管道(水)(G)”图标按钮，在构件列表单击“新建”图标按钮，如图 2-38 所示，在下拉列表中选择“新建管道”，软件会自动创建一个名称为“GSG-1”的构件。自动创建的构件需要进行二次编辑。

步骤 2：依据图中标注及设计说明对给水管道的要求，在属性对话框中对部分属性值进行修改，如图 2-39 所示。在“材质”滚动条中选择在设置“设计说明”时已添加的管道“铝合金衬塑管”，复制该材质到“名称”属性值栏，将“管径规格(mm)”修改为“DN50”，在“起点标高(m)”属性值中输入“－2.1”，则“终点标高(m)”自动跳转为“－2.1”，“标高类型”属性值选择“管中标高”，并按设计说明添加防腐、保温工程信息，“刷油类型”属性值选择“红樟丹漆”，“保温材质”属性值选择“岩棉管壳”，“保温厚度(mm)”属性值输入“30”，“保护层材质”属性值选择“玻璃丝布”，如图 2-40 所示。

管道构件的新建

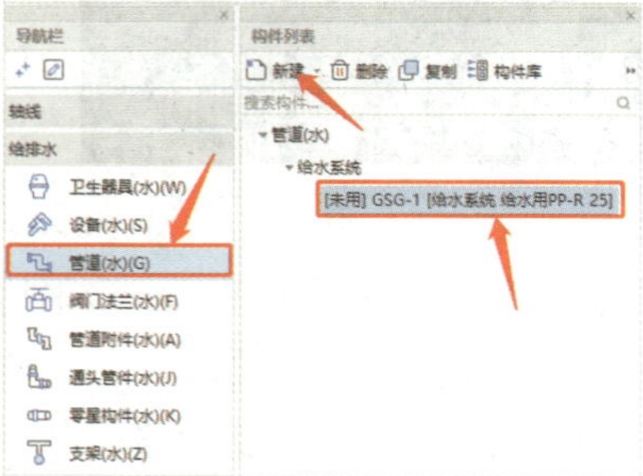

图 2-38　创建管道构件

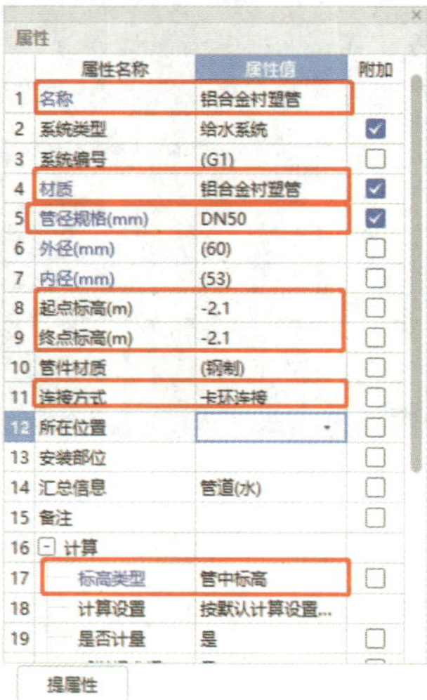

图 2-39　修改构件属性值(1)

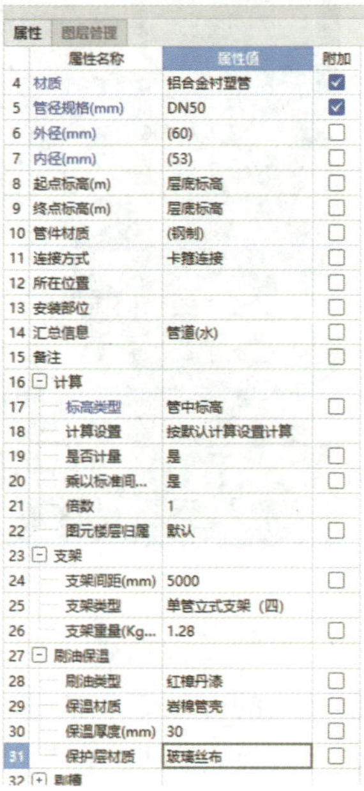

图 2-40　修改构件属性值(2)

温馨提示

初学者在创建管道构件时，其名称可按照“用途＋材质＋空格＋管径规格”的格式进行设置，以便于规范构件名称管理。

(2)新建构件的便捷方式

沿给水管道的供水方向，开始进行给水用“铝合金衬塑管 DN50”±0.00 以上管道构件的建模。JL5 从±0.00 以上至 1.00 m 处立管管径 DN50，按设计说明“明装管道外刷红樟丹漆、银粉各两道”要求，敷设在地上并为明装管道。新建构件除使用构件的“新建”功能外，也可使用其他便捷方式。需要新建的管道构件是给水用“铝合金衬塑管 DN50-1”，该管道构件除防腐、保温工程外，其余属性均与给水用“铝合金衬塑管 DN50”管道构件相同，所以就可以使用构件列表中的复制功能进行新建。具体操作步骤如下：

步骤 1：单击构件列表窗口中的“复制”图标按钮，这时构件列表中会出现一个构件名称为“铝合金衬塑管 DN50-1”的构件，如图 2-41 所示。

步骤 2：根据图纸的设计要求，只需修改防腐、保温工程信息，“刷油类型”属性值选择“银粉”，删除“保温材质”属性值中的“岩棉管壳”、“保温厚度(mm)”属性值中的“30”、“保护层材质”属性值中的“玻璃丝布”，如图 2-42 所示。

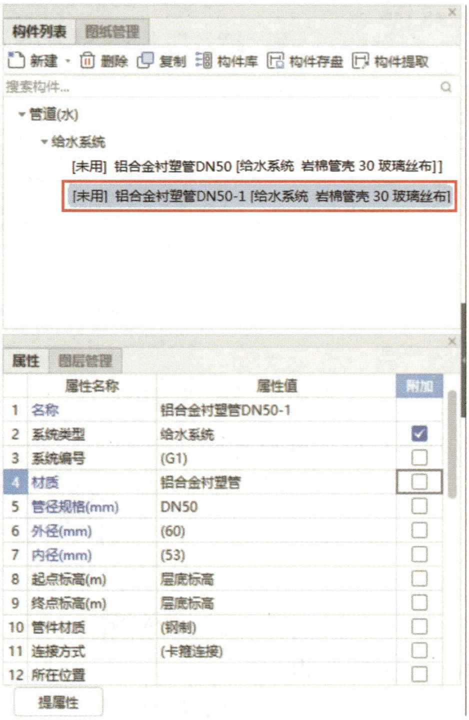

图 2-41　复制构件

图 2-42　管道构件复制后的界面效果

(3)操作构件列表时的注意事项

按照管径大小和供水流向，开始创建 DN40、DN32、DN25、DN20 给水管道构件。观察工程实例系统图可以发现，DN32 和 DN50 管道均敷设在±0.00 以下及±0.00 以上，因此创建新的 DN32 管道构件，宜以 DN50 管道构件为目标属性源进行复制。由于构件列表中不再只有一个构件，因此在复制构件时，应特别注意当前所选的构件。

在构件列表中，有一个蓝色填充框，如图 2-43 所示。该蓝色填充框内构件为当前选择的构件，在构件列表中选择不同名称的构件，蓝色填充框也会随之改变。下方显示的属性内容是当前选择构件的属性。在进行构件复制时，蓝色填充框内构件表示软件将以该构件作为构件复制的目标属性源。所以“铝合金衬塑管 DN32”敷设在±0.00 以下的管道可以“铝合金衬塑管 DN50”为目标属性源（图 2-43）；敷设在±0.00 以上的管道可以“铝合金衬塑管 DN50-1”为目标属性源（图 2-44），并且二者只需在属性对话框中将“管径规格（mm）”属性值修改为“DN32”。在±0.00 以下，“起点标高（m）”属性值输入“−0.6”，则“终点标高（m）”属性值自动跳转为“−0.6”；在±0.00 以上，“起点标高（m）”属性值输入“层底标高+0.25”，则“终点标高（m）”属性值自动跳转为“层底标高+0.25”。

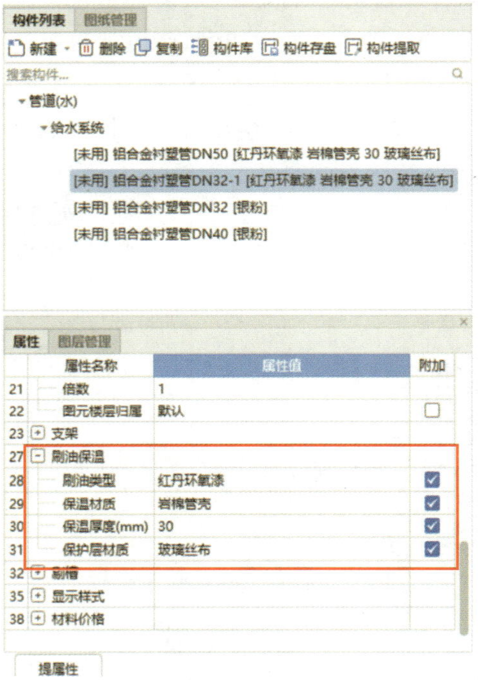

图 2-43　地下室暗装 DN32 管道

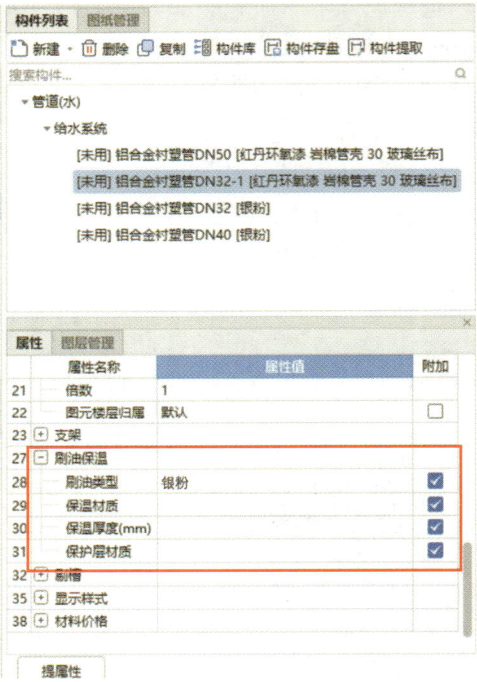

图 2-44　明装 DN32 管道

结合上述的操作方法和注意事项，完成余下给水管道构件的建模操作。

复制管道构件

2. 水平管道建模

(1)选择识别

用选择识别的方式进行水平管道建模的操作步骤如下：

步骤 1：在“识别管道”功能区中单击“选择识别”图标按钮，启动该功能，如图 2-45 所示。此时下方文字提示为“左键选择要识别的管道，右键确认或 ESC 退出”。

步骤 2：根据文字提示，单击选择绘图区平面图中所有表示 DN50 的 CAD 图线。

步骤 3：在弹出“选择要识别成的构件”对话框左侧，选择“铝合金衬塑管 DN50-1”的目标属性源，如图 2-46 所示，单击“确认”按钮，完成选中的 CAD 图线与软件新建构件的匹配。

图 2-45　启动“选择识别”功能

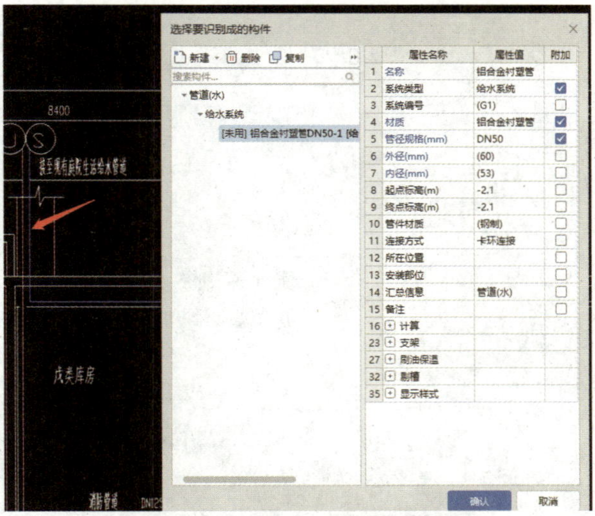

图 2-46　在“选择要识别成的构件”对话框中选择目标属性源

温馨提示

在使用“选择识别”进行建模的过程中，在弹出的“选择要识别成的构件”对话框的右侧为目标构件的属性栏，如图 2-47 所示，可在这里直接进行属性值的修改，修改完成后构件将按修改后的属性进行建模，它与构件新建或复制的操作基本相同。

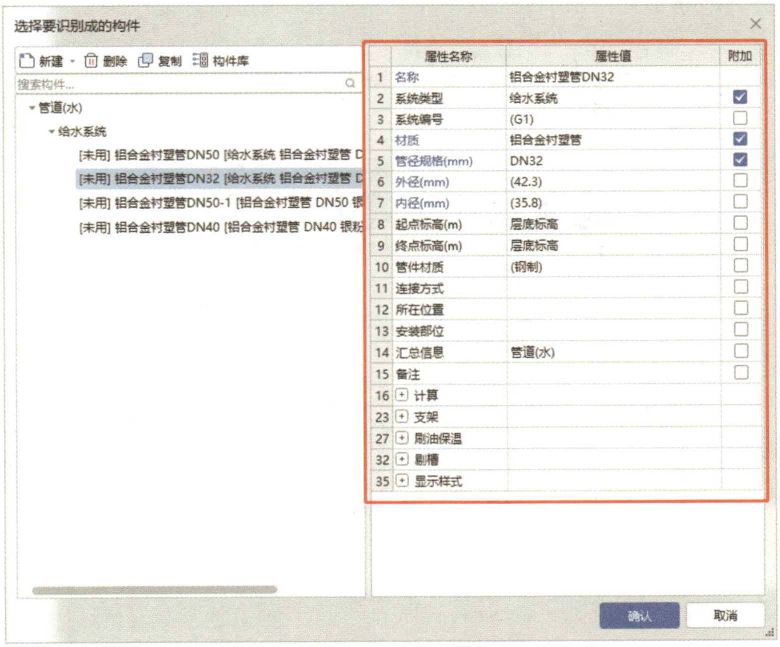

图 2-47　在“选择要识别成的构件”对话框中修改目标构件的属性值

步骤 4：使用同样方法完成平面图中±0.00 以下“铝合金衬塑管 DN32”识别。完成后可通过“动态三维”查看图形，图形展示效果如图 2-48 所示。

(2)绘制直线

用绘制直线的方式进行水平管道建模的操作步骤如下：

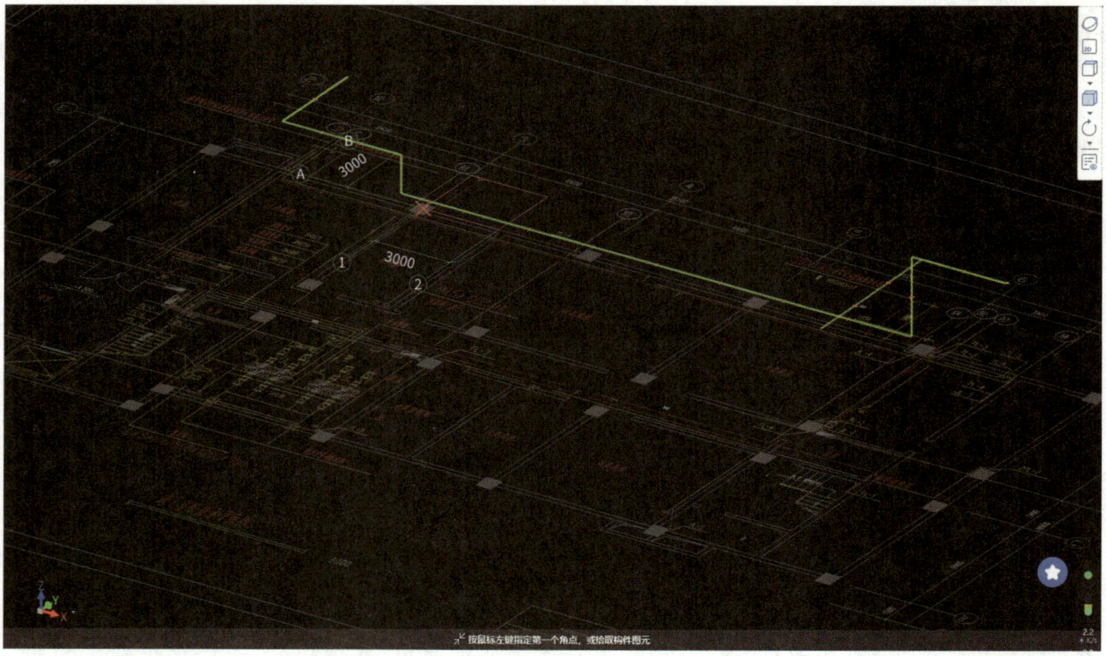

图 2-48　水平管道“动态三维”图形展示效果

步骤 1：在新建管道构件的操作中，所有管道暂不编辑“起点标高(m)”和“终点标高(m)”的属性值，将其设为默认值，并在构件列表中设置不同管径的“铝合金衬塑管”，如图 2-49 所示。

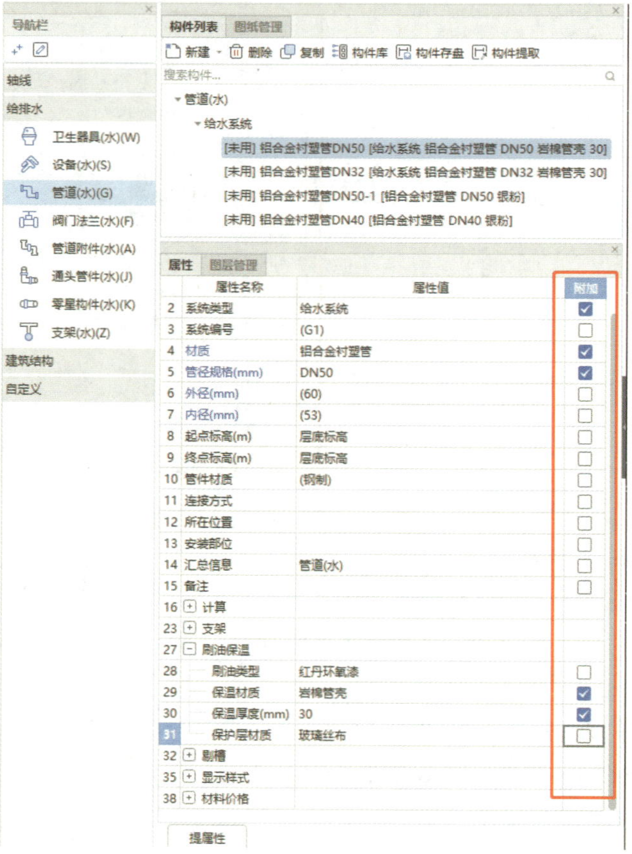

图 2-49　在管道构件列表中设置不同管径的“铝合金衬塑管”

步骤 2：单击“绘图”功能区中的“直线”图标按钮，启动该功能，如图 2-50 所示。界面弹出“直线绘制”对话框，如图 2-51 所示（GQI2021 在绘制直线功能中，新增了“水平”和“竖向”功能）。因为给水引入管、干管均沿水平方向敷设，所以选择“水平”并且选中“使用窗体标高”（因为构件的标高没有标注在平面图上，所以不选择“使用构件标高”）；在“安装高度（m）”栏根据图纸中管道实际标高输入数值“－2.1”；给水管道引入处没有“交叉”的管道，“扣管高度（m）”设置为“0”；勾选“自动生成立管”前复选框，如图 2-52 所示。

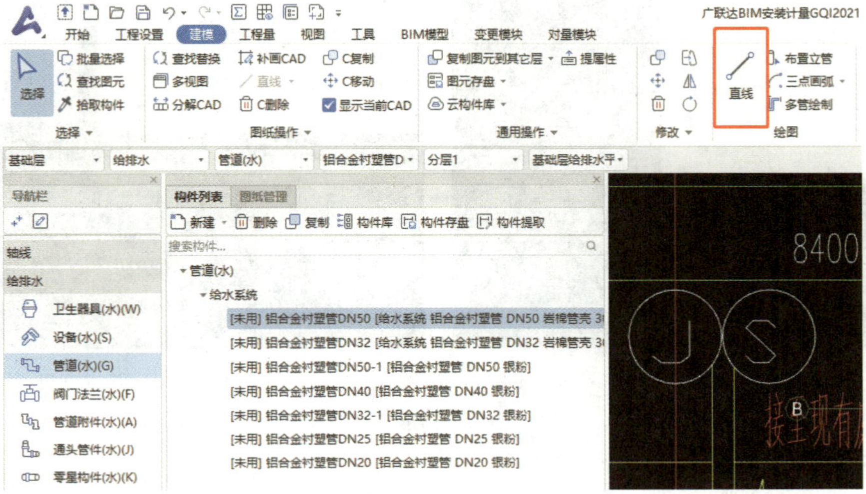

图 2-50　启动“直线”功能

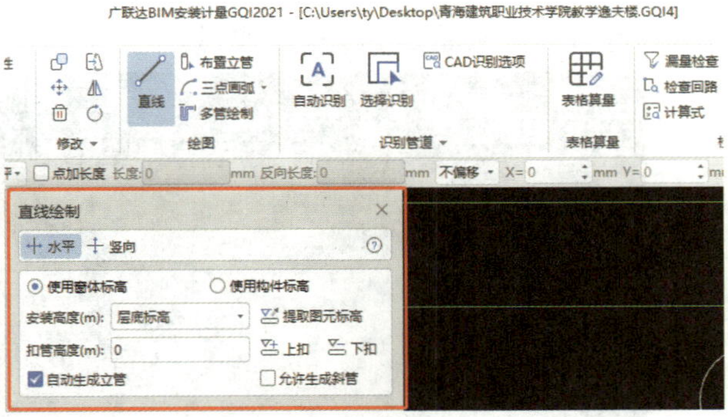

图 2-51　“直线绘制”对话框

步骤 3：在绘制引入管“铝合金衬塑管 DN50”的管线时，按照给排水管道工程量计算规则，室内外界线，引入管上设有阀门的以阀门为界，无阀门的以外墙皮 1.5 m 为界。而在软件识别时，并未按照 1.5 m 的界线去识别管长。可以使用偏移功能来完成长度为 1.5 m 的引入管建模。具体操作方法是，同时按住 Shift 键和鼠标左键，弹出“请输入偏移值”对话框，在 y 向偏移值处输入“1500”，如图 2-53 所示。

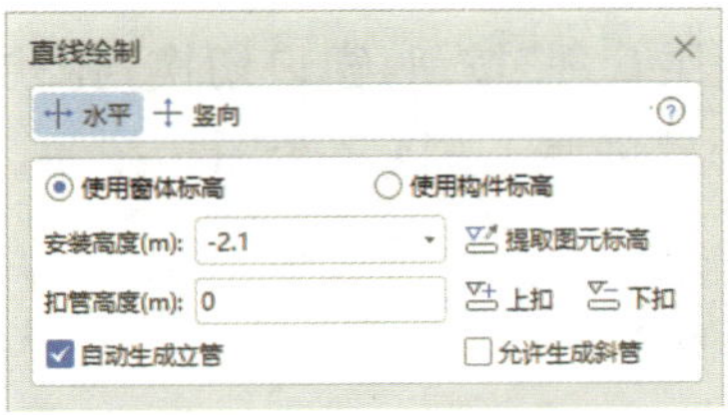

图 2-52　直线参数设置

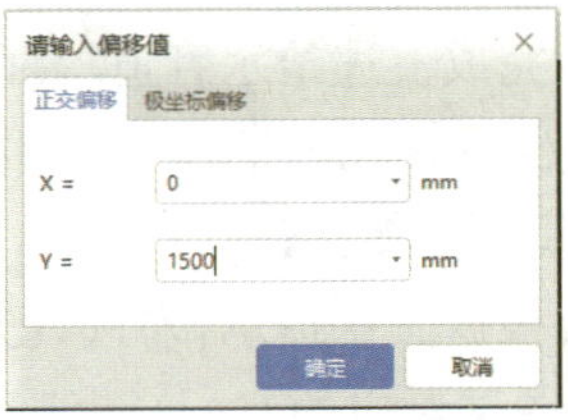

图 2-53　在 y 向偏移值处输入“1500”

步骤 4：将绘制好的管线拉伸至室内管道拐弯处，再次单击“直线”图标按钮，继续绘制标高为－2.1 m 的直线，绘制到轴线③左侧时，在“直线绘制”对话框中把“安装高度(m)”调整到“－3.5”(图 2-54(a))，然后继续向轴线⑥方向绘制直线，绘制到 JL4 位置处，将“直线绘制”对话框里的“安装高度(m)”修改为“－0.6”(图 2-54(b))，直线绘制至 JL5 处。使用同样方法绘制连接 JL1 处的 DN32 直线管段。

绘制直线

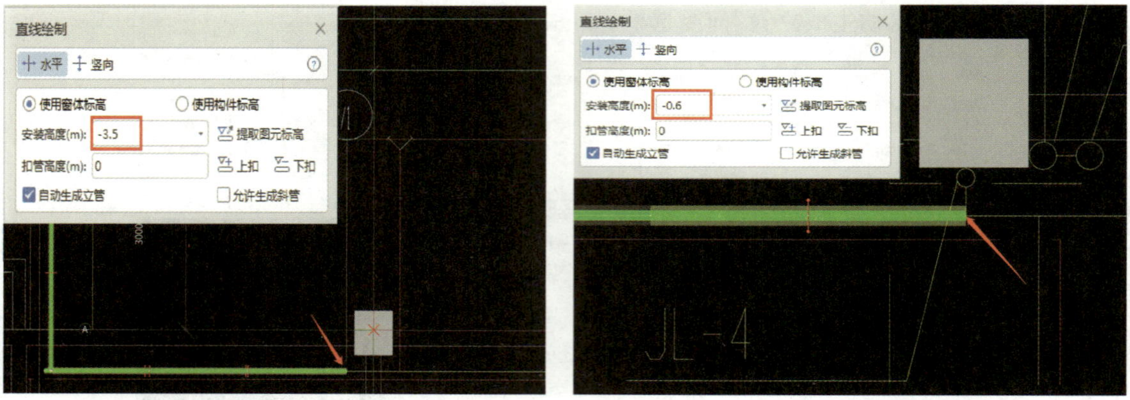

(a)安装高度为－3.5 m　　(b)安装高度为－0.6 m

图 2-54　手动修改安装高度

3. 图层的显示与隐藏

按照上述操作步骤建模时，图层管理区如图 2-55 所示，在绘图区内，建筑平面图线和阀门、管道附件等图例的存在对观察图纸和操作软件均有较大干扰，因此可使用图层的显示与隐藏功能，只保留必要的图线和图例等，从而方便后续操作，具体操作步骤如下：

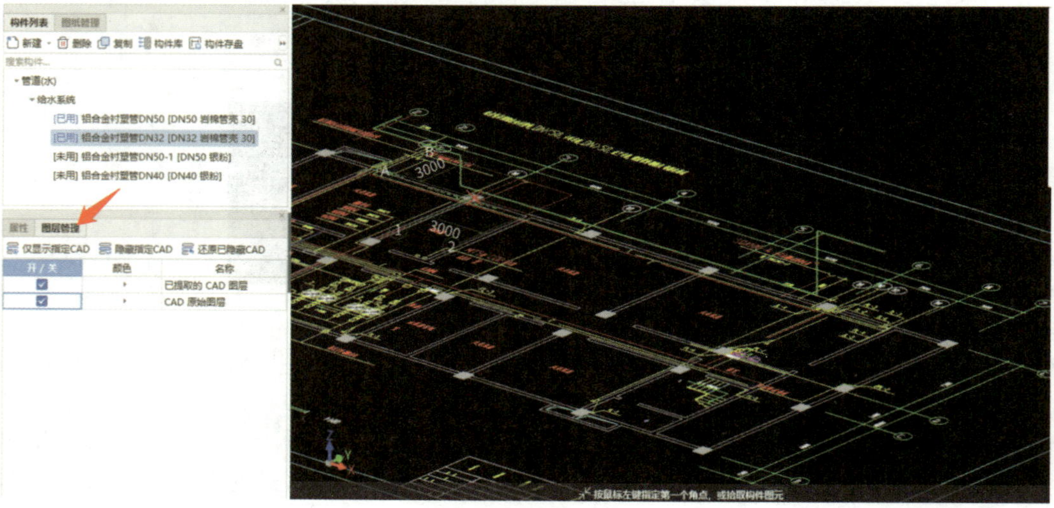

图 2-55　图层管理区

步骤 1：完成上述给水管道构件识别后，单击“图层管理”按钮，窗口切换到图层管理区，工具条中有“仅显示指定 CAD”“隐藏指定 CAD”“还原已隐藏 CAD”3 个图标按钮，此时文字提示为“按鼠标左键指定第一个角点，或拾取构件图元”。

步骤 2：根据文字提示，勾选“已提取的 CAD 图层”“CAD 原始图层”左侧“开/关”列复选框。此时该图层对应的 CAD 图线将全部被隐藏。

有时保留图层操作后的显示效果并不符合预期要求或者在执行保留图层操作时，错误地选中了一些不需要显示的图层，可以利用上述操作来进行恢复和隐藏，可反复进行操作，直至达到所需图线显示效果为止。只保留选中图层的图线，排除不必要图线干扰的操作，为建模操作提供便利(图 2-56)，所以图层的显示与隐藏是一个常用功能。

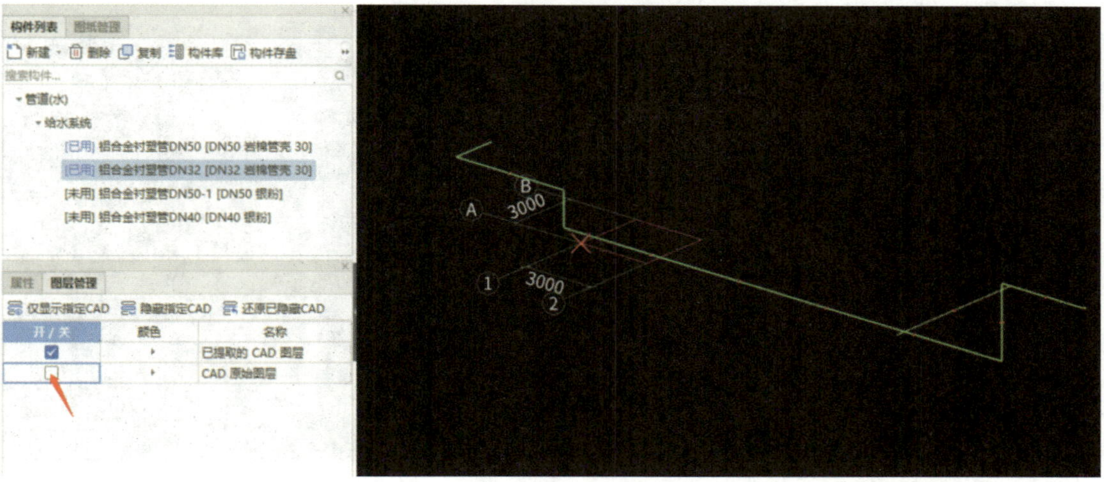

图 2-56　显示与隐藏图层图线

4. 左拉框选与右拉框选

即使在保留选中图层状态下，使用“选择识别”来为给水管道 DN50 这样的构件建模也不十分方便。按照前述操作，仍需逐一点选全部相关 CAD 图线才可完成选择，操作复杂且效率低下，此时通常需要使用框选的方法。框选，即当光标处在选择状态时，在绘图区内拉框进行选择的方法。框选分为左拉框选与右拉框选两种。

(1)左拉框选

单击绘图区中的一个位置，按住鼠标左键不放，从左向右拉一个方框进行选择，此时方框为实线，松开鼠标左键，只有全部包含在框内的图线才被选中，如图 2-57(a)所示，而只有一部分在框内的图线则不被选中，如图 2-57(b)所示。

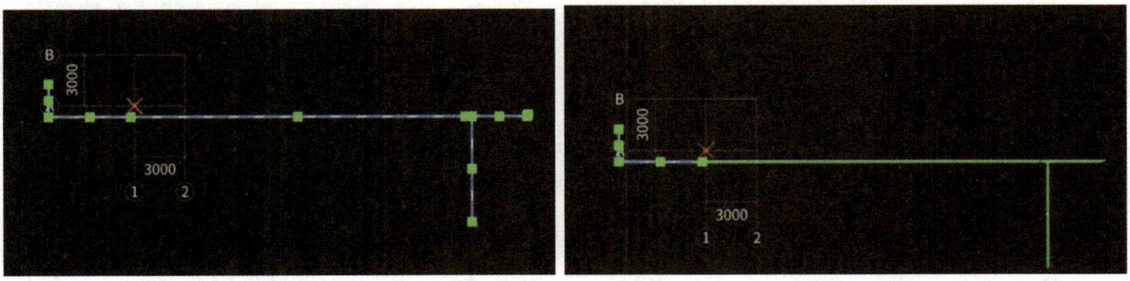

(a) 全部框选构件　　(b) 部分框选构件

图 2-57　左拉框选

(2)右拉框选

单击绘图区中的一个位置，按住鼠标左键不放，从右向左拉一个方框进行选择，此时方框为虚线，松开鼠标左键，框内以及与方框相交的图线都被选中，如图 2-58 所示。

根据实际情况，灵活使用左拉框选与右拉框选，能达到事半功倍的效果。

5. 公共属性和私有属性

使用“动态观察”功能，调整至合适的三维视角，由于给水管道 DN50“－2.1”-“－3.5”-“－0.6”

管段的短立管构件是软件自动生成的，因此有必要检验一下该构件是否符合要求。而当绘图区处于“动态观察”状态时（图 2-59），只能进行改变视角和显示大小的操作，无法对构件进行选中或编辑操作。

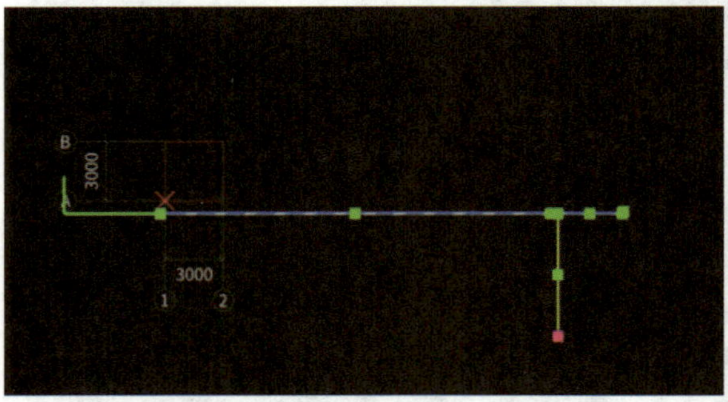

图 2-58　右拉框选

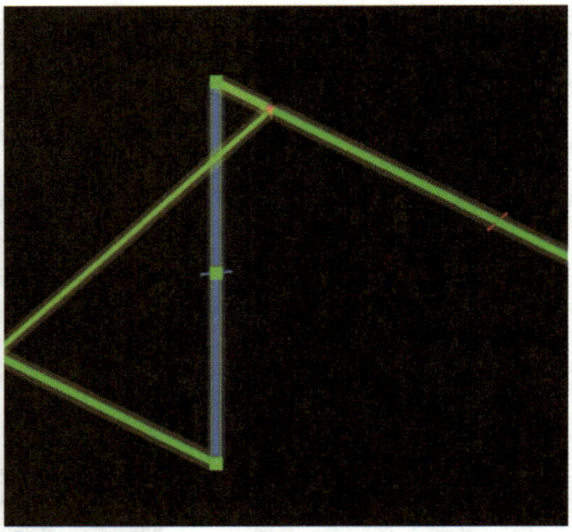

图 2-59　绘图区处于“动态观察”状态

（1）修改自动生成的构件属性

当自动生成的构件属性出现错误时，修改错误属性的具体操作步骤如下：

步骤 1：软件处于“动态观察”状态时，按 ESC 键或单击鼠标右键，绘图区中的特殊图案消失，光标形状也会随之改变。

步骤 2：将光标移动至短立管处，稍待几秒，光标处会出现该构件的名称信息。如果构件属性与预期管道属性不符，可根据给水管道系统图对该处构件属性进行修改。

步骤 3：单击选中待修改的短立管构件，使之变成蓝色，这时构件属性区切换至该构件的属性显示状态，如图 2-60 所示。

（2）构件的公共属性和私有属性

如图 2-60 所示，属性信息栏分为两列，左边一列为“属性名称”，该列为软件默认设置，无法被更改；而右边一列为“属性值”，需要用户输入相应的信息。在“属性名称”这列，文字有蓝色和黑色之分。蓝色字显示的属性为构件的公共属性，而黑色字显示的属性为构件的私有属性。

公共属性也称为公有属性，是一种全局属性。当对一个构件的公共属性进行修改时，软件会将修改内容自动同步到绘图区中所有相同名称的构件中去。而当对构件的私有属性进行修改时，只会对以下两种构件产生影响：一是当前被选中的构件；二是即将在绘图区内建模的构件。公共属性和私有属性修改效果详见表 2-2。如果对选中的短立管构件的管径大小进行修改，但忽略了管径大小属于公共属性这一重要因素，则会造成所有名称为“铝合金衬塑管 DN50”的构件管径大小全部被修改的错误。

表 2-2　　公共属性和私有属性修改效果

属性类别	绘图区中已选中的构件	绘图区中未选中的构件	在绘图区中未选中任何构件时，更改构件属性
公共属性	有效	有效	对绘图区中已建模的构件和将要建模的构件都会产生影响
私有属性	有效	无效	对绘图区中已建模的构件不会产生影响，而对将要建模的构件产生影响

6. 动态观察及 CAD 图亮度调节

如图 2-61 所示，从平面图上只能观察到该位置有一个“○”，无法直接显示管道的高低差异，这时就需要用到“动态观察”功能进行三维观察，具体操作步骤如下：

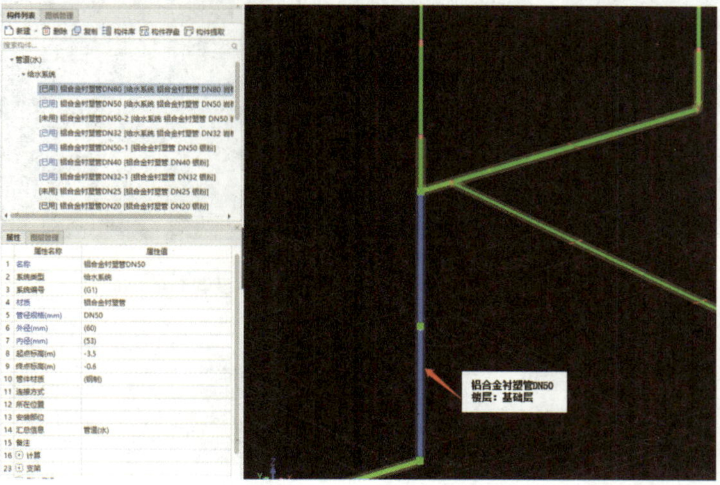

图 2-60　短立管构件属性显示

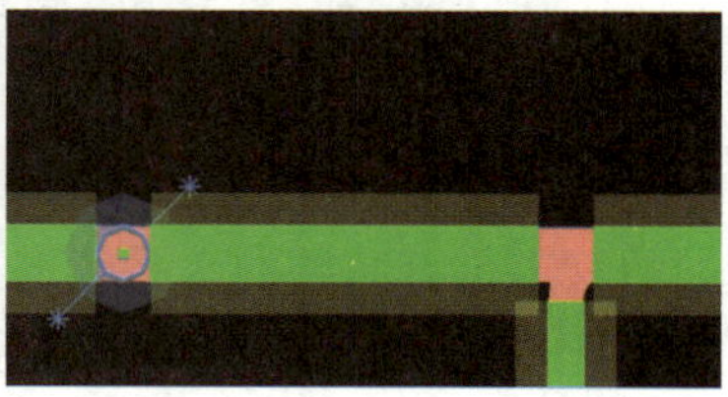

图 2-61　短立管生成效果

步骤 1：在页签区的“视图”功能区中单击“动态观察”图标按钮，启动该功能，如图 2-62 所示。在绘图区右侧的“动态三维”快捷操作栏中单击“动态三维”图标按钮，也可完成这步操作，如图 2-63 所示。

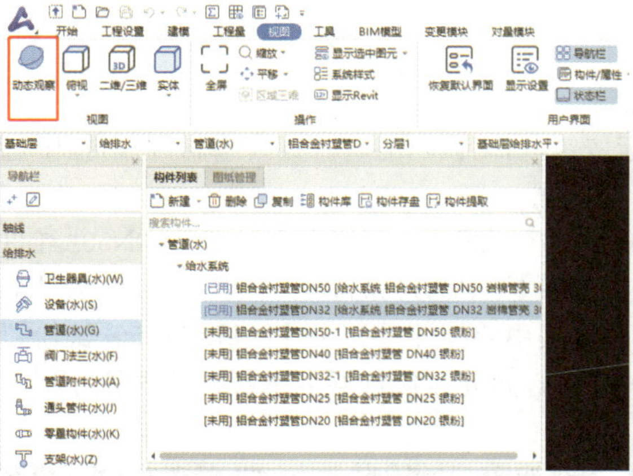

图 2-62　启动“动态观察”功能

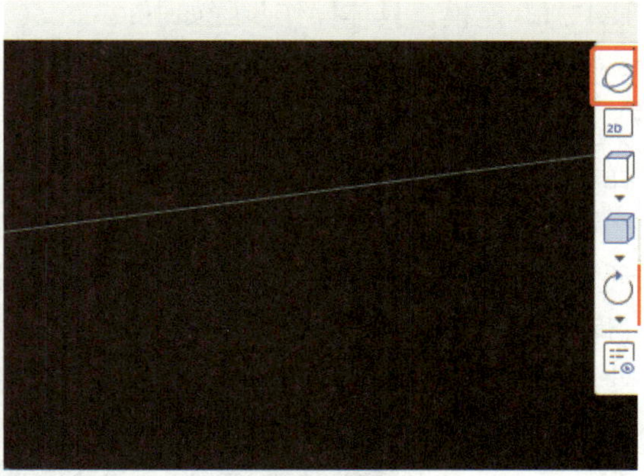

图 2-63　“动态观察”图标

步骤 2：在绘图区中，按住鼠标左键不放，沿各方向移动鼠标，就可以实现观察角度的变换。

步骤 3：在绘图区中若存在原始的 CAD 图线，则会对三维观察造成影响。单击绘图区下方文字提示栏左侧的“CAD 图亮度”调节按钮，按住鼠标左键不放，左右拖动鼠标，可实现 CAD 原始图的亮度调节，如图 2-64 所示。若将调节按钮拖动至最左端，则 CAD 图亮度为 0%，CAD 原始图线将不显示，如图 2-65 所示。当需要同时显示三维效果和 CAD 图线，但 CAD 图线不宜过于突出时，可以通过单击调节按钮左右两侧的“－”和“＋”图标，实现亮度的精准调节。

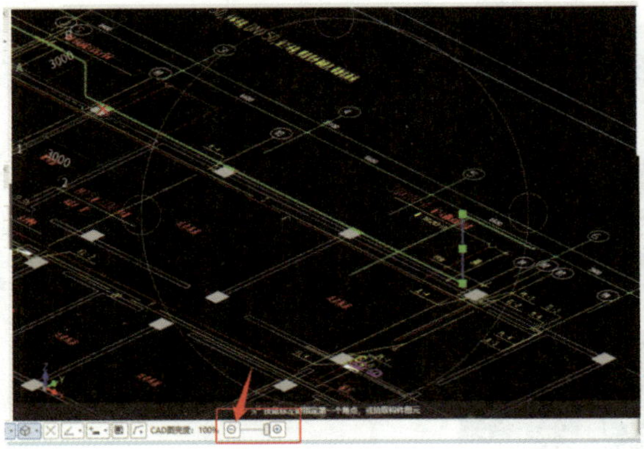

图 2-64 “CAD 图亮度”调节

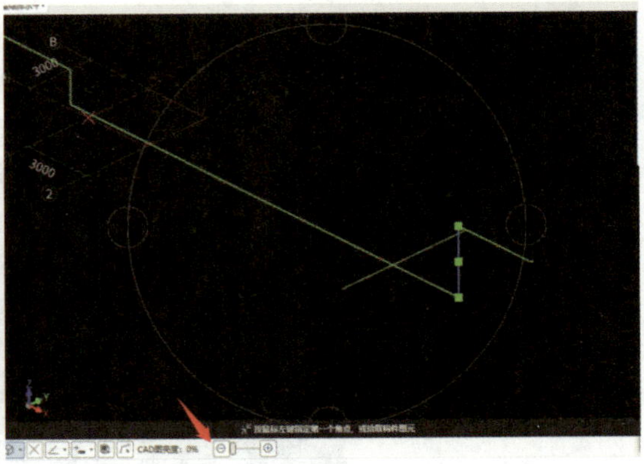

图 2-65 CAD 图亮度调节至 0%

7. 立管的建模

软件能自动生成立管的前提是，连接立管两端的管道是有高差的水平管道。这是广联达 BIM 安装计量软件 GQI2021 升级后的一项新功能，如图 2-66 所示。

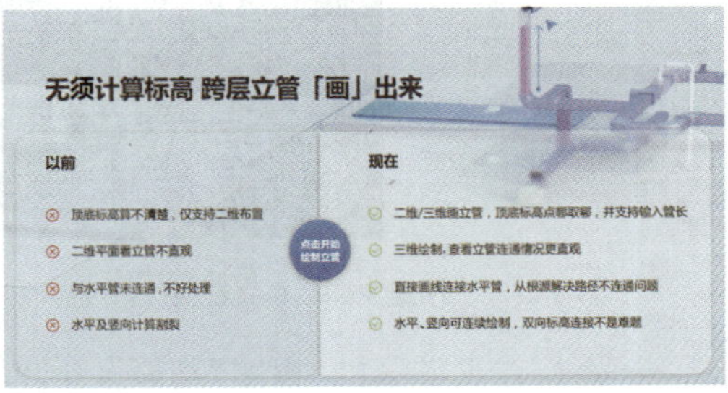

图 2-66 广联达 BIM 安装计量软件 GQI2021 新功能——使用直线功能绘制立管

在地下室，给水引入管入口标高为“－2.1”，敷设到轴线③处后管道向下敷设，标高为“－3.5”，在连接处软件会自动生成立管，无须再次编辑。但是，地下室水平方向管道布置完毕后，需对 JL1、JL4、JL5 建模。具体操作步骤如下：

(1)使用直线功能绘制立管

步骤 1：单击“绘图”功能区中的“直线”图标按钮，启动该功能，在“直线绘制”对话框中选择“竖向”。

步骤 2：单击需要布置竖向管道的位置，此时构件列表中构件“铝合金衬塑管 DN50[红丹环氧漆 岩棉管壳 30 玻璃丝布]”处于选中状态，在“引至”中输入标高“0”(图 2-67(a))，软件会自动识别此处竖向直线的底标高“－0.6”；在构件列表中使构件“铝合金衬塑管 DN50[银粉]”处于选中状态，在“引至”中输入标高“1”(图 2-67(b))，此处连接首层卫生器具的支管标高为 1.0 m。按照以上设置绘制竖向直线。

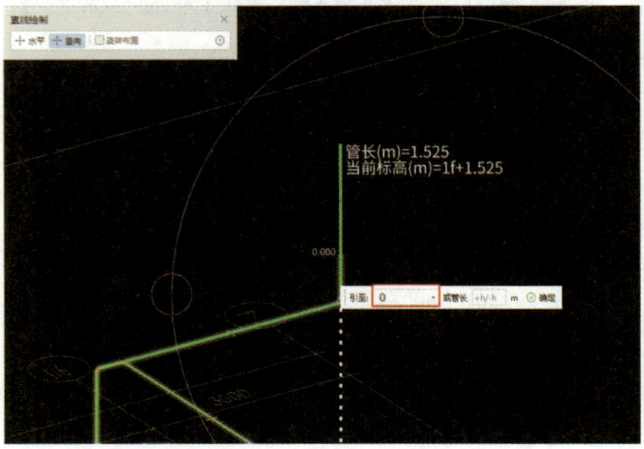

(a)铝合金衬塑管 DN50[红丹环氧漆 岩棉管壳 30 玻璃丝布]

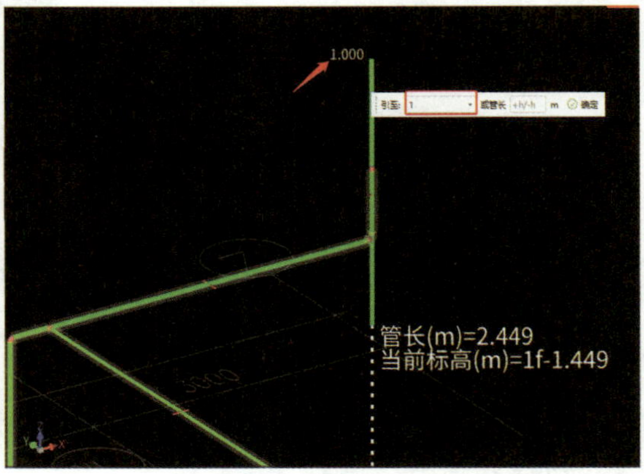

(b)铝合金衬塑管 DN50[银粉]

图 2-67 绘制竖向直线

(2)布置立管

步骤 1：将楼层切换至基础层，在导航栏中使“管道(水)(S)”构件类型处于选中状态。在“绘图”功能区单击“布置立管”图标按钮，启动该功能，如图 2-68 所示。

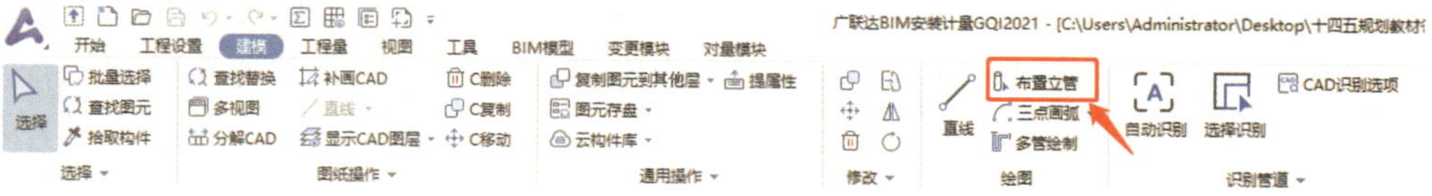

图 2-68　启动“布置立管”功能

步骤 2：在这一步的操作中，我们以两根具有代表性的 JL4、JL5 为例进行讲解。启动“布置立管”功能，弹出“布置立管”对话框。软件提供两个选项：“布置立管”和“布置变径立管”。由于给水系统 JL4、JL5 均为变径立管，因此选择“布置变径立管”，如图 2-69 所示。在对话框中单击“添加”按钮，再选择已设定的管道，单击“铝合金衬塑管 DN50［岩棉管壳 30 玻璃丝布］”，使其处于选中状态，然后单击“确定”按钮，在“布置参数设置”中，“铝合金衬塑管 DN50［岩棉管壳 30 玻璃丝布］”被添加到“管道类型”中。在其“底标高(m)”属性值输入“－0.6”，在其“顶标高(m)”属性值输入“0”，再按 Enter 键。

步骤 3：继续单击“添加”按钮，再选择已设定的管道，单击“铝合金衬中塑管 DN50［银粉］”，使其处于选中状态，单击“确定”按钮，“铝合金衬塑管 DN50［银粉］”被添加到“管道类型”中。在其“底标高(m)”属性值输入“0”，在其“顶标高(m)”属性值输入“1”，再按 Enter 键。

步骤 4：继续单击“添加”按钮，再单击“铝合金衬塑管 DN40［银粉］”，使其处于选中状态，然后单击“确定”按钮，界面回到“布置变径立管”对话框。设置其底标高为“系统自动确认”，其顶标高为“8.5”，再按 Enter 键。

步骤 5：继续单击“添加”按钮，再单击“铝合金衬塑管 DN32［银粉］”，使其处于选中状态，单击“确定”按钮，界面回到“布置变径立管”对话框。设置其底标高为“系统自动确认”，其顶标高为“12.1”，再按 Enter 键。步骤 2～5 设置结果如图 2-70 所示。

由此 JL4、JL5 变径立管标高添加完成。低区生活给水立管标高属性见表 2-3。

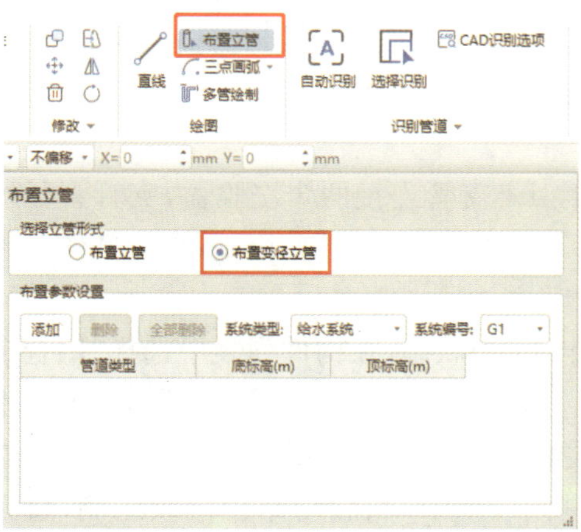

图 2-69　选择“布置变径立管”

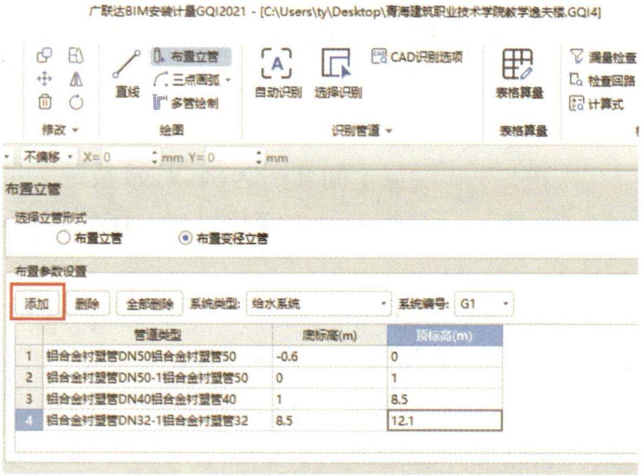

图 2-70　添加 JL4、JL5 变径立管标高

表 2-3　　低区生活给水立管标高属性

立管编号	管径/mm	起点标高/m	终点标高/m	立管属性
JL1	DN32	−0.6	±0.00	管道敷设在地下室吊顶内，管道岩棉保温，厚度为 30 mm
	DN32	±0.00	0.25	管道敷设在±0.00 以上，管道外刷红樟丹漆、银粉各两道
	DN25	0.25	7.75	管道敷设在±0.00 以上，管道外刷红樟丹漆、银粉各两道
	DN20	7.55	11.35	管道敷设在±0.00 以上，管道外刷红樟丹漆、银粉各两道
JL4、JL5	DN50	−0.6	±0.00	管道敷设在地下室吊顶内，管道岩棉保温，厚度为 30 mm
	DN50	±0.00	1.00	管道敷设在±0.00 以上，管道外刷红樟丹漆、银粉各两道
	DN40	1.00	8.50	管道敷设在±0.00 以上，管道外刷红樟丹漆、银粉各两道
	DN32	8.50	12.10	管道敷设在±0.00 以上，管道外刷红樟丹漆、银粉各两道

步骤 6：在绘图区内对 JL4、JL5 进行变径立管布置。

步骤 7：完成 JL4、JL5 立管布置后，在图 2-70 中单击“全部删除”按钮，然后对 JL1 立管进行编辑，编辑完成后在绘图区中布置立管 JL1，布置完成后的“动态三维”效果如图 2-71 所示。

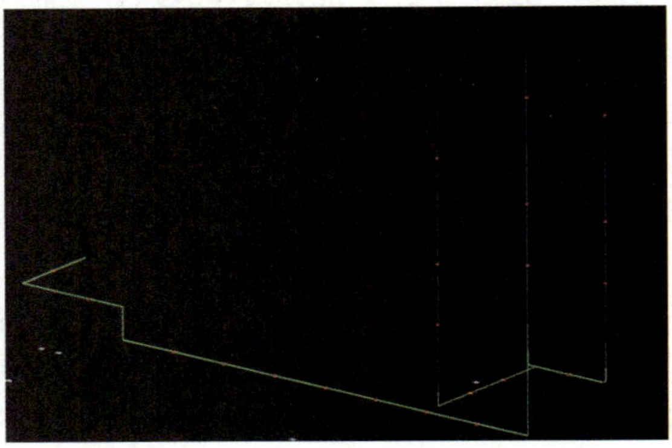

图 2-71　JL1 立管布置完成后的“动态三维”效果

布置变径立管

8. 支管的建模

按照建模顺序完成引入管、干管、立管的建模后，再来为由立管引出的支管建模。

以本工程实例卫生间详图为例，平面图中所有的卫生器具已建模完成，并且管道构件也已新建完成，具备支管管道建模的条件。在支管建模操作中，不再采用引入管建模时的“选择识别”功能，而是在“绘图”功能区中启动“直线”功能。

以第 1、3、5 层卫生间详图为例，对照系统图可知，JL1 支管连接两个洗脸盆，支管管径均为 DN20，支管标高均未发生变化，均为“层底标高＋0.25”，依此条件开始绘制，具体操作步骤如下：

步骤 1：在导航栏中使构件类型“管道(水)(S)”处于选中状态，在构件列表中选择“铝合金衬塑管 DN20[银粉]”。单击“绘图”功能区中的“直线”图标按钮，弹出“直线绘制”对话框。根据图纸信息，在对话框的“安装高度(m)”栏中输入“层底标高＋0.25”，单击 JL1 立管圆心，然后沿支管路径开始绘制，如图 2-72 所示。如遇管道拐点，单击，然后沿路径继续绘制，直至 DN20 管道绘制完毕。当管道标高发生变化时，只需在“直线绘制”对话框的“安装高度(m)”栏中输入变化后的标高，然后继续绘制，在标高变化处会自动生成立管。

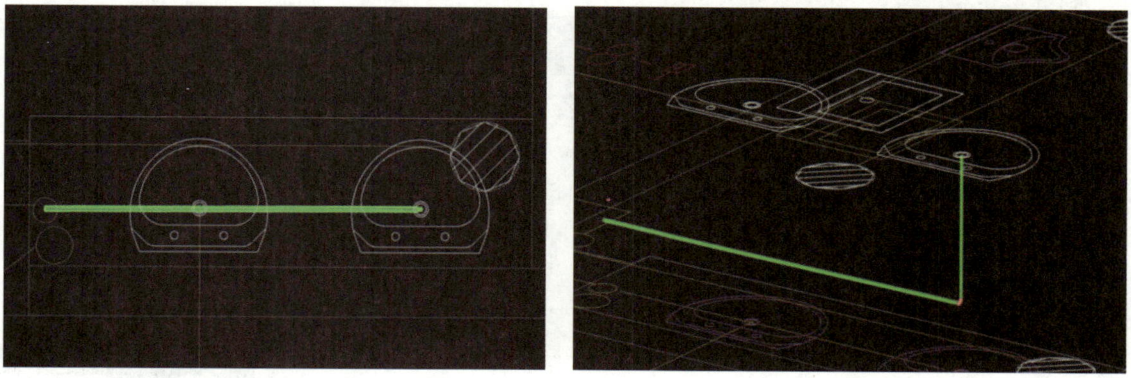

(a) 支管平面图　　(b) 支管效果图

图 2-72　绘制洗脸盆支管

步骤 2：DN20 给水支管绘制完毕后，根据 DN20 经过的卫生器具的进水口高度，设置水平管道到卫生器具的竖直管道。以洗脸盆为例，进水管高度为 0.8 m，水平配水支管安装高度为 0.25 m，此处卫生器具已与支管做了连接。需要注意的是，连接水平管道与洗脸盆的竖直管道规格为 DN15，依此条件设置竖直管道。使用“动态三维”功能，使其旋转至合适观察的视角，单击这段竖直方向的管道，在属性对话框中将“DN20”修改为“DN15”。

步骤 3：对于支管与卫生器具未连接处，可以采用“设备连管”进行连接。

步骤 4：JL4、JL5 上支管的绘制操作与 JL1 上 DN20 管道的绘制操作方法一致。需要注意的是，管道变径时需要先在构件列表中选中对应的管径构件。绘制完成的第 1、3、5 层卫生间给水支管“动态三维”效果如图 2-73 所示。

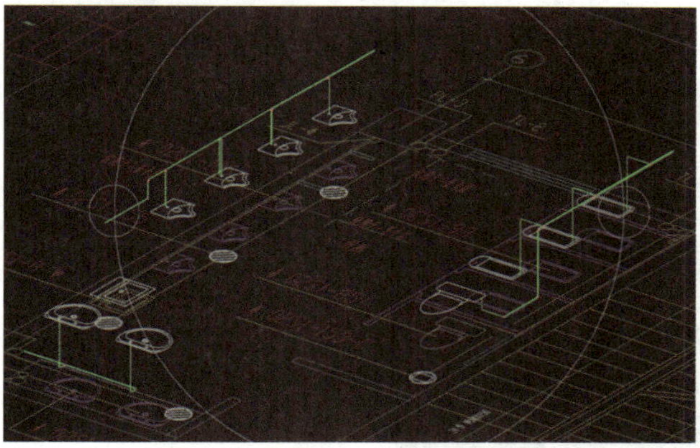

图 2-73　第 1、3、5 层卫生间给水支管“动态三维”效果

三、排水、雨水管道构件建模

排水、雨水管道的建模操作与给水管道的建模操作基本相同，建模顺序是排出管、立管、支管。可以同样采用“选择识别”“直线绘制”和“布置立管”的方法进行排水、雨水管道构件的建模，它们的属性如图 2-74 所示。

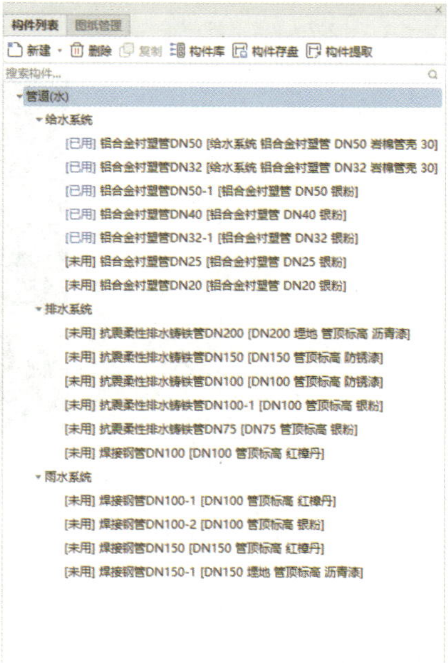

图 2-74　排水、雨水管道构件属性

排水、雨水管道构件新建时需要注意，排水管道采用抗震柔性排水铸铁管(机械接口)，局部污水抽升设备采用焊接钢管；雨水管道采用雨水焊接钢管，并且管道除锈后刷红樟丹漆两道，明装管道刷银粉两道，埋地管道刷热沥青两道。在给水管道属性信息基础上，只需对个别

属性信息进行调整。此处排水、雨水管道“标高类型”是“管顶标高”。具体操作如下：

首先对不同属性的排水管道构件建模。这些构件的新建操作与给水管道构件的新建操作大致相同。采用“选择识别”功能新建管道时，若在管道建模路径上存在已建模完成的卫生器具，软件将自动生成与该卫生器具连接的管道，从而节省时间；但也会带来一个问题，这根自动生成的管道，默认连接到卫生器具的进水口，而根据计算规则，管道只需设置到楼层地面高度，所以需要调整卫生器具标高属性值。如图 2-75 所示，排水管道末端设置了“末端扫除口”，它的标高与排出管道标高“－0.4”相同，这样只需在卫生器具属性对话框中将标高属性值改为“－0.4”，如图 2-76 所示。排水管道末端扫除口“动态三维”效果如图 2-77 所示。

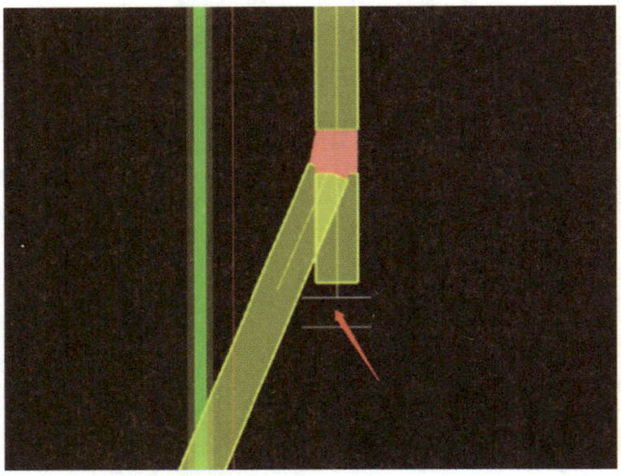

图 2-75　排水管道末端扫除口

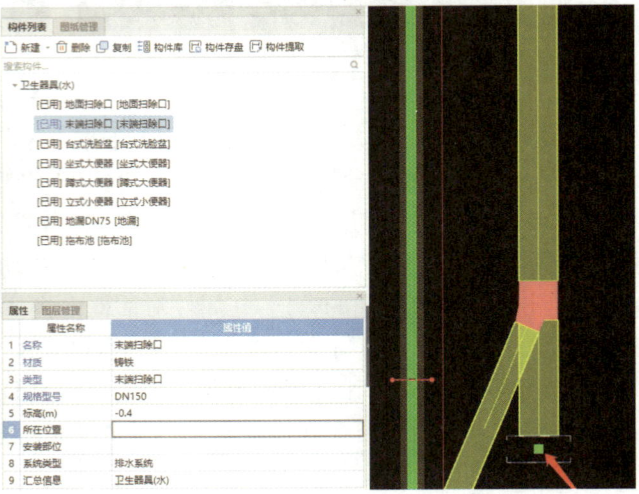

图 2-76　排水管道末端扫除口属性值设置

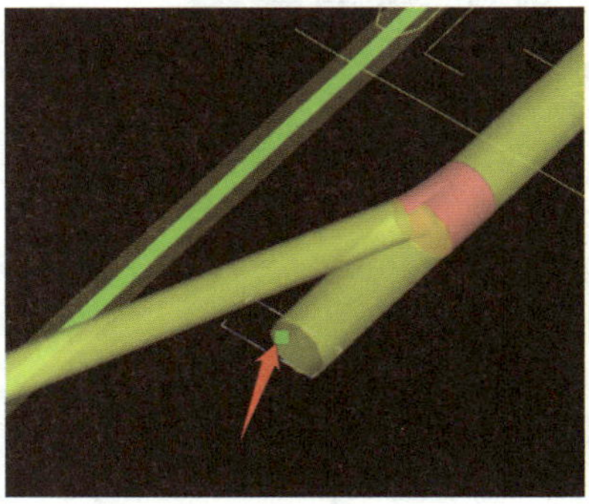

图 2-77　排水管道末端扫除口“动态三维”效果

四、设备连管建模

由图 2-78 可知，采用“直线”命令建模时，地漏与管道未能自动连接，即在地漏位置并没有自动生成连接立管构件，这是使用“直线”命令建模的一个主要缺点。因此还需要采用其他方法将连接立管构件补充上。具体操作步骤如下：

步骤 1：在构件列表中单击构件“抗震柔性排水铸铁管 DN75”，使其处于选中状态。

步骤 2：单击“管道二次编辑”功能区中的“设备连管”图标按钮，启动该功能，如图 2-79 所示。界面下方文字提示为“请按鼠标左键选择需要连接的卫生器具，右键确认或 ESC 退出”。

步骤 3：根据文字提示，先单击需要连接的设备（地漏），再单击鼠标右键确认。这时文字提示为“请选择需要连接的管”。

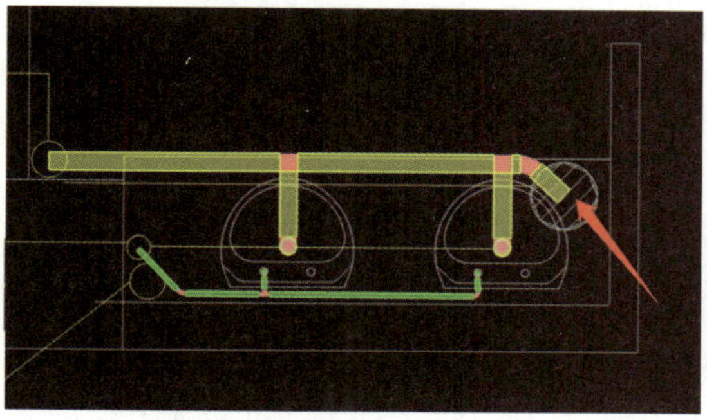

图 2-78　地漏与管道未能自动连接

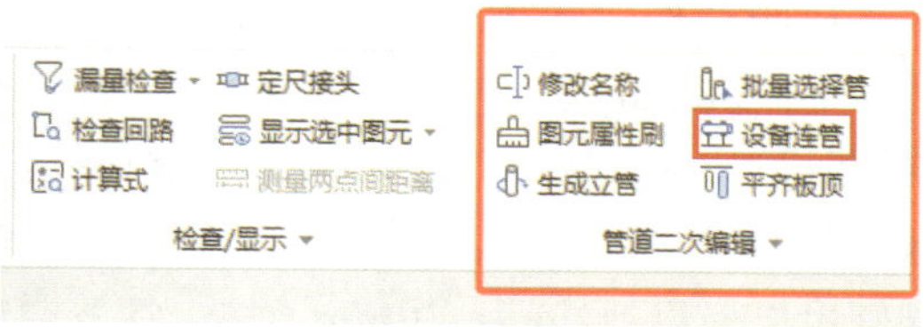

图 2-79　启动“设备连管”功能

步骤 4：根据文字提示，单击横穿地面扫除口下方的构件“抗震柔性排水铸铁管 DN75”，这样下方水平管道与地漏的连接立管构件就被补充上了。如图 2-80 所示为地漏与管道连接的操作过程，如图 2-81 所示为地漏与管道连接后的效果。

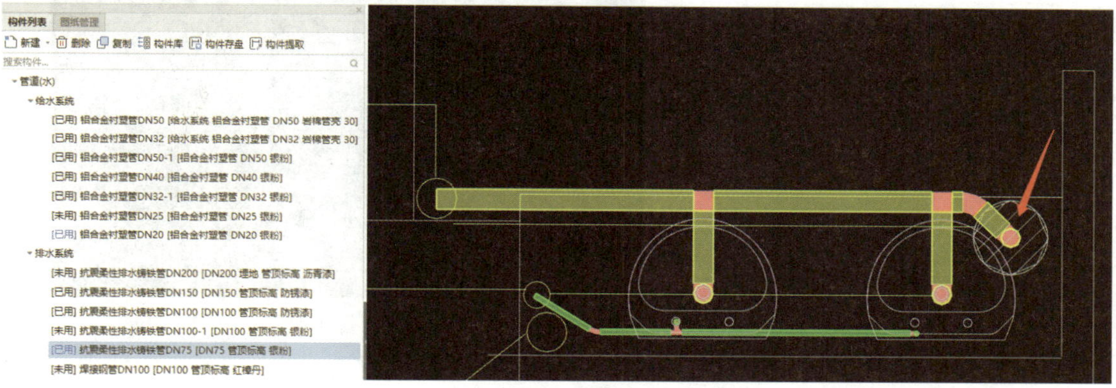

图 2-80　地漏与管道连接的操作过程

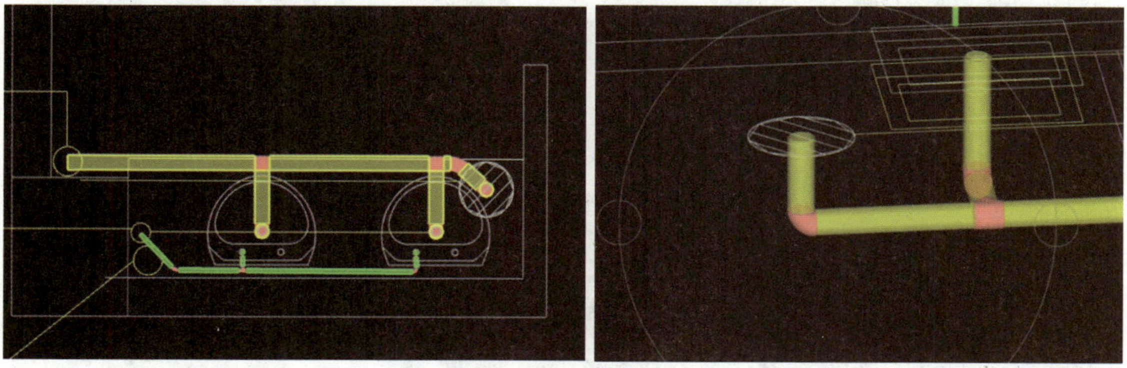

图 2-81　地漏与管道连接后的效果

五、阀门法兰及管道附件建模

根据给排水工程构件的建模顺序，在完成平面图中所有管道构件的建模后，需要进行阀门法兰及管道附件的建模。

在导航栏中，无论是选中“阀门法兰（水）（F）”构件类型，还是选中“管道附件（水）（A）”构件类型，功能区均无任何变化。阀门法兰与管道附件除在新建构件时构件属性的设置略有差异外，其余操作完全相同。此外，这两类构件均须与管道连接后才能发挥作用。它们除具体型号有其各自的特点外，其规格都以安装位置上的管道管径大小来加以区分。这两种类型的构件均以“个”为计量单位，其建模方法采用“设备提量”。

1. 阀门构件建模

下面以水箱进水管道位置的阀门为例进行建模操作讲解。将楼层切换至水箱间层，使用“设备提量”的方法分别对水箱和管道建模。其中，新建水箱构件及水箱系统图如图 2-82 所示。此处需要注意的是，水箱间内所有配管均要保温，材料为岩棉，厚度为 40 mm。水箱间外配管也要保温，厚度为 60 mm。按上述管道建模方法依次完成各水箱配管的绘制，完成后的水箱“动态三维”效果如图 2-83 所示。

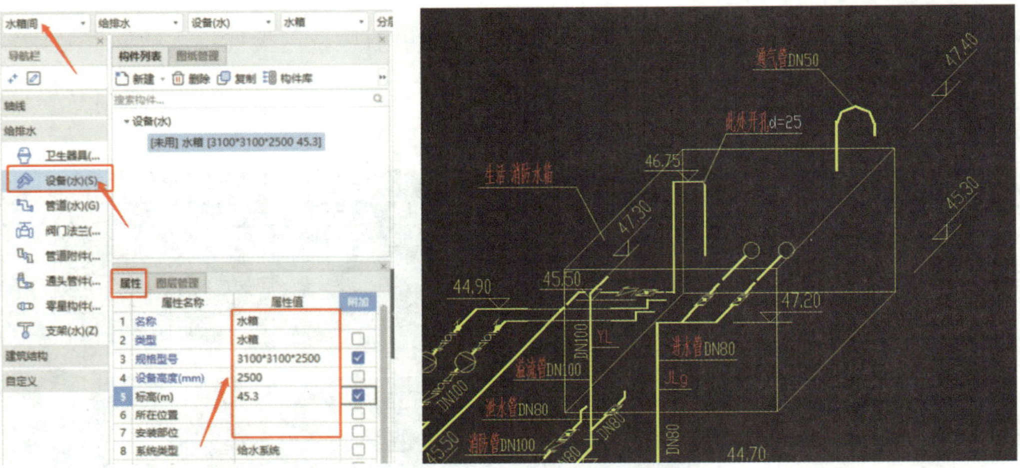

(a) 新建水箱构件　　　　(b) 水箱系统图

图 2-82　水箱构件建模

如图 2-84 所示，红色箭头所指为水箱进出水管道及泄水管道上的阀门，阀门构件建模具体操作步骤如下：

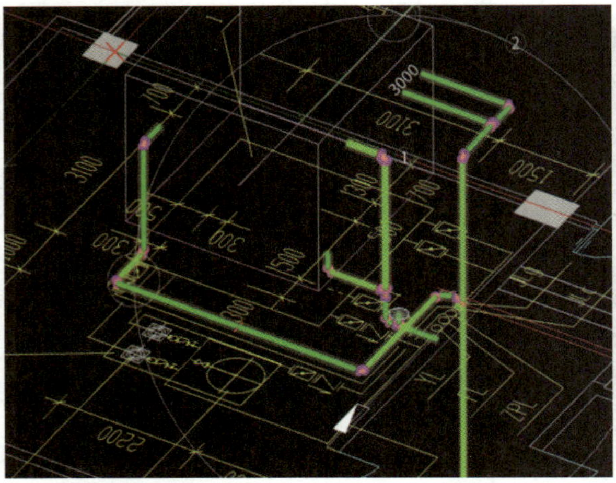

图 2-83　水箱“动态三维”效果

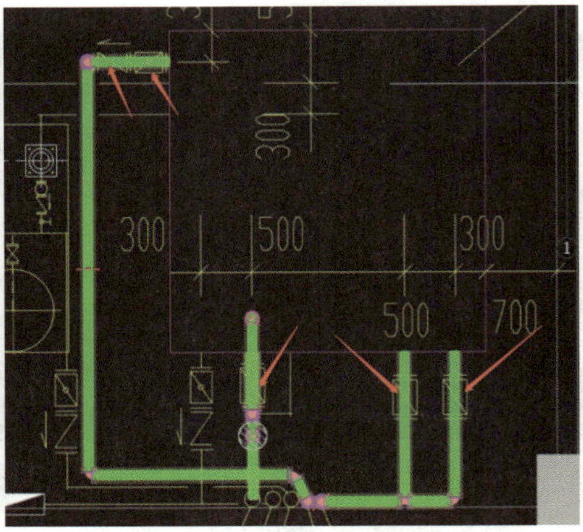

图 2-84　水箱间管道建模平面图

步骤 1：在导航栏中使“阀门法兰(水)(F)”构件类型处于选中状态，在构件列表中单击“新建”图标按钮，参照卫生器具的新建方法，新建阀门构件(图 2-85(a))，并将其属性按图 2-85(b)所示信息进行修改。

步骤 2:按照卫生器具建模的“设备提量”方法,单击“识别阀门法兰”功能区中的“设备提量”图标按钮,然后在绘图区单击阀门的图例,再单击鼠标右键,在构件列表中单击对应的阀门构件,完成构件与图例的关联。这样水箱进出水管道上的阀门就建模完成了。

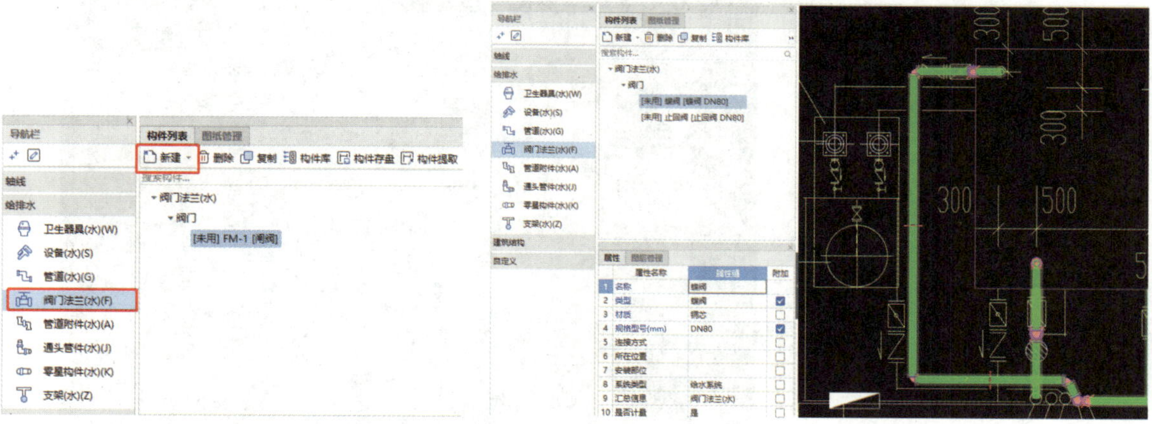

(a)新建阀门构件　　(b)阀门构件属性

图 2-85　阀门构件

需要注意的是,在完成“设备提量”的阀门构件的属性中,规格型号按安装位置的管径大小自动匹配为“DN80”(图 2-86),这是由于阀门构件存在自动匹配的特性。因此在新建阀门构件时,其属性中的“规格型号”栏无须做任何设置。此外,在阀门构件的“类型”栏中,软件还提供了更多选项,可单击其扩展按钮进行快速调用。

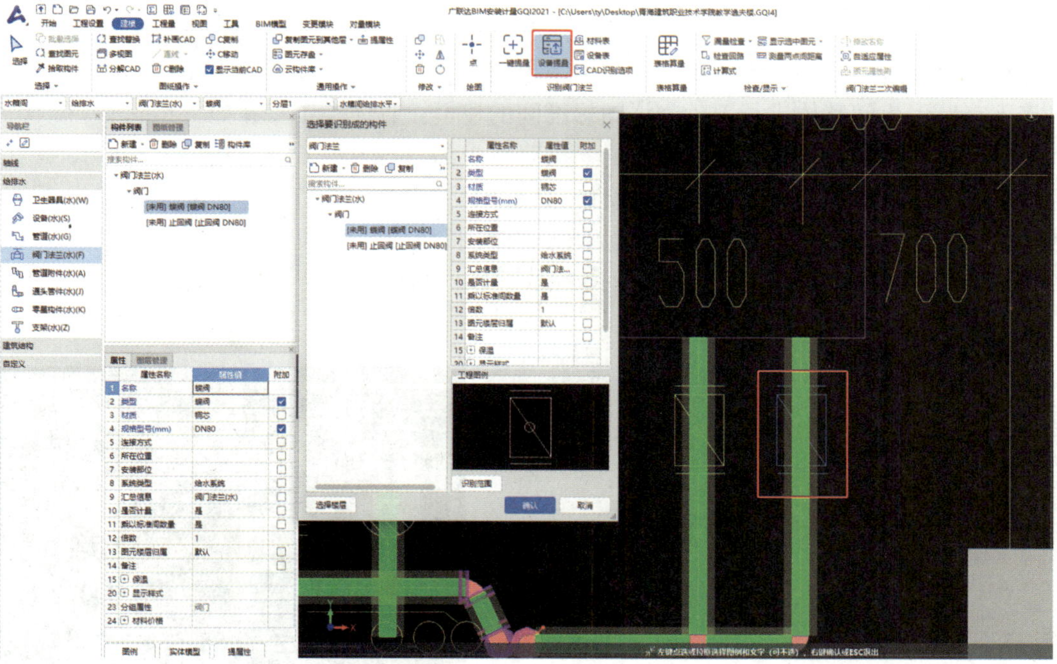

图 2-86　阀门法兰设备提量

2. 阀门构件“设备提量”结果检查

在完成水箱间阀门“设备提量”后,单击“检查/显示”功能区中的“计算式”图标按钮,启动该功能,查看计算结果,如图 2-87 所示。

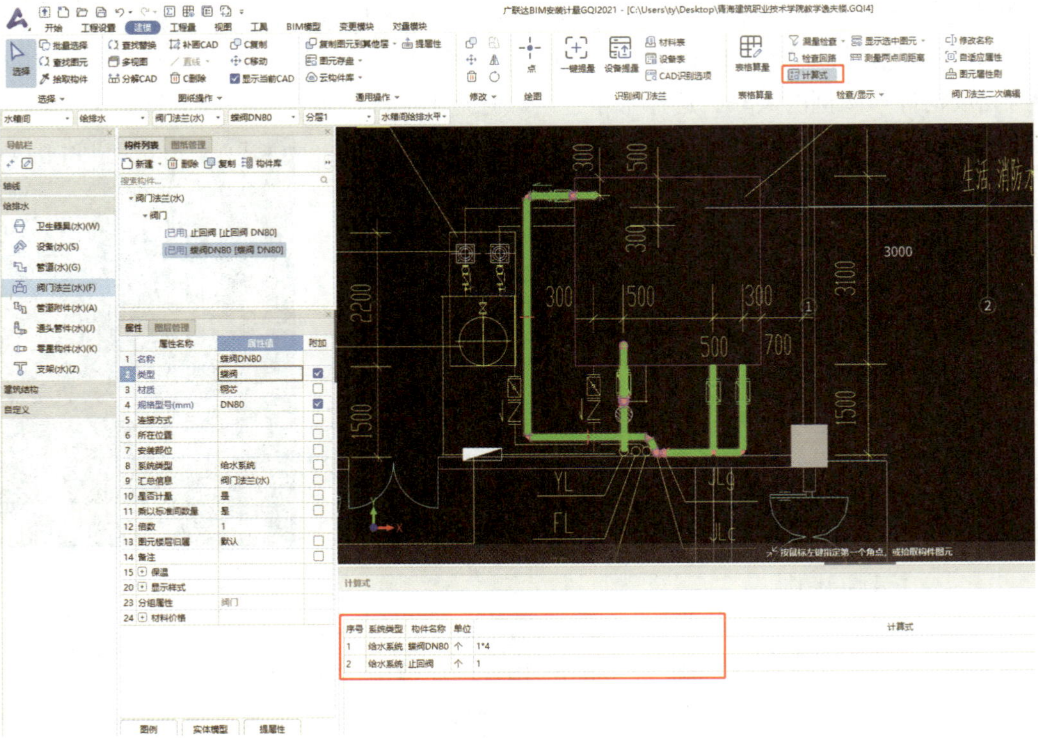

图 2-87　阀门法兰计算式

六、标准间的识别

经过上述操作，我们已完成了卫生间内卫生器具、给排水管道、设备连管及阀门构件的建模，接下来对卫生间整体进行卫生间详图标准间的建模。具体操作步骤如下：

步骤 1：在导航栏中单击“建筑结构”下拉菜单中的“标准间(E)”，如图 2-88 所示，并在构件列表中“新建”标准间。在“标准间”属性对话框中将“名称”属性值设置为“第 1、3、5 层卫生间详图”，在“数量”属性值中输入“3”，然后单击“绘图”功能区中“矩形”图标按钮，框选绘图区中第 1、3、5 层卫生间详图，如图 2-89 所示，完成后软件自动按 3 倍汇总工程量。

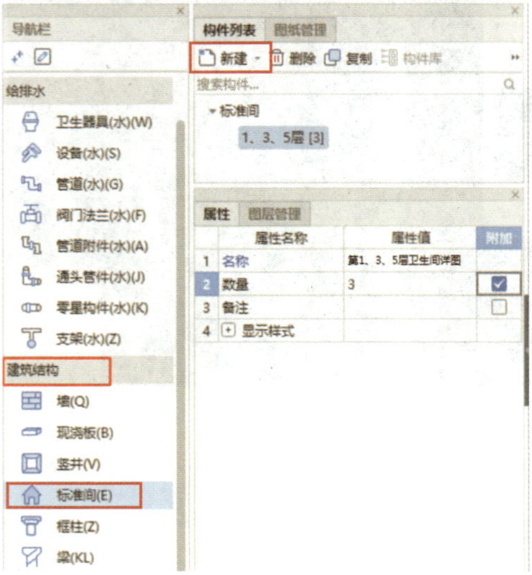

图 2-88　标准间设置

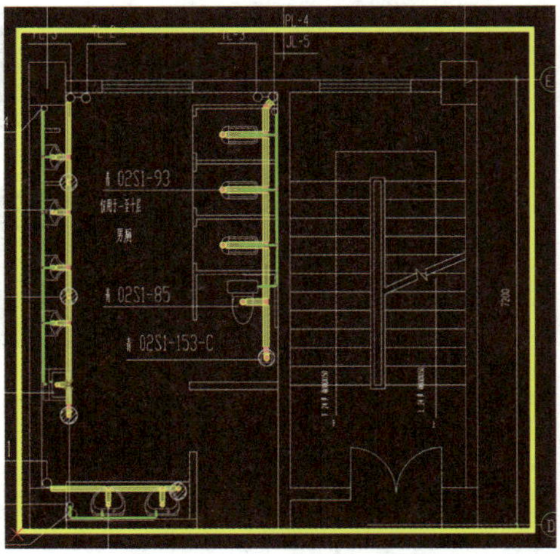

图 2-89　框选第 1、3、5 层卫生间详图

步骤 2：按照同样操作步骤依次完成第 2、4、6 层卫生间详图及 7～12 层卫生间详图标准间的建模，并在 7～12 层卫生间详图属性对话框的“数量”属性值中输入“6”。

步骤 3：单击“检查/显示”功能区中的“计算式”图标按钮，查看标准间设备数量与管道工程量计算结果，如图 2-90 所示。

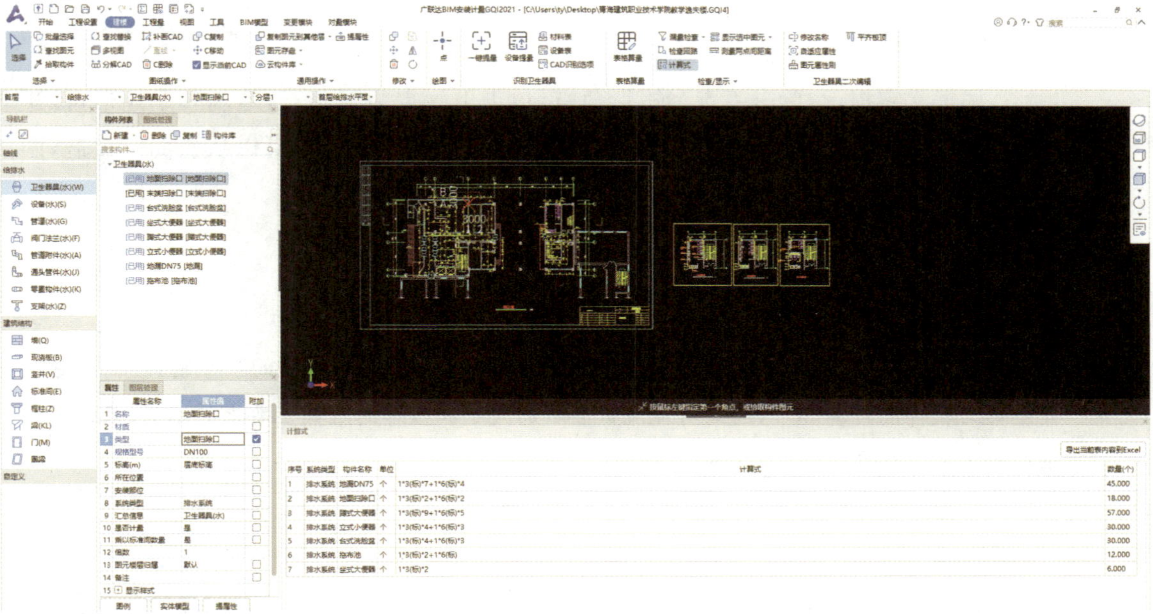

图 2-90　标准间计算式

七、零星构件建模

按照给排水工程构件的建模顺序，本工程实例还有少量零星构件需要建模。根据图纸设计说明中的要求，管道穿越楼板时应设套管，其管径应比管道管径大 2 号。而生成套管构件的前提是存在楼板，所以先进行现浇板构件的建模。

1. 现浇板构件建模

现浇板构件建模具体操作步骤如下：

步骤 1：首先将楼层设置为首层，然后在导航栏“建筑结构”中单击“现浇板(B)”，如图 2-91 所示，在右侧构件列表中单击“新建”按钮，软件自动生成一个名称为“B-1”的构件。该构件不需要进行二次编辑。

图 2-91　新建现浇板构件

步骤 2：在“建模”选项卡的“绘图”功能区中，单击“矩形”图标按钮，启动该功能(图 2-92)，同时界面下方文字提示为“指定矩形角点”，如图 2-93 所示。

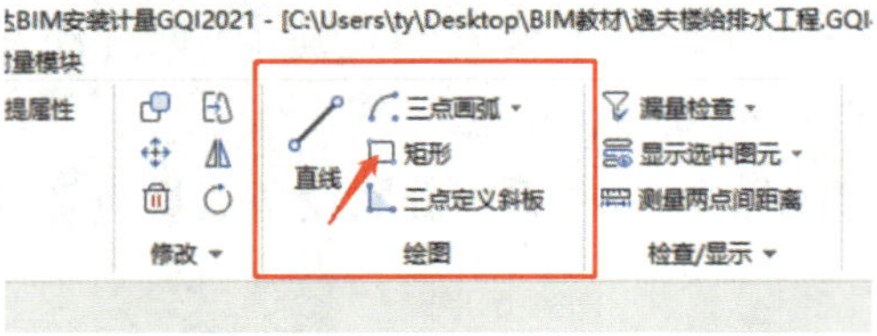

图 2-92　启动“矩形”绘制功能

图 2-93　启动“矩形”功能时的文字提示

步骤 3:根据文字提示,单击一点为矩形角点,单击下一点为对角点,绘制一个矩形,该矩形要覆盖立管通过的所有区域。绘制该矩形时,可以从左向右绘制,也可以从右向左绘制,两种绘制方式效果是一样的。

完成以上操作步骤,首层的楼板(现浇板)构件就建模完成了。

温馨提示

自动生成的现浇板构件只是为生成套管构件而提供的一个前提条件,它并不参与软件的计算环节,因此对现浇板区域的大小和板厚的准确性要求并不高,只需保证矩形区域覆盖需要生成套管构件的位置即可。

2. 楼层切换

完成首层的楼板构件建模后,需要进行 2～12 层楼板构件建模。首先进行楼层切换,具体操作步骤如下:

步骤 1:单击位于导航栏上方“首层”右侧的扩展按钮,在展开的楼层选项中单击目标楼层,即可进行楼层切换。此处单击“第 2 层”,将楼层切换至第 2 层,如图 2-94 所示。

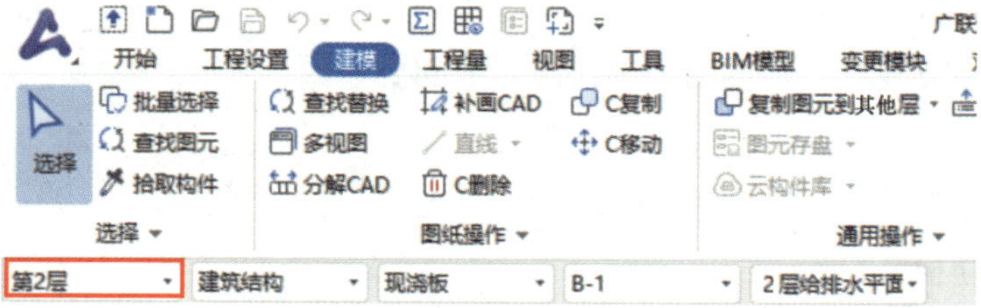

图 2-94　楼层切换

步骤 2:按照现浇板构件建模中步骤 2、3 的方法完成第 2 层现浇板构件的建模,如图 2-95 所示。

步骤 3:按照上述方法完成 3～12 层现浇板构件的建模。

3. 管道的套管建模

完成现浇板构件的建模后,就可以进行套管的建模了,其具体操作步骤如下:

步骤 1:单击导航栏中的“零星构件(水)(K)”构件类型,如图 2-96 所示。

步骤 2:单击“识别零星构件”功能区中的“生成套管”图标按钮(图 2-96),弹出“生成设置”对话框。

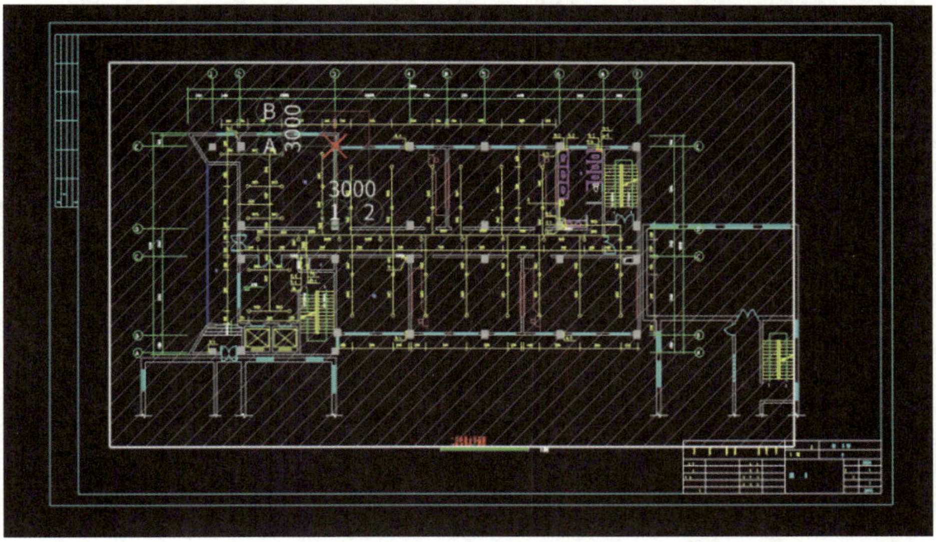

图 2-95　完成第 2 层现浇板构件的建模

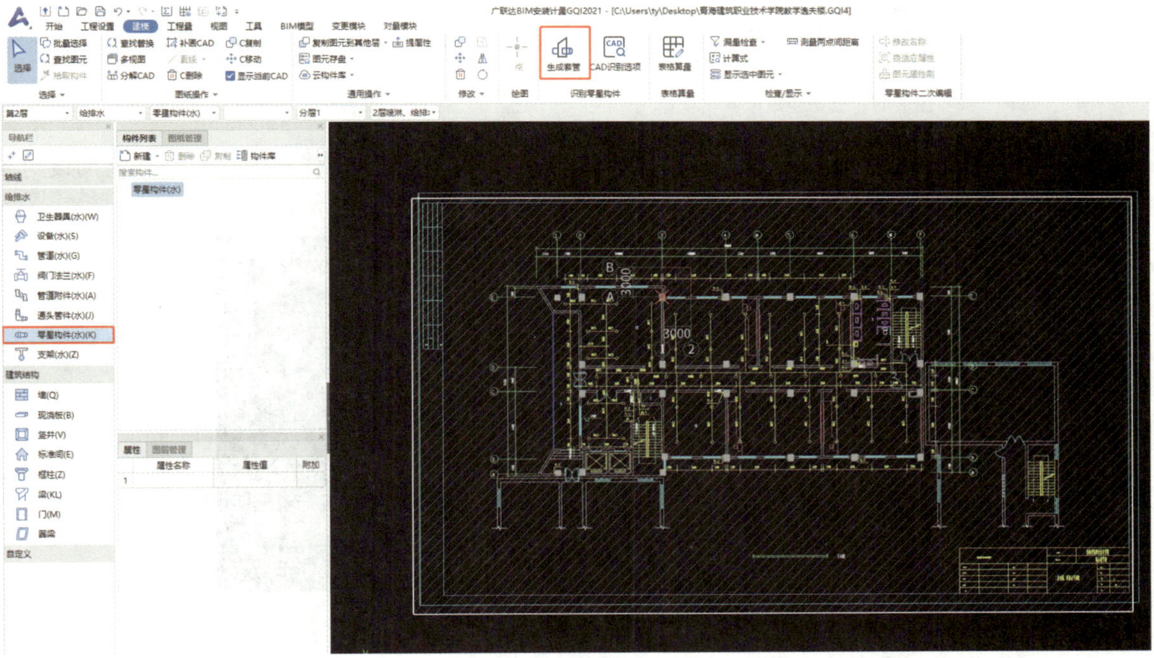

图 2-96　在导航栏中选中“零星构件”

步骤 3：如图 2-97 所示，在“生成设置”对话框中单击“楼板”选项卡中的“添加”按钮，手动输入或单击扩展按钮进行对应选择。这里需要完成“排水系统”和“污水系统”套管类型的设置，并将下方“圆形套管生成大小”调整为“大于管道 2 个规格型号的管径”，然后取消勾选“生成孔洞”，最后单击“确定”按钮，界面弹出提示窗口，如图 2-98 所示，再次单击“确定”按钮，这样就完成了所有楼层的套管的建模。

在实际工程中，立管穿楼板的孔洞一般是在土建施工中预留，而不考虑单独开孔洞，如遇特殊情况，可勾选“生成孔洞”选项。

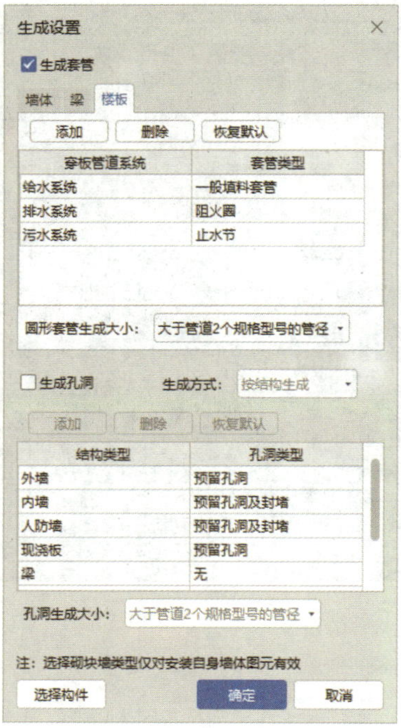

图 2-97　套管生成设置

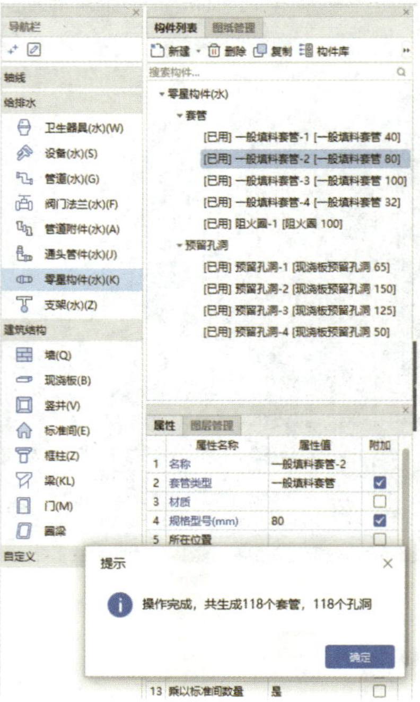

图 2-98　套管生成提示窗口

利用“动态观察”功能调整至合适视角，检查套管和管道情况，穿楼板的管道处均已加设对应的套管，如图 2-99 所示。

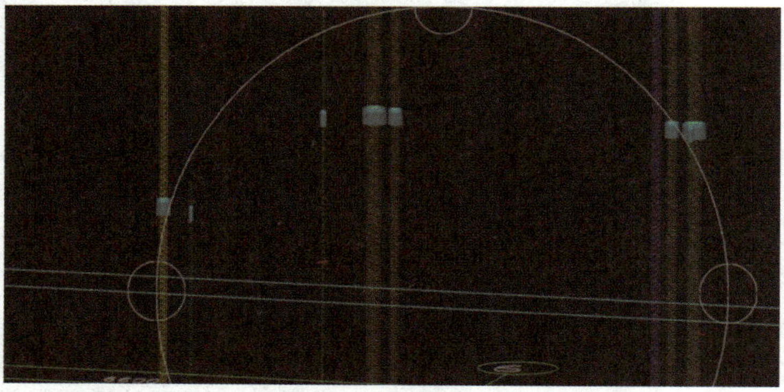

图 2-99　套管建模完成效果

八、检查与汇总计算

所有构件建模完成后，进行漏量检查，检查完成后就能汇总计算工程量了。

1. 漏量检查

在“建模”选项卡的“检查/显示”功能区中单击“漏量检查”图标按钮，弹出“漏量检查”对话框，如图 2-100 所示。单击“检查”按钮，对话框中会出现未识别图例的图形和“楼层+(数字)”位置信息，如图 2-101 所示。楼层表示未识别图例所在楼层，数字表示未识别图例的数量。

需要注意的是，并不是对话框中所有未识别的图例都需要识别，因为有些图例并不是安装图例，无须识别。双击其中一个图例的图形，绘图区会定位到该图例在图纸中的位置，同时该图例会变成蓝色。可以根据实际情况判断该图例是否为需要识别的图例。

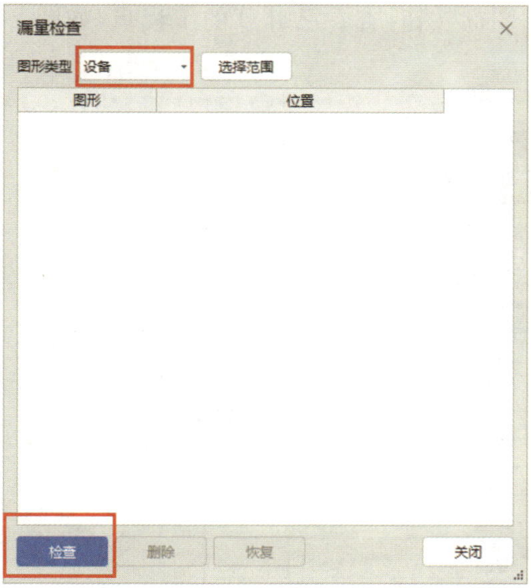

图 2-100 “漏量检查”对话框

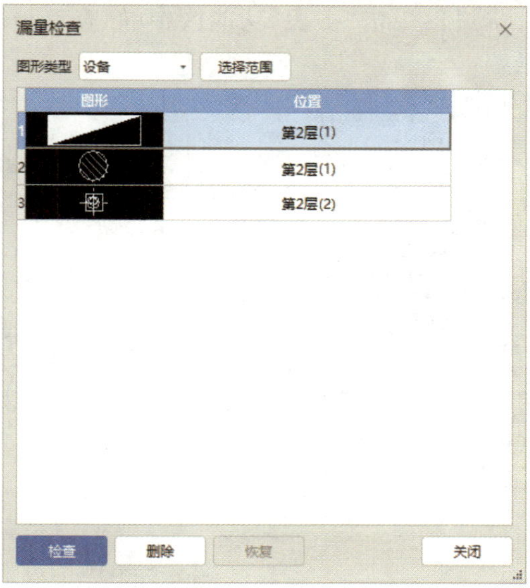

图 2-101 “漏量检查”对话框

2. 工程量汇总

完成模型的创建后，启动对应的计算功能可得到计算数据，具体操作步骤如下：

步骤 1：在“工程量”选项卡的“汇总”功能区中单击“汇总计算”图标按钮（图 2-102），启动该功能，弹出“汇总计算”对话框。

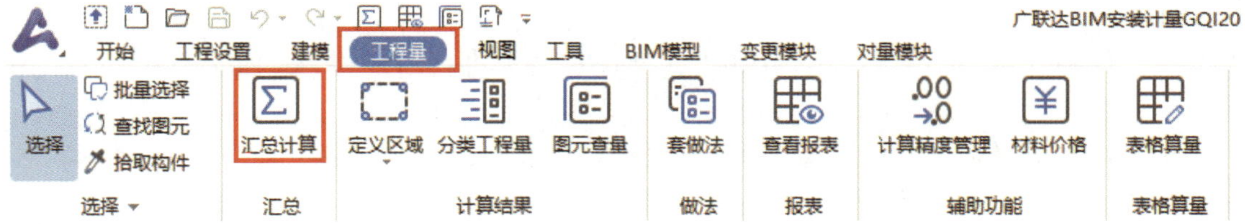

图 2-102 启动“汇总计算”功能

步骤 2：在“汇总计算”对话框中单击“全选”按钮，楼层列表被全部选中，如图 2-103 所示。单击“计算”按钮，经过加载，弹出“计算完毕”提示窗口，单击“确定”按钮，完成操作。

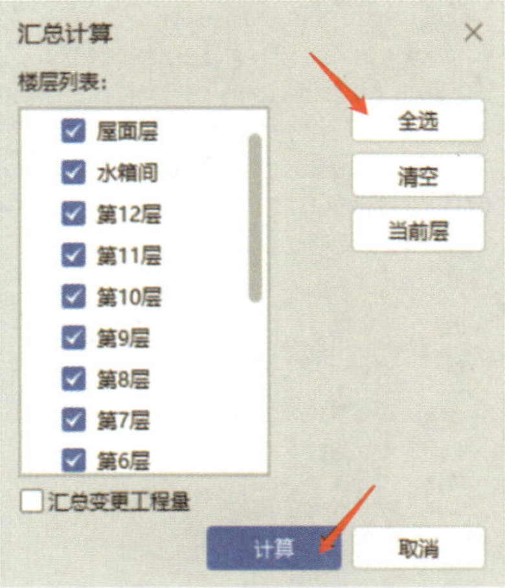

图 2-103 “汇总计算”对话框

步骤3:单击“报表”功能区中的“查看报表”图标按钮,查看已计算的工程量,如图2-104所示。

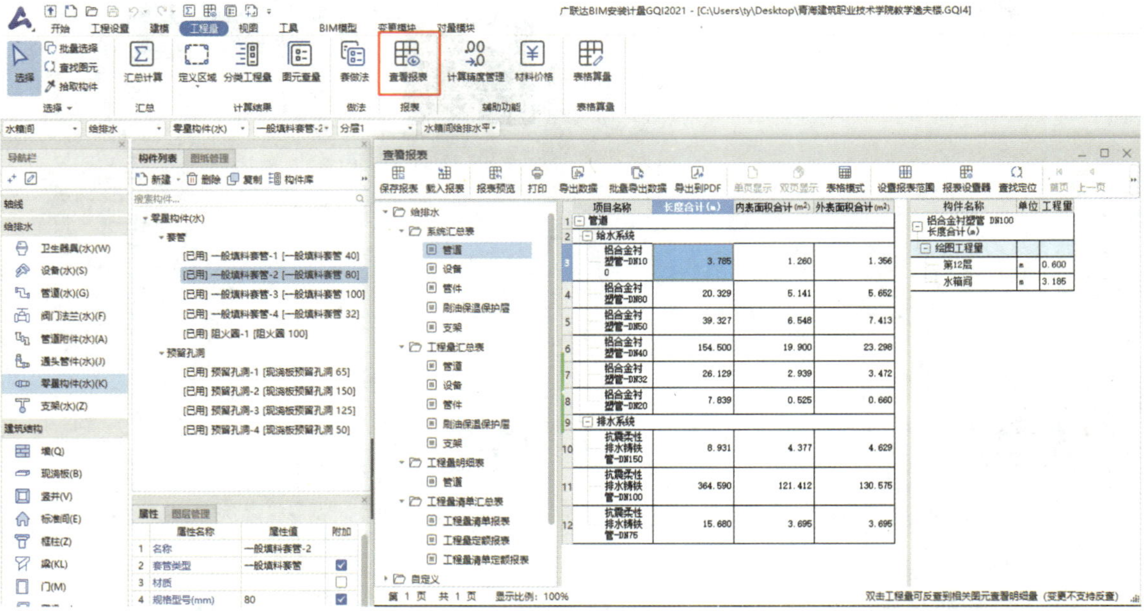

图2-104 查看报表

九、BIM软件算量与手工算量的比较

对照“青海建筑职业技术学院教学逸夫楼给排水施工图”图纸内容,手工完成低区生活给水管道工程量计算,将计算结果与BIM软件计算结果进行对比,检验BIM软件计算的准确性。

导出BIM软件低区生活给水管道工程量计算结果,见表2-4。

表2-4　BIM软件计算低区生活给水管道工程量计算结果

序号	系统类型	构件名称	计算式/m	长度/m	超过操作高度/m
1	给水系统	铝合金衬塑管DN15	0.550(立)×2(标)×4	4.400	0.00
2	给水系统	铝合金衬塑管DN20	0.524×2(标)+0.400(立)×2(标)+0.750(立)×2(标)+0.400(立)×2(标)+0.291×2(标)+0.400(立)×2(标)+0.723×2(标)+0.200(立)×2(标)+0.620(立)×2(标)+0.297×2(标)+0.620(立)×2(标)+0.297×2(标)+0.620(立)×2(标)+0.297×2(标)+0.084×2(标)+0.276×2(标)+0.898×2(标)+0.400(立)×2(标)+1.251×2(标)+0.200(立)×2(标)+0.643×2(标)+0.525×2(标)+0.364×2(标)×3+0.124×2(标)+0.283×2(标)+0.620(立)×2(标)+0.306×2(标)+0.304×2(标)+0.620(立)×2(标)×2+0.273×2(标)+0.750(立)×2(标)+0.902×2(标)+3.600(立)+0.900+0.130(立)+0.620(立)×3	39.719	0.00
3	给水系统	铝合金衬塑管DN25	0.789×2(标)+0.840×2(标)+0.567×2(标)+0.927×2(标)+1.385×2(标)+0.827×2(标)+1.385×2(标)+0.124×2(标)+0.066×2(标)+(7.200(立)+0.300(立超))	22.529	0.30
4	给水系统	铝合金衬塑管DN32	6.224+0.600(立超)	6.224	0.60

续表

序号	系统类型	构件名称	计算式/m	长度/m	超过操作高度/m
5	给水系统	铝合金衬塑管 DN32-1	0.380×2(标)+0.899×2(标)+0.060×2(标)+0.322×2(标)+0.368×2(标)+0.898×2(标)+3.600(立)×2+0.250(立)	13.306	0.00
6	给水系统	铝合金衬塑管 DN40	[3.60(立)+0.3(立超)]×2	14.400	0.60
7	给水系统	铝合金衬塑管 DN50	1.909+3.622+19.984+1.400(立)+0.403+2.900(立)+0.134+3.288+0.494+1.296+0.600(立超)×2	35.430	1.20
8	给水系统	铝合金衬塑管 DN50-1	1.00(立)×2	2.000	0.00

在给排水工程工程量计算过程中，需要记取操作高度增加费，它是以距楼面或地面 3.6 m 为界区分的。当操作高度超过 3.6 m 时，超高部分工程量等于其定额人工与操作高度人工调整系数的乘积，调整系数的选取见表 2-5。

表 2-5　　操作物操作高度人工调整系数

操作物高度/m	≤10	≤30	≤50
操作物操作高度人工调整系数	1.10	1.20	1.50

BIM 软件在给排水工程工程量计算过程中充分考虑到上述因素，所以在计算过程中单独列出了立管超高部分的工程量。

手工计算的工程量结果详见表 2-6。

表 2-6　　手工计算低区生活给水管道工程量计算结果

序号	系统类型	构件名称	计算式/m	长度/m	超过操作高度/m
1	给水系统	软管 DN15	支管:JL1(0.8−0.25)×2×4(实际工程中配备长度为 0.75 的软管)	4.40	0.00
2	给水系统	铝合金衬塑管 DN20	立管:JL1 跨越第 3 层层高 3.6	3.60	0.00
			支管:[1.6(在详图中量取 JL1 所在柱面与第 2 个洗脸盆的中心间距)−0.1(XFL4 与柱面的间距)−0.1(XFL4 与 JL1 间距)]×4(JL1 1～4 层支管+[2.8(从 JL4 第 2 个小便器中心至末端拖布池中心间距)+(1.0−0.8)拖布池与配水支管高差]×2(第 1、3 层卫生器具相同)+[1.4(量取 JL4 支管从第 3 个大便器上边缘至拖布池中心间距)+(1.0−0.8)(拖布池与配水支管高差)]×2(第 2、4 层卫生器具相同)+[0.5(从支管连接大便器横管)−0.1(JL4 支管与墙面间距]×3(3 个大便器)×2(第 2、4 层卫生器具相同)+[0.7(JL5 支管上从第 3 个蹲便器中心至末端坐式大便器中心间距)−0.1+(1.0−0.25)蹲便器与坐式大便器配水支管高差]×4(1～4 层卫生器具相同)+(1.0−0.38)×18+[0.5(从支管连接大便器横管)−0.1(JL5 支管与墙面间距]×3(3 个大便器)×4(1～4 层卫生器具相同)	35.86	0.00
3	给水系统	铝合金衬塑管 DN25	立管:3.9(给水 L1 在首层层高，首层超出操作高度 0.3，即超高 0.3)+3.6(第 2 层层高)	7.20	0.30
			支管:[2.1(在详图中量取 JL4 所在柱面与第 2 个小便器的中心间距)−0.1(JL4 与柱面的间距)]×2(JL4 第 1、3 层支管)+[3.1(在详图中量取 JL4 从第 1 个大便器的上边缘至第 3 个大便器上边缘间距)]×2(JL4 第 2、4 层支管)+[1.2(在详图中量取 JL5 从第 2 个大便器的中心至第 3 个大便器中心间距)]×4(JL5 1～4 层支管)	15.00	0.00

续表

序号	系统类型	构件名称	计算式/m	长度/m	超过操作高度/m
4	给水系统	铝合金衬塑管 DN32	干管：7.2(轴线Ⓔ与轴线Ⓓ间距)－0.3(轴线Ⓔ与柱面的间距)－0.1(干管与柱面的间距)－0.15(轴线Ⓓ为偏轴)－0.1(JL1 与墙面的间距)＋0.6(JL1 在±0.00 以下的超高长度)	6.55	0.60
5	给水系统	铝合金衬塑管 DN32-1	立管：0.25(JL1 在±0.00 以上的管长)＋3.6×2(JL4、JL5 第 3 层节点与第 4 层节点的安装高度)	7.45	0.00
			支管：[0.35(JL4 所在柱面与第 1 个大便器的上边缘间距)－0.1(JL4 与柱面的间距)]×2(第 2、4 层支管)＋[1.6(在详图中量取 JL5 所在墙面与第 2 个大便器的中心间距)－0.25(JL5 与墙面的间距)]×4(JL5 1～4 层支管)	5.90	0.00
6	给水系统	铝合金衬塑管 DN40	7.5×2(立管 4、5 在±0.00 以上敷设的高度，其中首层超出操作高度 0.3，即超高 0.3×2)	14.40	0.60
7	给水系统	铝合金衬塑管 DN50	干管：1.5(室内外界线)＋0.3(外墙厚)＋0.25(内墙面与配水干管间距)＋5.7＋6.6×3＋3.9(1/2 轴与 1/6 轴间距)－0.125(1/2 轴处的半墙厚)－0.1(引入管与 1/2 轴墙面间距)－0.125(1/6 轴处半墙厚)－0.1(立管 5 与 1/6 轴墙面间距)＋3.5－2.1(立管在地下室垂直向下敷设的高度)＋0.6(JL5±0.00 以下敷设的高度(立超))＋3.5(JL4 在±0.00 以下敷设的高度)	35.3	1.20
8	给水系统	铝合金衬塑管 DN50-1	1.0×2(立管 4、5 在±0.00 以上敷设的高度)	2.00	0.00

两种低区生活给水管道工程量计算结果对比见表 2-7。

表 2-7　　BIM 软件算量与手工算量结果对比

序号	构件名称	算量方法及工程量				偏差值	
		BIM 软件算量/m	BIM 软件算量超过操作高度/m	手工算量/m	手工算量超过操作高度/m	BIM 算量－手工算量/m	BIM 软件算量超过操作高度－手工算量超过操作高度/m
1	铝合金衬塑管 DN15	4.400	0.00	4.40	0.00	0.000	0.00
2	铝合金衬塑管 DN20	39.719	0.00	39.46	0.00	0.259	0.00
3	铝合金衬塑管 DN25	22.529	0.30	22.20	0.30	0.329	0.00
4	铝合金衬塑管 DN32	6.224	0.60	6.55	0.60	－0.326	0.00
5	铝合金衬塑管 DN32-1	13.306	0.00	13.35	0.00	－0.044	0.00
6	铝合金衬塑管 DN40	14.400	0.60	14.40	0.60	0.000	0.00
7	铝合金衬塑管 DN50	35.430	1.20	35.30	1.20	0.130	0.00
8	铝合金衬塑管 DN50-1	2.000	0.00	2.00	0.00	0.000	0.00

通过对以上数据的比较和分析可以看出，BIM 软件算量与手工算量差别不大，而运用 BIM 软件可节约大量时间，从而提高工作效率。

习　题

1. 楼层设置的步骤有哪些？建筑的地下部分楼层如何设置？
2. 为什么要定位图纸？如何快速精准地定位图纸？
3. 图纸设置比例的步骤有哪些？

第三章
消防工程建模

章节概述

本章以青海建筑职业技术学院教学逸夫楼项目为例，详细讲解广联达 BIM 安装计量软件 GQI2021 在消防工程（消火栓工程和喷淋工程）中建模的全过程操作及工程量汇总计算。消防工程是一个系统工程，涉及专业较多。通过 BIM 软件的协同设计功能，各专业设计人员可在同一个模型中进行设计，并可进行实时交流，还可将施工图转化至 BIM 安装计量系统，系统能够通过自动化计算和分析，快速、准确地计量出消防工程的各项工程量。

学习目标

知识目标：1. 熟悉消火栓系统的组成和类型，熟悉喷淋系统的组成和类型。
2. 掌握消防工程工程量计算规则，掌握消防工程广联达 BIM 建模软件使用方法。

能力目标：1. 能够创建消火栓管道和设备。
2. 能够创建喷淋管道和设备。

素质目标：1. 树立消防安全意识，了解消防技术发展，培养技术自信。
2. 培养细致耐心的职业素养，养成善于思考、勤于学习的习惯。
3. 培养脚踏实地的学习态度，强化责任意识。

第一节　消火栓工程建模

一、消火栓工程特点及工程量计算规则

1. 消火栓工程特点

消火栓工程对于管道出水量要求较高，它具备下列特点：消火栓数量较多，消火栓连接支管数量多，立管数量较多；阀门及其他管道附件规格繁多；配置水箱及其他设备。

针对消火栓工程的上述特点，需要对下列构件进行建模：消火栓、管道、管道阀门、消防水泵接合器、管件及管道支架、其他构件。

2. 消火栓工程工程量计算规则

(1)管道安装按设计管道中心长度，以“m”为计量单位，不扣除阀门、管件及各种组件所占长度。

(2)室内消火栓安装分为单栓和双栓，以“套”为计量单位，带消防按钮的安装另行计算，设置在楼层的灭火器计主材费。成套装置包含室内消火栓（消火栓箱、消火栓、水枪、水龙带、水龙带接扣、挂架、消防按钮）和室外消火栓（地上式消火栓、法兰接管、弯管底座、地下式消火栓、法兰接管、弯管底座、消火栓三通）。

(3)消防水泵接合器安装有不同安装方式和规格，以“套”为计量单位，成套装置包含消防接口本体、止回阀、安全阀、闸阀、弯管底座、放水阀、标牌等。

(4)隔膜式气压水罐安装分为不同规格，以“台”为计量单位。出入口法兰和螺栓按设计规定另行计算。

(5)管道支吊架安装包含综合支架、吊架及防晃支架的制作、安装，均以“kg”为计量单位。

本章所用图纸为“青海建筑职业技术学院教学逸夫楼给排水施工图”，楼层设置与给排水工程中楼层设置大体相同，这里不再阐述。消火栓工程实例楼层信息详见表 2-1。

需要强调的是，本工程实例中消火栓给水系统采用焊接钢管，管道连接形式均为焊接。敷设在地下室、吊顶及管井的管道需保温，保温材料为岩棉，厚度为 30 mm。屋顶水箱及水箱间内的配管均需保温，水箱保温采用厚度为 60 mm 的岩棉板。管道保温采用厚度为 40 mm 的岩棉。室内消火栓采用 SN65 型，栓口直径为 DN65。消火栓箱内需额外配置两具 3 kg 磷酸铵盐手提式灭火器。管道穿楼板或穿墙时需额外设置套管。

二、消火栓工程建模前的基本操作

1. 新建工程

新建工程时，将“工程名称”设为“青海建筑职业技术学院教学逸夫楼消防工程”，在“工程专业”的下拉菜单中选择“消防”，其余设置与给排水工程新建时设置相同，如图 3-1 所示。在确认设置无误后，单击“创建工程”按钮，完成新建工程的操作。

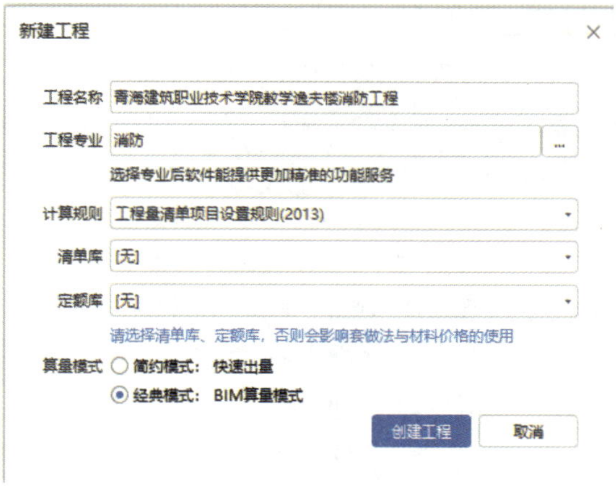

图 3-1　新建消防工程

2. 工程设置

(1)楼层设置

参照给排水工程楼层设置的方法，并结合表 3-1，完成本工程实例的楼层设置。需要注意的是，图纸中 2～11 层消火栓布置位置、数量都是相同的，因此可以使用同一张图纸，地下室、首层及 12 层各使用一张图纸。针对这种情况，可在楼层设置对话框中修改相关设置。此外，如图 3-2 所示，环状管网只在第 11、12 层吊顶内敷设，其余各层均不敷设，因此在第 11、12 层需要单独设置环状管网。消火栓工程楼层设置如图 3-3 所示。

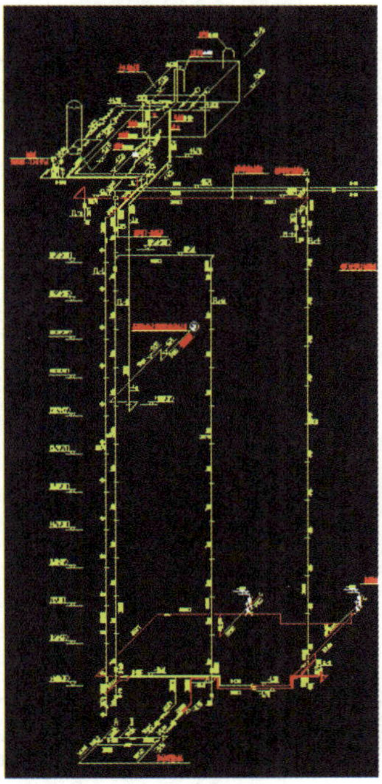

图 3-2　消火栓系统图

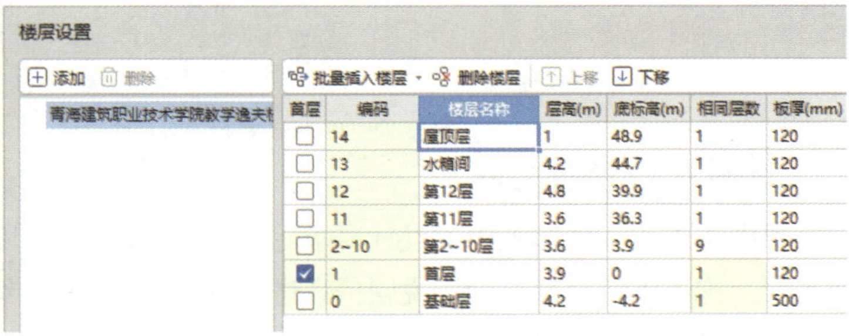

首层	编码	楼层名称	层高(m)	底标高(m)	相同层数	板厚(mm)
☐	14	屋顶层	1	48.9	1	120
☐	13	水箱间	4.2	44.7	1	120
☐	12	第12层	4.8	39.9	1	120
☐	11	第11层	3.6	36.3	1	120
☐	2~10	第2~10层	3.6	3.9	9	120
☑	1	首层	3.9	0	1	120
☐	0	基础层	4.2	-4.2	1	500

图 3-3　消火栓工程楼层设置

由于本工程实例消火栓系统和喷淋系统采用同一套图纸，因此建议逐层设置楼层。结合表 3-1，完成消火栓系统及喷淋系统楼层设置，最终效果如图 3-4 所示。由于两系统分属不同系统，因此可在图纸分割时，将它们设为不同的分层。

表 3-1　　　　消防工程实例楼层和图纸信息

楼层序号	层高/m	室内楼层地面标高/m	图名	专业
-1(基础层)	4.2	-4.2	基础层(地下室)给排水平面图(水施 02) 基础层(地下室)喷淋平面图(水施 03)	给排水系统、消火栓系统、喷淋系统
1(首层)	3.9	0	首层给排水、喷淋平面图(水施 04)	
2	3.6	3.9	2 层给排水、喷淋平面图(水施 05)	
3	3.6	7.5	3 层给排水、喷淋平面图(水施 05)	
4	3.6	11.1	4 层给排水、喷淋平面图(水施 06)	
5	3.6	14.7	5 层给排水、喷淋平面图(水施 07)	
6	3.6	18.3	6 层给排水、喷淋平面图(水施 08)	
7	3.6	21.9	7 层给排水、喷淋平面图(水施 09)	
8	3.6	25.5	8 层给排水、喷淋平面图(水施 10)	
9	3.6	29.1	9 层给排水、喷淋平面图(水施 11)	
10	3.6	32.7	10 层给排水、喷淋平面图(水施 12)	
11	3.6	36.3	11 层给排水、喷淋平面图(水施 13)	
12	4.8	39.9	12 层给排水、喷淋平面图(水施 14) 12 层给排水、喷淋平面图(水施 15)	
水箱间	4.2	44.7	水箱间给排水平面图(水施 16)	

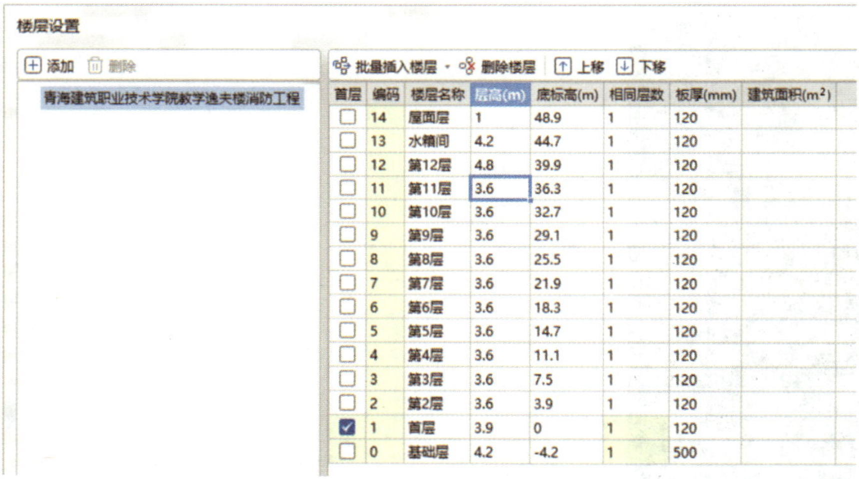

图 3-4　楼层设置最终效果

(2)设计说明信息修改

根据本工程实例图纸中的设计要求，消火栓系统管道采用焊接钢管，喷淋系统管道采用镀锌钢管。这里需要对部分设计说明信息进行修改，以方便后续构件的建模，具体操作步骤如下：

步骤 1：在页签区中使“工程设置”选项卡处于选中状态，单击“工程设置”功能区中“设计说明”图标按钮，启动该功能，如图 3-5 所示，界面弹出“设计说明”对话框。

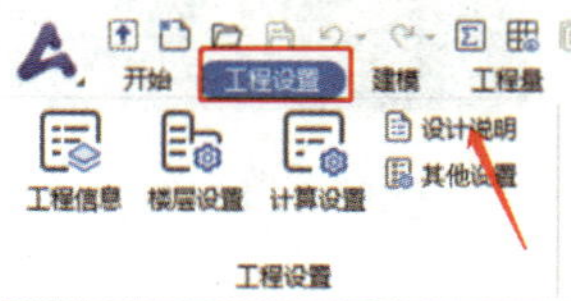

图 3-5　启动“设计说明”功能

步骤 2:在“设计说明”对话框中,依据图纸设计要求,在“消防水”中的“消火栓灭火系统”中“添加行”。在加入的空白行中,选择对应的材质和适用范围,材质手动输入即可,而适用范围则需要通过单击对应的“管径”,在弹出的“设置管径”对话框中进行调整,在“设计说明”对话框中修改后的信息如图 3-6 所示。

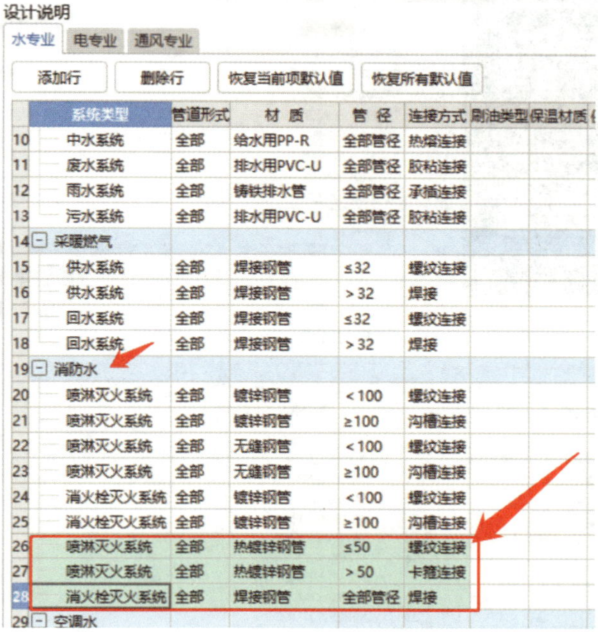
设计说明

水专业 | 电专业 | 通风专业

添加行 | 删除行 | 恢复当前项默认值 | 恢复所有默认值

	系统类型	管道形式	材 质	管 径	连接方式	刷油类型	保温材质
10	中水系统	全部	给水用PP-R	全部管径	热熔连接		
11	废水系统	全部	排水用PVC-U	全部管径	胶粘连接		
12	雨水系统	全部	铸铁排水管	全部管径	承插连接		
13	污水系统	全部	排水用PVC-U	全部管径	胶粘连接		
14	⊟ 采暖燃气						
15	供水系统	全部	焊接钢管	≤32	螺纹连接		
16	供水系统	全部	焊接钢管	>32	焊接		
17	回水系统	全部	焊接钢管	≤32	螺纹连接		
18	回水系统	全部	焊接钢管	>32	焊接		
19	⊟ 消防水						
20	喷淋灭火系统	全部	镀锌钢管	<100	螺纹连接		
21	喷淋灭火系统	全部	镀锌钢管	≥100	沟槽连接		
22	喷淋灭火系统	全部	无缝钢管	<100	螺纹连接		
23	喷淋灭火系统	全部	无缝钢管	≥100	沟槽连接		
24	消火栓灭火系统	全部	镀锌钢管	<100	螺纹连接		
25	消火栓灭火系统	全部	镀锌钢管	≥100	沟槽连接		
26	喷淋灭火系统	全部	热镀锌钢管	≤50	螺纹连接		
27	喷淋灭火系统	全部	热镀锌钢管	>50	卡箍连接		
28	消火栓灭火系统	全部	焊接钢管	全部管径	焊接		
29	⊟ 空调水						

图 3-6　在“设计说明”对话框中修改后的信息

(3)添加图纸及分层操作

添加工程实例图纸,在图纸分割时需要进行分层设置,具体操作步骤如下:

步骤 1:单击“图纸预处理”功能区中“添加图纸”图标按钮,界面右侧出现“添加图纸”对话框。单击该对话框的“添加图纸”图标按钮后,单击文件存放位置图标,再单击“打开”图标按钮,这样“青海建筑职业技术学院教学逸夫楼给排水施工图”就被添加进来,在图纸管理区会增加对应的内容。

步骤 2:根据文字提示,框选绘图区中需要分割的所有图纸。被选中的图纸内容全部变成蓝色,单击鼠标右键,在“图纸管理”对话框中自动生成图纸名称。

步骤 3:如果“自动分割”对话框中“图纸名称”列内容与预期图纸名称不符,可单击图纸名称,此时在绘图区内被软件自动命名的图纸就会闪烁,单击提取图纸名称,为图纸重命名,如图 3-7 所示。在“楼层”列单击扩展按钮,在弹出的“标记信息”对话框中将楼层设为“基础层”,单击“确定”按钮,如图 3-8 所示。在“图纸类别”中单击扩展按钮,在弹出的“标记信息”对话框中勾选“喷淋灭火系统”前复选框,单击“确定”按钮,如图 3-9 所示。

对列表中的图纸逐一进行操作,如将“图纸名称”设为“首层给排水平面图”,在“楼层”中选择“首层”,在“图纸类别”中单击扩展按钮,在弹出的“标记信息”对话框中勾选“喷淋灭火系统”和“消火栓灭火系统”前复选框,如图 3-10 所示。以此类推,完成 2～12 层图纸的自动分割。设置完成后系统将自动分层,如图 3-11 所示。

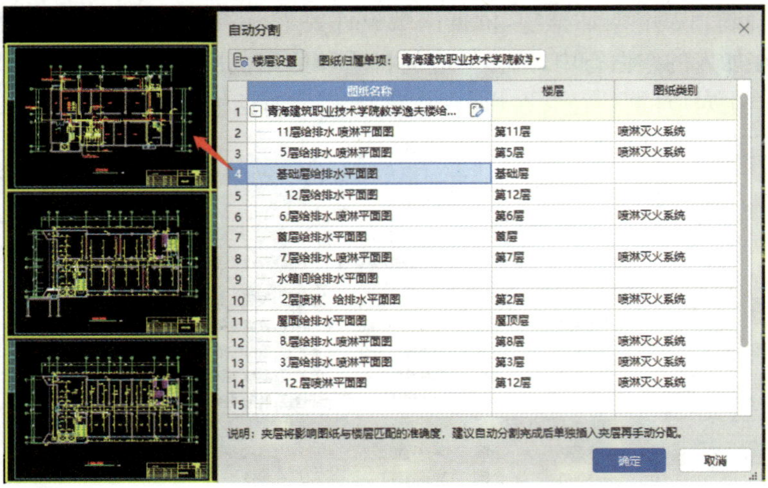

图 3-7 “自动分割”图纸名称的确定

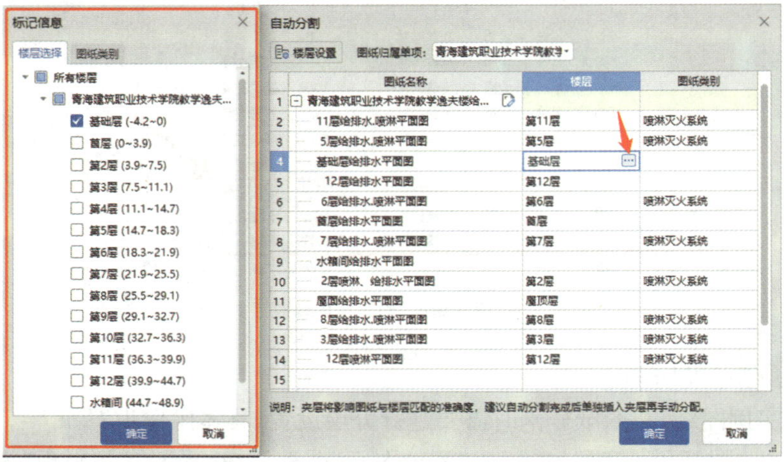

图 3-8 “自动分割”楼层的设置

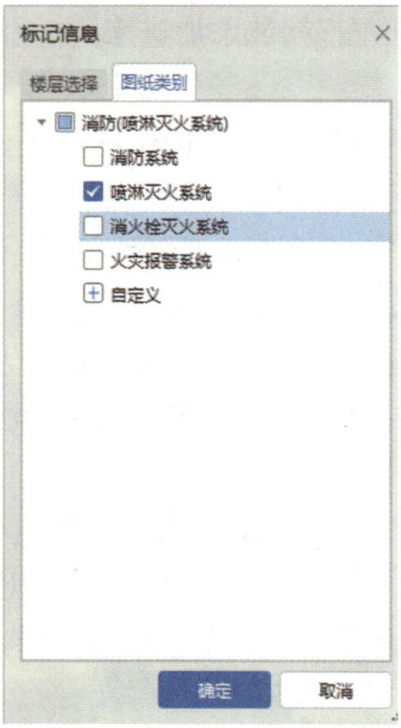

图 3-9 “自动分割”图纸类别的确定

图 3-10 在“标记信息”对话框中选多种专业

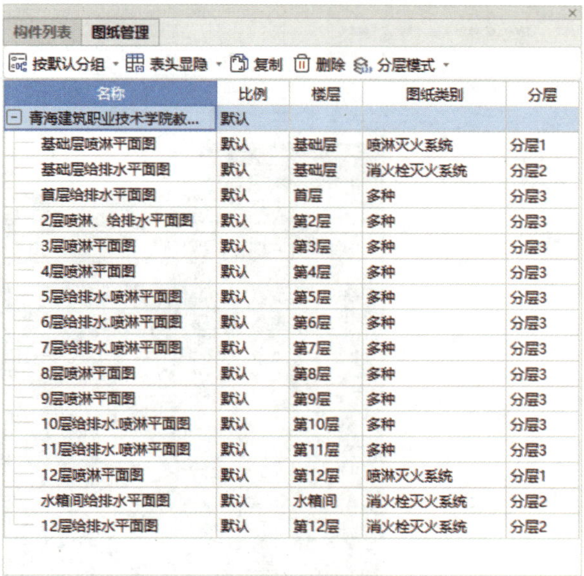

构件列表　图纸管理

按默认分组　表头显隐　复制　删除　分层模式

名称	比例	楼层	图纸类别	分层
青海建筑职业技术学院教...	默认			
基础层喷淋平面图	默认	基础层	喷淋灭火系统	分层1
基础层给排水平面图	默认	基础层	消火栓灭火系统	分层2
首层给排水平面图	默认	首层	多种	分层3
2层喷淋、给排水平面图	默认	第2层	多种	分层3
3层喷淋平面图	默认	第3层	多种	分层3
4层喷淋平面图	默认	第4层	多种	分层3
5层给排水.喷淋平面图	默认	第5层	多种	分层3
6层给排水.喷淋平面图	默认	第6层	多种	分层3
7层给排水.喷淋平面图	默认	第7层	多种	分层3
8层喷淋平面图	默认	第8层	多种	分层3
9层喷淋平面图	默认	第9层	多种	分层3
10层给排水.喷淋平面图	默认	第10层	多种	分层3
11层给排水.喷淋平面图	默认	第11层	多种	分层3
12层喷淋平面图	默认	第12层	喷淋灭火系统	分层1
水箱间给排水平面图	默认	水箱间	消火栓灭火系统	分层2
12层给排水平面图	默认	第12层	消火栓灭火系统	分层2

图 3-11　完成分层设置后的效果

三、消火栓工程构件的建模顺序

依据消火栓工程的算量特点，安排构件的建模顺序，如图 3-12 所示。

图 3-12　消火栓工程构件的建模顺序

1. 消火栓建模

在之前的章节中，设备、阀门或管道附件等需要统计数量的构件的建模，主要采用“设备提量”的方法来实现。消火栓构件同样属于这种类型的构件，但在实际建模时，由于其特殊性，一般不使用“设备提量”的方法来完成建模。这是因为每个消火栓都由一根支管连接到主干管道（图 3-13），而图纸上表示支管的图线一般较短，单独处理比较耗费时间。

(a) CAD 平面图　　(b) 消火栓实物图

图 3-13　消火栓管道连接图

针对以上情况，软件增加了“消火栓”功能。启动该功能的具体操作步骤如下：

步骤 1：使导航栏中的“消火栓(消)(H)”构件类型处于选中状态，单击“建模”选项卡“识别消火栓”功能区中的“消火栓”图标按钮，启动该功能，如图 3-14 所示。

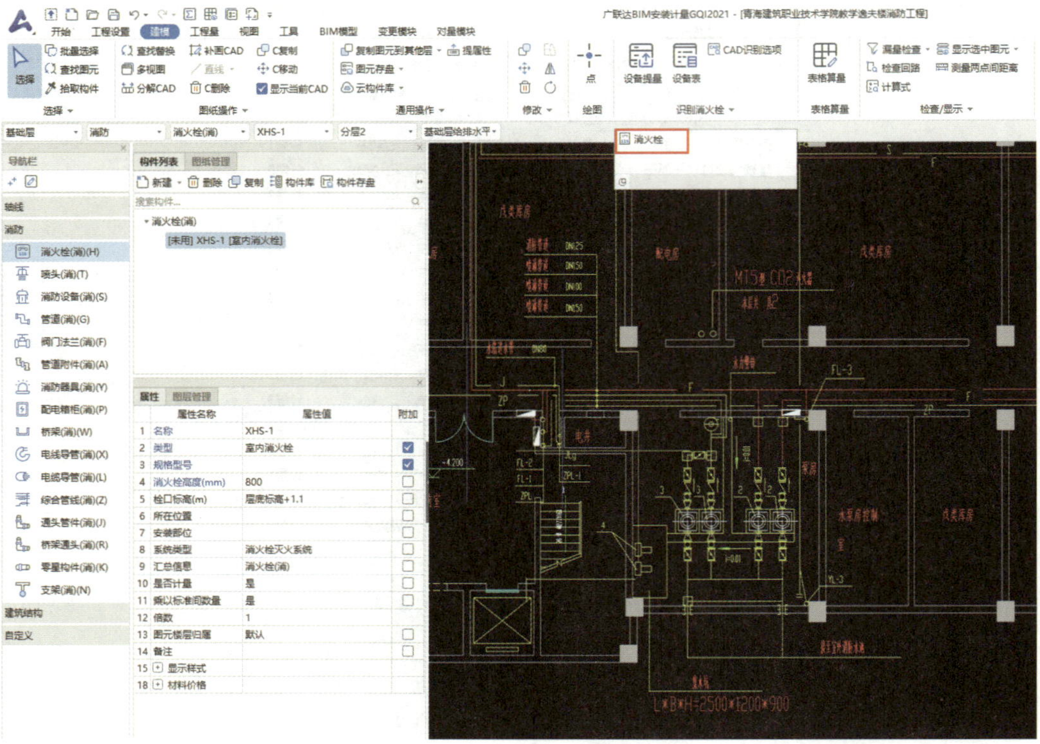

图 3-14　启动“消火栓”功能

步骤 2：根据文字提示，选择图中表示消火栓的 CAD 图元(图 3-15)，被选中的消火栓 CAD 图元变成蓝色(图 3-16)，单击鼠标右键确认。此时软件弹出“识别消火栓”对话框，如图 3-17 所示。

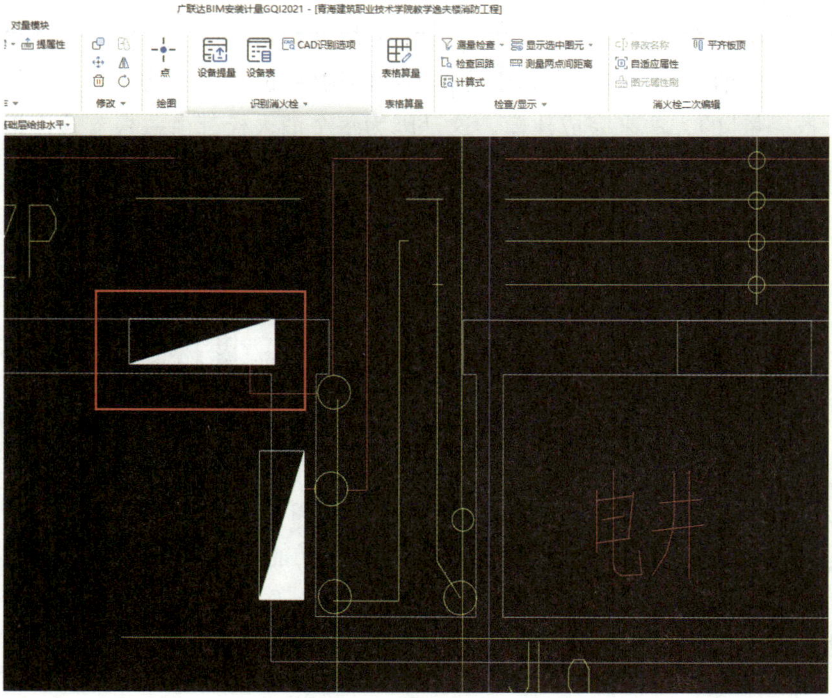

图 3-15　选择消火栓 CAD 图元

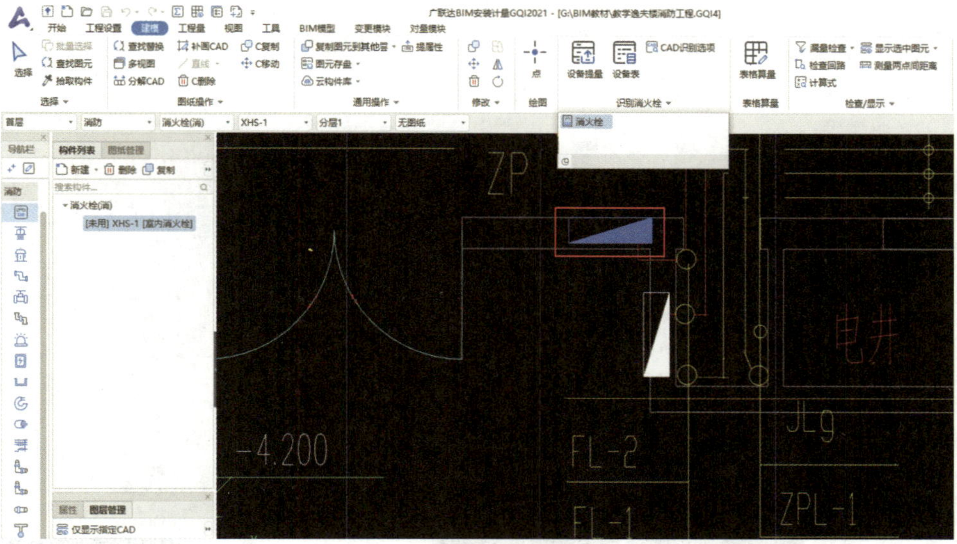

图 3-16　被选中的消火栓 CAD 图元

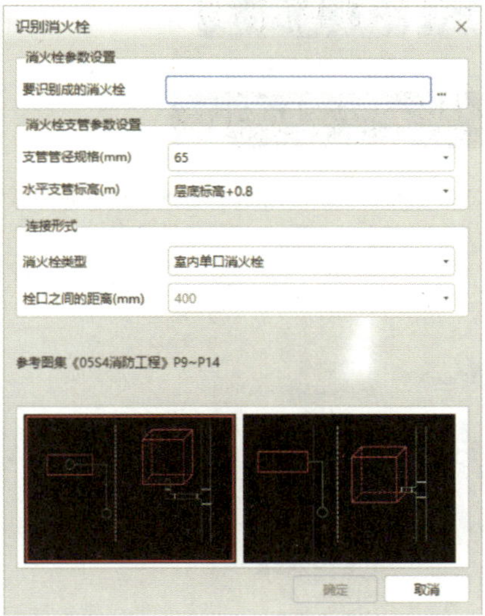

图 3-17　“识别消火栓”对话框

步骤 3：在“识别消火栓”对话框中，单击“要识别成的消火栓”栏的扩展按钮。这时在构件列表中，软件自动创建了一个名为“XHS-1”的构件，并弹出“选择要识别成的构件”对话框，如图 3-18 所示。

步骤 4：根据设计说明要求，需要在“备注”栏中手动输入“带配套箱体，配口径 19 mm 水枪，25 m 长 DN 65 水龙带，箱内设有两具 3 kg 磷酸铵盐手提式灭火器”，最终修改效果如图 3-19 所示，单击“确认”按钮，该消火栓构件就识别完成了。

步骤 5：在“识别消火栓”对话框中，将“支管管径规格(mm)”改为“65”，单击“确定”按钮。由此在首层平面图中，带有支管的消火栓在对应的 CAD 图元位置就完成了建模，如图 3-20 所示。“消火栓类型”可在单口和双口间进行选择，而“栓口之间的距离(mm)”只有双口消火栓才能设置。

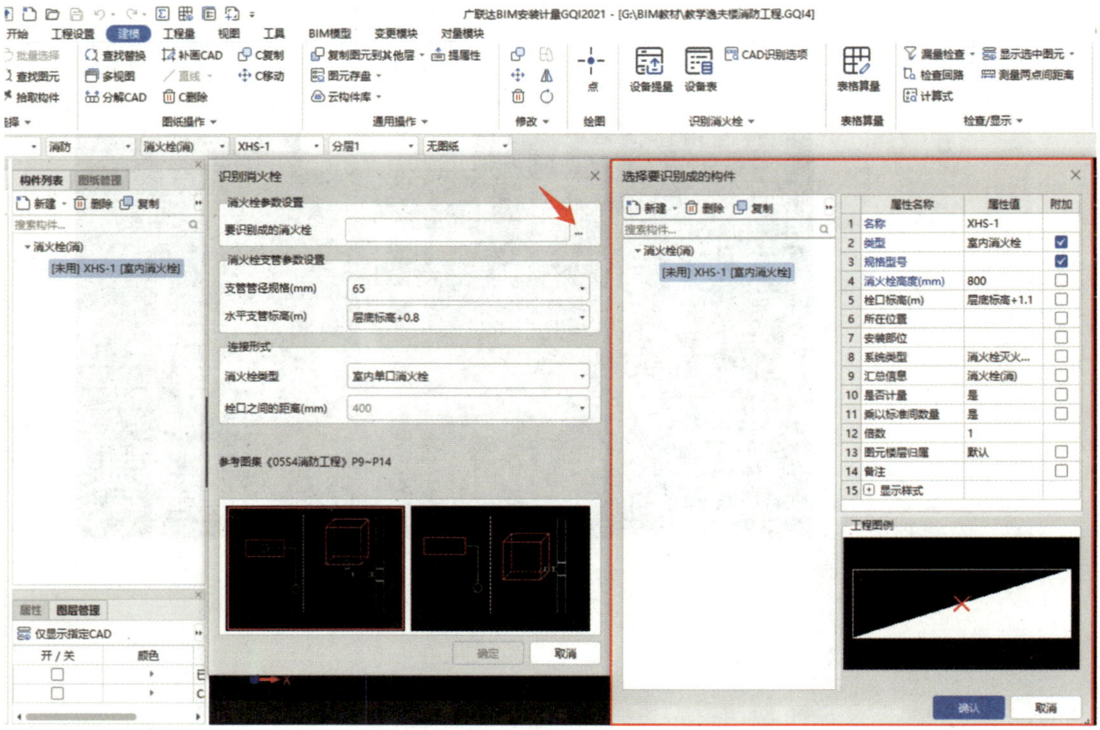

图 3-18　单击“要识别成的消火栓”栏的扩展按钮

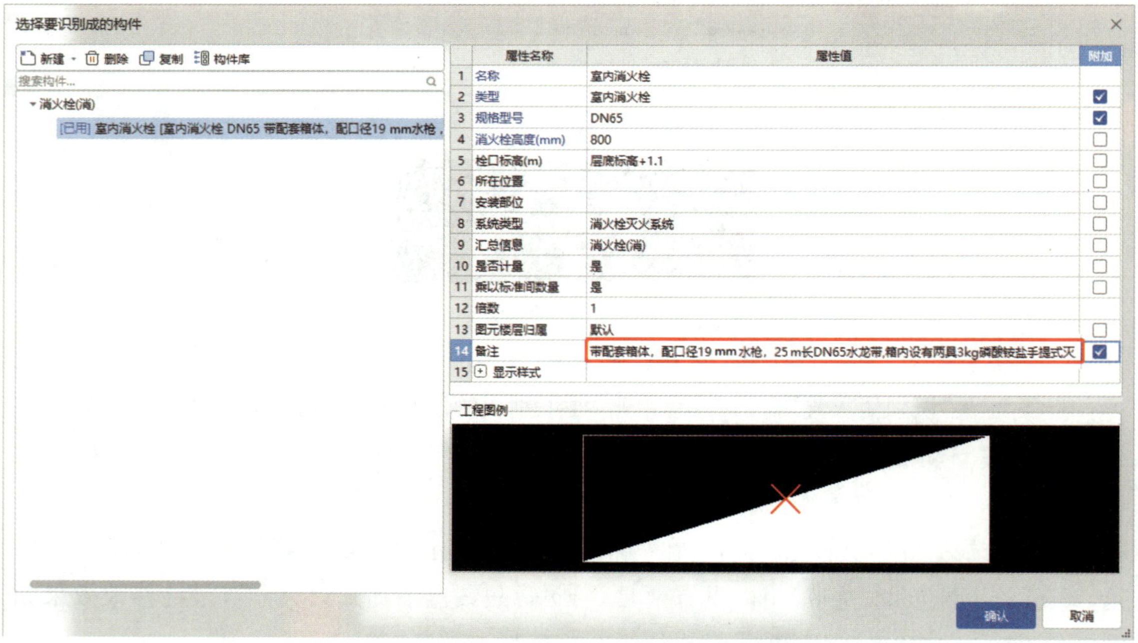

图 3-19　编辑“选择要识别成的构件”对话框

“识别消火栓”对话框中的缩略图还提供了“侧入式”和“下入式”两个连接选项，可根据设计要求或实际情况进行选择。本工程实例的消火栓适用于“下入式”，如图 3-20 所示。完成后的消火栓支管平面图与消火栓支管三维图分别如图 3-21、图 3-22 所示。

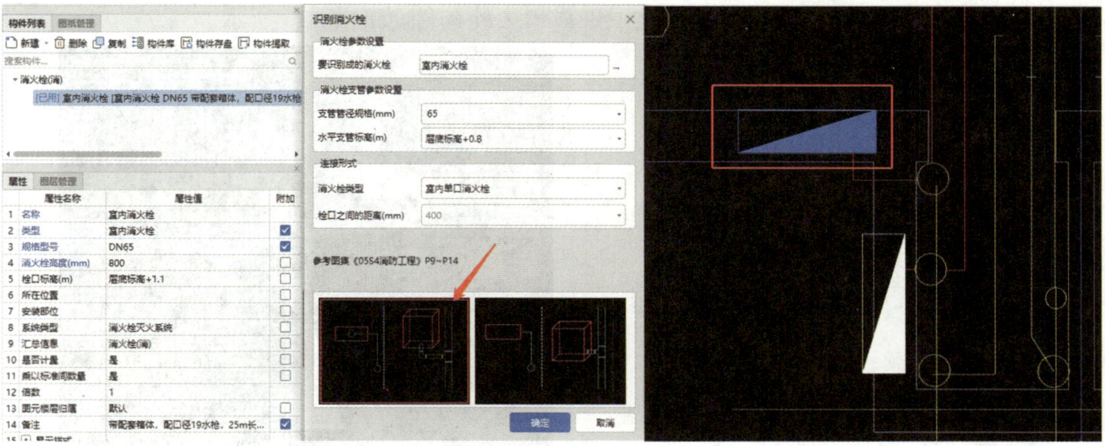

图 3-20　消火栓属性设置

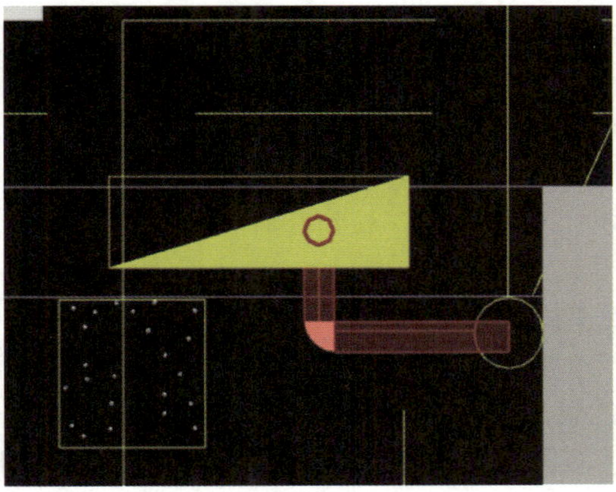

图 3-21　消火栓支管平面图

图 3-22　消火栓支管三维图

2. 消火栓模型检查(漏量检查)

本工程实例的建筑面积较大,消火栓布置较分散,建模后如果不进行检查,容易造成构件漏量。软件提供了相应的功能用于解决此类问题,操作步骤如下:

步骤 1:单击功能区中"检查/显示"功能区中的"漏量检查"图标按钮,如图 3-23 所示,弹出"漏量检查"对话框。单击对话框中"检查"按钮,软件迅速将检查结果显示在对话框中,如图 3-24 所示。在对话框"位置"栏中显示未被识别的消火栓 CAD 图元位置信息"首层(4)"。"首层"是指该图元所处楼层,"(4)"表示未被识别的 CAD 图元有 4 个。

图 3-23　启动"漏量检查"功能

该方法会将绘图区内尚未与软件建模构件进行匹配的全部 CAD 图元检查出来,检查结果中会存在一些如门窗、卫生器具等非消火栓图元,因此检查结果还需仔细甄别。此外,个别构件并未采用 CAD 图元的方式表达,这种构件是无法通过该方法检查出来的,只能人工检查,因此非规范设计会对建模操作造成极大影响。消火栓构件出现漏量的情况,是因为设计者在表达消火栓构件时,用了存在一定差异的 CAD 图元。

步骤 2:在"漏量检查"对话框中双击消火栓图形,在绘图区中迅速定位该 CAD 图元所处位置。可以发现,该CAD图元的确未被识别成消火栓构件,如图3-25所示。

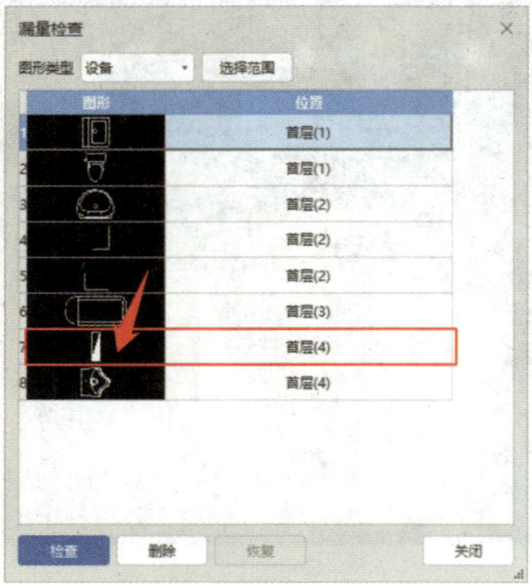

图3-24 “漏量检查”结果

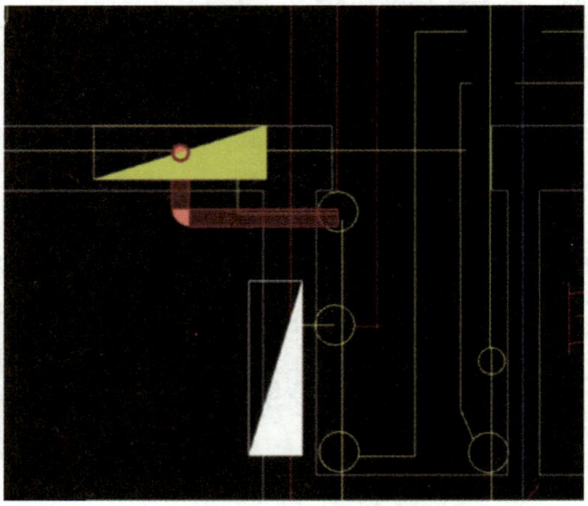

图3-25 未被识别的消火栓图元

步骤3:完成其余的消火栓图元的识别。

由于未被识别的消火栓图元与之前建模完成的消火栓图元有所差异,为保证模型建立效果,在“选择要识别成的构件”对话框中,利用复制功能,复制出一个属性相同的构件,如图3-26所示。该构件尚未与任何CAD图元进行匹配。将该构件载入“要识别成的消火栓”,完成余下的操作。

3. 构件的批量选择

按照图3-12所示建模顺序,接下来进行管道构件建模。单击导航栏中的“管道(消)(G)”构件类型,由于之前消火栓建模时自动生成了连接短管,因此在构件列表中出现了一个名为“JXGD-1”的构件,如图3-27所示。在该构件的属性中,“名称”和“材质”属于公共属性,“连接方式”属于私有属性。随着应用的深入,越来越多自动生成的构件的属性难以满足各种细节需求,往往需要修改相应的属性。公共属性可以在构件列表中直接进行修改,而修改私有属性,特别是修改在绘图区已完成建模的构件的私有属性,只能先选中再进行修改。因此快速选中这些构件是修改其私有属性的前提。构件批量选择的具体操作步骤如下:

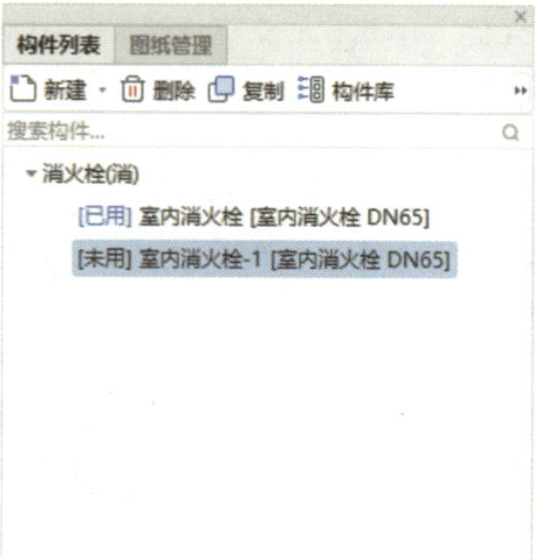

图3-26 复制消火栓构件

图3-27 消火栓支管构件属性

步骤 1:单击“选择”功能区中“批量选择”图标按钮，启动该功能，如图 3-28 所示，弹出“批量选择构件图元”对话框，如图 3-29 所示。

图 3-28　启动“批量选择”功能

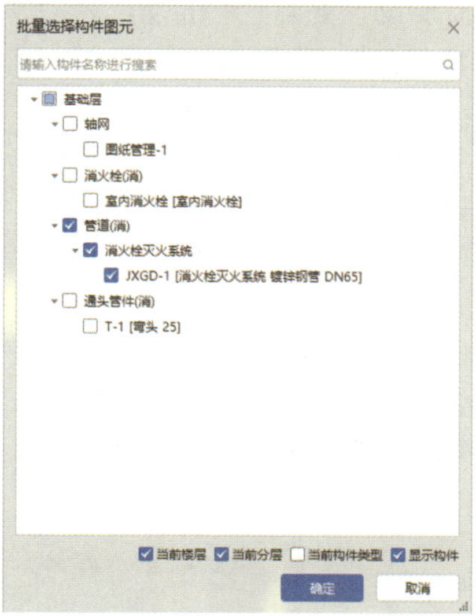

图 3-29　在“批量选择构件图元”对话框中勾选构件

步骤 2:勾选“批量选择构件图元”对话框中构件“JXGD-1”,单击“确定”按钮。这样绘图区中已建模的构件“JXGD-1”就全部被选中了。

步骤 3:根据设计要求完成相应的管道属性修改，如图 3-30 所示。

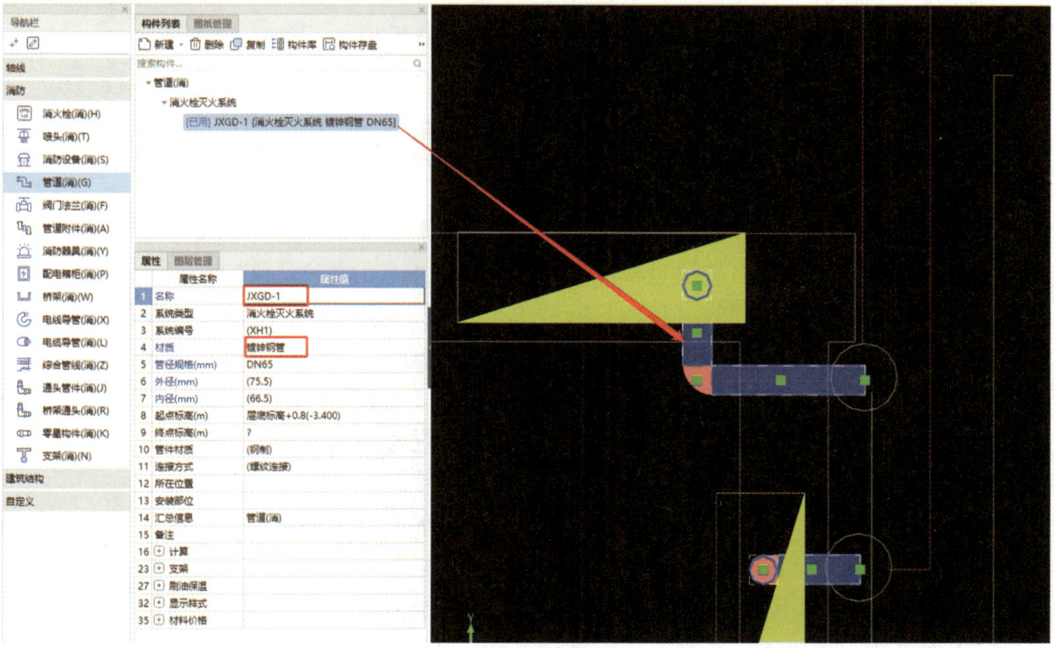

图 3-30　修改相应的管道属性

“批量选择”功能非常适用于绘图区中已建模且种类较多的需要一次性批量选中其中一种或多种构件的情况。灵活应用该功能，将极大提高构件建模的效率。需要注意的是，利用手动输入将构件名称修改为“消火栓连接支管 DN65”后，构件列表中被批量选中的构件“JXGD-1”将全部被命名为“消火栓连接支管 DN65”。

四、管道支架的设置

通常情况下，金属管道均需要设置支架。单击“消火栓连接支管 DN65”构件属性信息“支架”前的“+”号，展开“支架”属性信息，如图 3-31 所示。

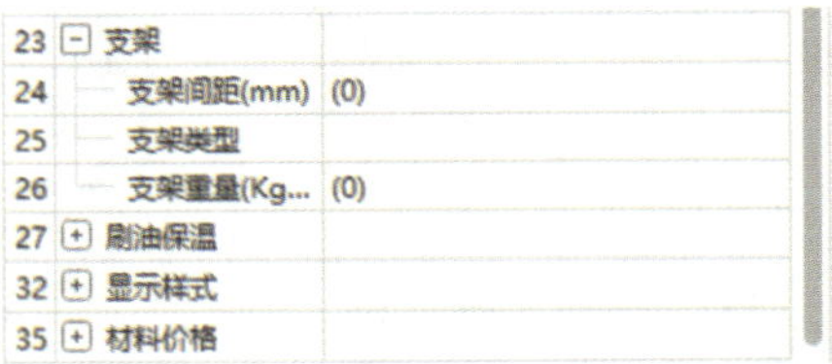

图 3-31　管道“支架”属性

1. 支架间距

支架间距选项需要根据图纸设计要求和国家标准进行设置。图纸中并未对管道支架有具体设计要求，因此需要参看相关设计规范。

管道支架工程量的计算规则通常遵循《建筑给水排水及采暖工程施工质量验收规范》(GB 50242—2002)的规定，钢管水平安装的支架间距见表 3-2。

表 3-2　钢管水平安装的支架间距(摘自 GB 50242—2002)

公称直径/mm		15	20	25	32	40	50	70	80	100	125	150	200
支架最大间距/m	保温管	2	2.5	2.5	2.5	3	3	4	4	4.5	6	7	7
	不保温管	2.5	3	3.5	4	4.5	5	6	6	6.5	7	8	9.5

对于不同管径的管道，无论是保温管还是不保温管，都有相应的最大间距标准。计算时，需要根据管道的实际布置情况来确定支架的数量。如果管道穿墙，则应在穿墙处算作一个支点。

此外，《建筑给水排水及采暖工程施工质量验收规范》(GB 50242—2002)中有关长立管管卡的数量和间距布置要求如下：

(1)楼层高度小于或等于 5 m，每层必须安装 1 个。

(2)楼层高度大于 5 m，每层不得少于 2 个。

(3)管卡距地面的安装高度应为 1.5～1.8 m，2 个以上管卡应对称安装，同一房间的管卡应安装在同一高度上。

水平管道支架可按最接近的管径对应的间距要求进行设置，见表 3-2。立管管卡根据安装的楼层高度区分。本工程实例中基础层和水箱间层层高为 4.2 m，首层层高为 3.9 m，第 12 层层高为 4.8 m，其余各层层高为 3.6 m。根据标准要求可知，本建筑物每层设置一个管卡即可，长立管的管道间距可设为 1.8 m，这样就可以满足以上 4 种层高要求，同时节省反复设置的时间。

虽然设计说明会给出最大间距，但实际施工的间距会根据现场条件和安全需求进行调整。因此在计算工程量时，除了遵循规范和设计要求外，还应考虑实际情况，确保管道系统的安全和稳定。

本工程实例的构件“消火栓连接支管 DN65”大部分属于水平管道，连接消火栓的弯曲短立管不属于长立管的范畴，因此无须考虑支架。

2. 支架类型

设计说明并未对管道支架的类型给出具体规定。由于管道支架的国家标准及地区、行业设计标准较多，因此暂时无法确定本工程实例所用的支架类型，也无法确定管道支架的重量。管道支架的类型需要待设计者针对该部分追加设计并补充参考标准才能确定，具体操作如下：

如图 3-31 所示，在属性对话框第 24 行中，将“支架间距(mm)”属性值设为 6 000，只考虑安装水平管道支架即可。

五、立管构件建模

本工程实例中的消火栓系统图与给排水系统图相比，立管数目较多，每根立管都有单独的编号。此外，这些立管在图中的布置比较分散，并没有规律可循。若仍采用给排水立管的建模方法，不仅操作烦琐，浪费时间，而且容易出错，也不便于后期管理。为解决此类问题，软件提供了识别管道系统图的功能。

在识别管道系统图之前，需要了解构件的标高信息输入形式和本工程实例各起点标高的情况。

1. 构件的标高信息输入形式

在本工程实例中，自动生成的短立管构件标高的属性值首次出现了汉字加数字的形式，即“层底标高+0.8”，这与给排水工程直接输入数字的形式有较大差别。构件标高的输入形式主要有 3 种。如图 3-32 所示，这 3 种标高输入形式的结果都相同，但本质上存在较大差异。

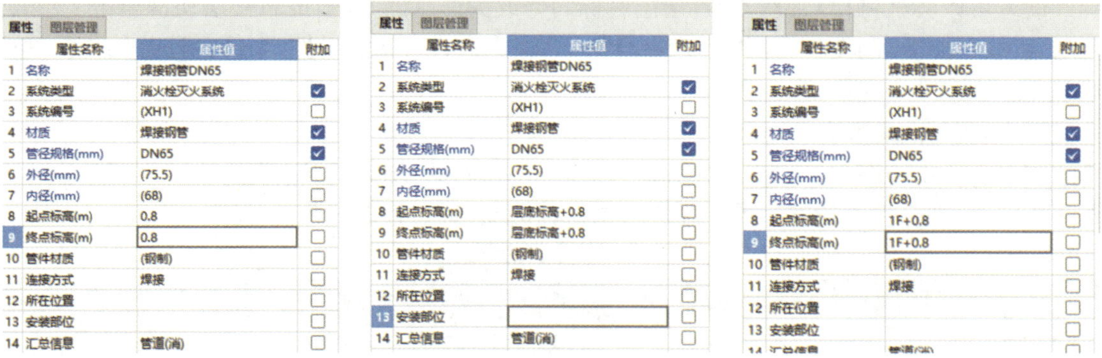

(a) 直接输入数字　　(b) 汉字加数字　　(c) 楼层序号加数字

图 3-32　构件标高输入形式

(1)直接输入数字

如图 3-32(a)所示，这种形式的标高是相对于±0.000 的高度，0.8 即距首层室内地面 0.8 m。在非首层或首层以下不为±0.000 时，使用该输入形式，应该特别注意标高值。

(2)汉字加数字

在这种形式中，汉字只有“层顶标高”和“层底标高”两种选项，其他汉字均不符合软件规定。如图 3-32(b)所示，“层底标高+0.8”是指当前楼层层底标高向上 0.8 m，对于本工程实例，即位于地上的+0.800 m；“层底标高−0.8”是指当前楼层层底标高向下 0.8 m，对于本工程实例，即位于地下的−0.800 m。“层顶标高”或“层底标高”等同于“层顶标高±0.000”或“层底标高±0.000”。这种形式非常适用于构件相对于每层楼的地面或层顶来表示安装高度的情况。

(3)楼层序号加数字

这种形式(图 3-32(c))中楼层序号只能是“数字+F”的形式，对于本工程实例，第 1 层即“1F”，第 2 层即“2F”。数字对应的则是楼层设置中的“编码”，如图 3-33 所示。本工程实例的基础层标高可以输入“−1F+0.8”，首层标高则可以输入“1F+0.8”，即高于软件设置基础层地面标高 0.8 m。这种形式与汉字加数字形式相似，适用于统一处理竖向排列的构件的情况。

需要注意的是，当楼层之间设置夹层时，由于楼层名称与编码会出现不匹配的情况，因此应慎用此种形式来输入标高。

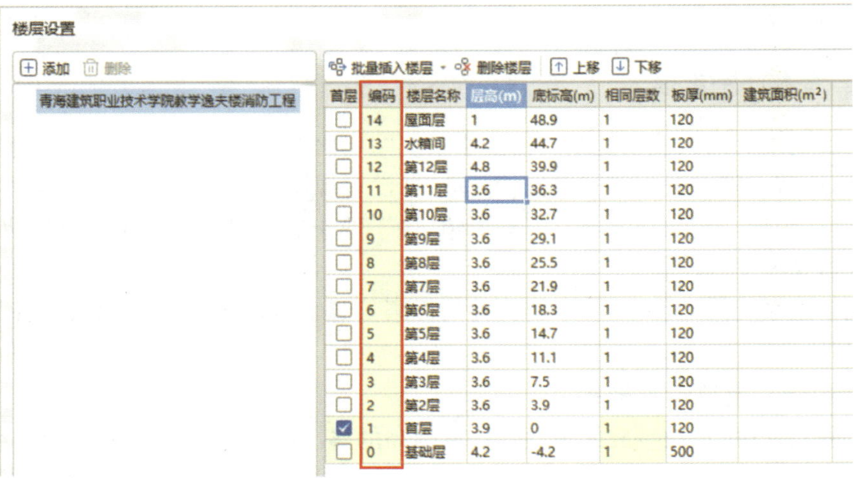
楼层设置

添加 删除 | 批量插入楼层 删除楼层 上移 下移

青海建筑职业技术学院教学逸夫楼消防工程

首层	编码	楼层名称	层高(m)	底标高(m)	相同层数	板厚(mm)	建筑面积(m²)
☐	14	屋面层	1	48.9	1	120	
☐	13	水箱间	4.2	44.7	1	120	
☐	12	第12层	4.8	39.9	1	120	
☐	11	第11层	3.6	36.3	1	120	
☐	10	第10层	3.6	32.7	1	120	
☐	9	第9层	3.6	29.1	1	120	
☐	8	第8层	3.6	25.5	1	120	
☐	7	第7层	3.6	21.9	1	120	
☐	6	第6层	3.6	18.3	1	120	
☐	5	第5层	3.6	14.7	1	120	
☐	4	第4层	3.6	11.1	1	120	
☐	3	第3层	3.6	7.5	1	120	
☐	2	第2层	3.6	3.9	1	120	
☑	1	首层	3.9	0	1	120	
☐	0	基础层	4.2	-4.2	1	500	

图 3-33　楼层设置中的“编码”

读者可以尝试将楼层设置中首层层底标高修改为非 0 的数值，或将楼层切换至第 2 层，再利用“直线”功能绘制图 3-32 中以 3 种不同标高输入形式表达的构件，来体会这些构件的建模效果。

2. 立管的起点和终点标高

在消火栓系统图中，所有立管的起点标高都是相同的，均为“层底标高＋0.8”，但终点标高不尽相同，且部分管道还发生了变径。根据这种情况，将立管进行分类，见表 3-3。

表 3-3　消火栓立管的分类

立管编号	管径规格	起点标高/m	终点标高/m	管道防腐与保温
XFL-1、XFL-2、XFL-4	DN65	−3.4	−0.6	±0.000 以下管道岩棉保温厚度为 30 mm
	DN100	−0.6	±0.000	±0.000 以下管道岩棉保温厚度为 30 mm
	DN100	±0.000	43.7	±0.000 以上管道除锈后刷红樟丹漆、银粉各两道
XFL-3	DN65	−3.4	−0.6	±0.000 以下管道岩棉保温厚度为 30 mm
	DN100	−0.6	±0.000	±0.000 以下管道岩棉保温厚度为 30 mm
	DN100	±0.000	32.9	±0.000 以上管道除锈后刷红樟丹漆、银粉各两道
XFL-5	DN65	−0.6	±0.000	±0.000 以下管道岩棉保温厚度为 30 mm
	DN65	±0.000	0.8	±0.000 以上管道除锈后刷红樟丹漆、银粉各两道
XFL-a、XFL-b	DN65	40.7	43.7	±0.000 以上管道除锈后刷红樟丹漆、银粉各两道

根据本工程实例图纸实际情况，XFL-1、XFL-2、XFL-4、XFL-a、XFL-b 均为沿第 12 层梁底部敷设的环状管道，立管顶端安装高度为“层顶标高−1.0”。XFL-3 为沿第 11 层梁底部敷设的环状管道，立管顶端安装高度为“层顶标高−0.6”。以上立管除 XFL-a、XFL-b 敷设至第 12 层，终点标高为“层底标高＋0.8”外，其余各管道均敷设至基础层。XFL-1、XFL-2、XFL-3、XFL-4 由于管径变化和防腐保温方式不同，被分成了 3 部分，±0.00 以上的管道需在属性对话框中设置“刷油类型”为“银粉”。±0.00 以下的管道按管径区分，属性对话框中设置“保温材质”为“岩棉管壳”，“保温厚度(mm)”为“30”，如图 3-34 所示。

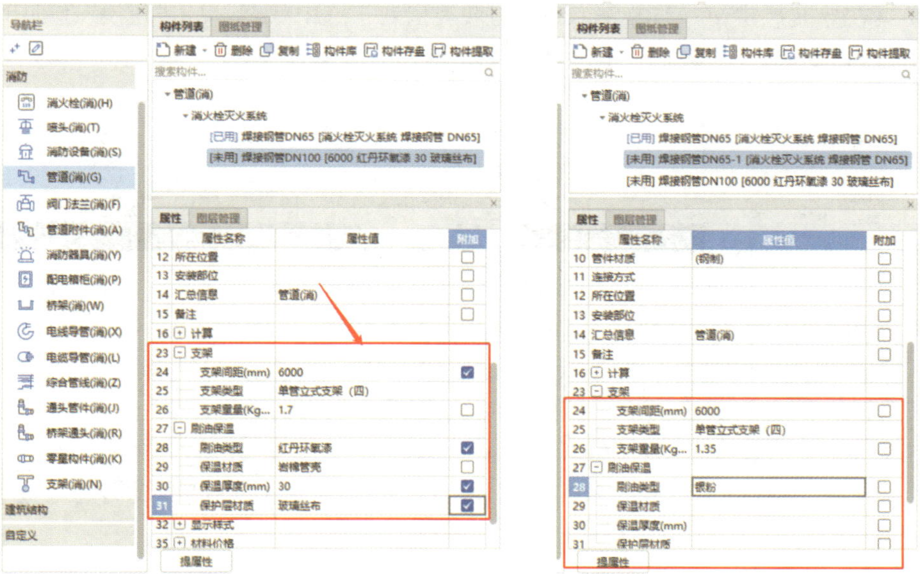

（a）±0.00 以下管道属性设置　　（b）±0.00 以上管道属性设置

图 3-34　管道属性设置

3. 识别管道系统图

识别管道系统图，具体操作步骤如下：

步骤 1：按照前面章节所述方法，在“工程设置”选项卡中单击“图纸预处理”功能区中的“添加图纸”图标按钮，如图 3-35 所示，然后单击“插入 CAD”图标按钮，将工程实例图纸“青海建筑职业技术学院教学逸夫楼给排水施工图”插入绘图区，并且删除其余的图纸，只保留“消火栓系统图”，如图 3-36 所示。

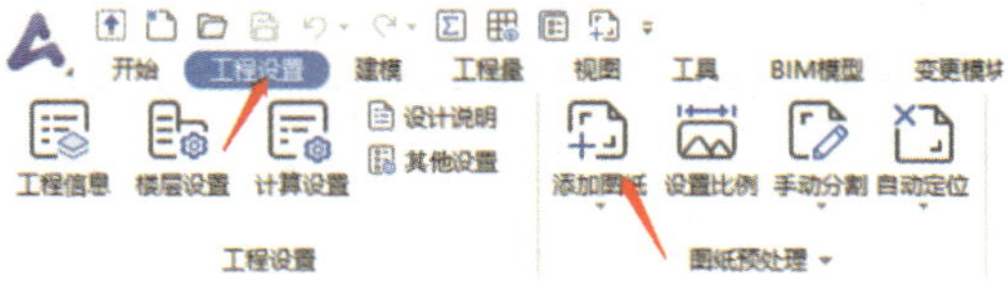

图 3-35　启动“添加图纸”功能

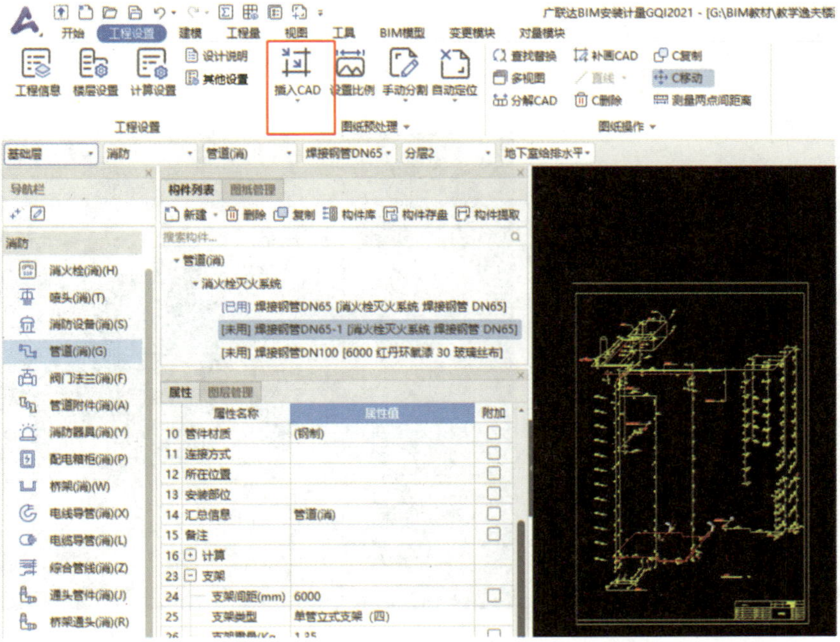

图 3-36　插入“消火栓系统图”

步骤 2：在导航栏中使“管道(消)(G)”构件类型处于选中状态，单击“建模”选项卡“识别管道”功能区下拉菜单中的“系统图”图标按钮，如图 3-37 所示，启动该功能，弹出“识别管道系统图”对话框。

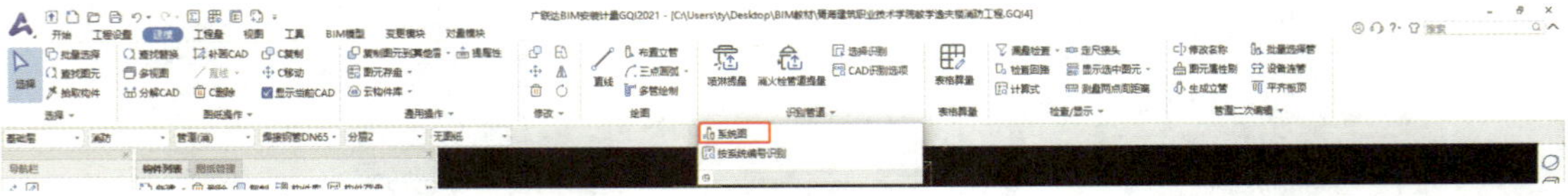

图 3-37　启动“系统图”功能

步骤 3：单击“识别管道系统图”对话框中“提取系统图”图标按钮(图 3-38(a))，此时对话框消失。根据文字提示“选择一根表示立管的竖直 CAD 图线及一个代表系统编号的标识，右键确定该立管信息或者 ESC 退出，可确定多根立管后再次右键进行提取立管信息”，依次单击系统图中表示立管的竖直 CAD 图线和对应立管编号的 CAD 标识，单击鼠标右键确认。这时对应立管编号的 CAD 标识恢复原来的颜色，而表示立管的竖直 CAD 图线仍是被选中状态的蓝色(图 3-38(b))。这样就完成了一根立管的提取(图 3-38(c))。

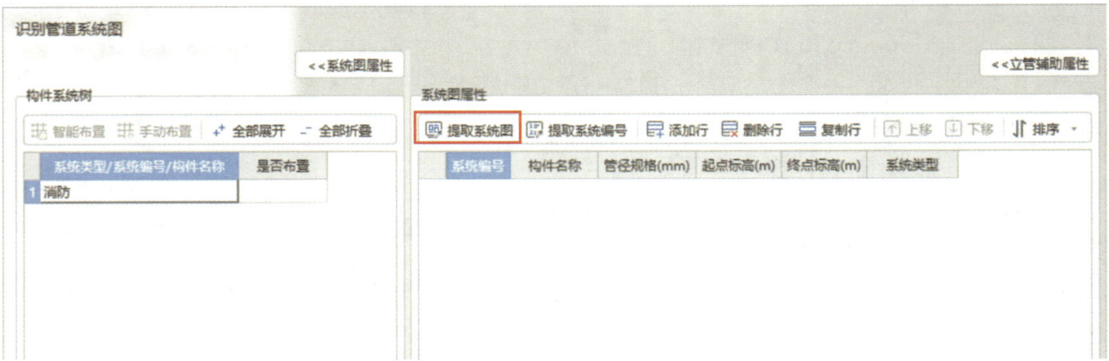

(a) 提取系统图

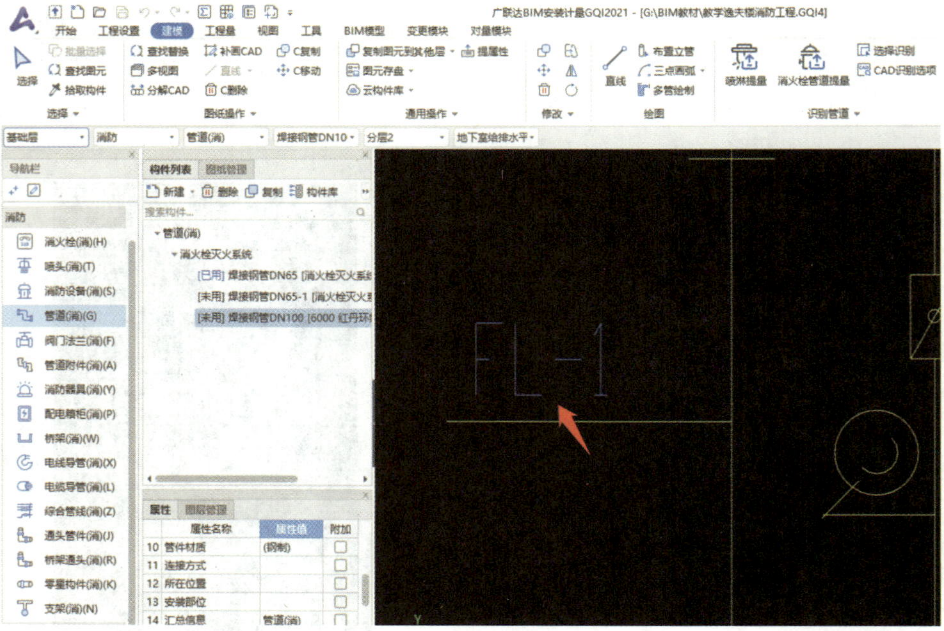

(b) 提取对应立管编号的 CAD 标识

图 3-38　识别管道系统图

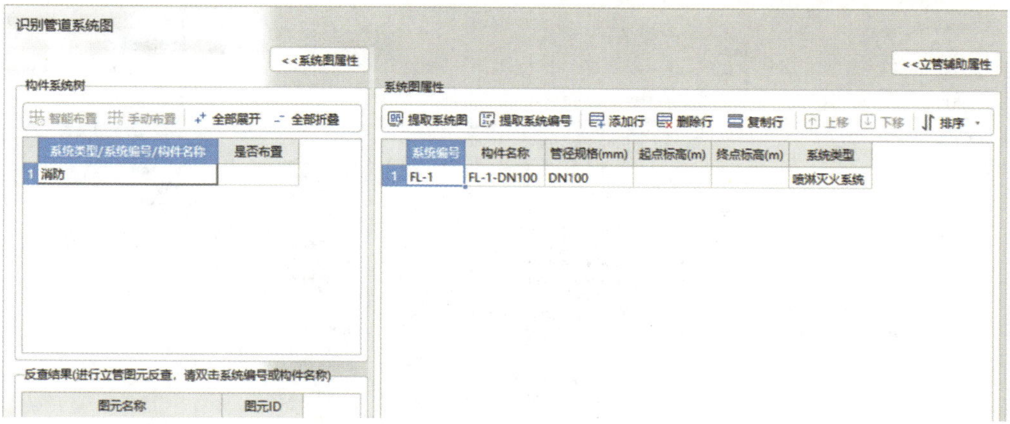

(c) 确认管道系统图

续图 3-38　识别管道系统图

步骤 4：按照上述操作方法，完成余下立管的提取，提取的顺序按照表 3-3 中的立管编号执行，以方便后续操作。

步骤 5：单击鼠标右键，回到"识别管道系统图"对话框，完成提取的立管信息如图 3-39 所示。

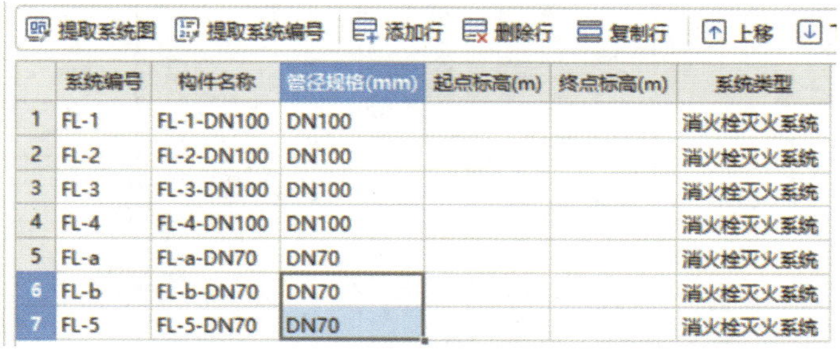

	系统编号	构件名称	管径规格(mm)	起点标高(m)	终点标高(m)	系统类型
1	FL-1	FL-1-DN100	DN100			消火栓灭火系统
2	FL-2	FL-2-DN100	DN100			消火栓灭火系统
3	FL-3	FL-3-DN100	DN100			消火栓灭火系统
4	FL-4	FL-4-DN100	DN100			消火栓灭火系统
5	FL-a	FL-a-DN70	DN70			消火栓灭火系统
6	FL-b	FL-b-DN70	DN70			消火栓灭火系统
7	FL-5	FL-5-DN70	DN70			消火栓灭火系统

图 3-39　完成提取的立管信息

步骤 6：消火栓系统图中立管 XFL-1、XFL-2、XFL-3、XFL-4 发生了变径，但在提取的立管信息中，并没有它们变径后的信息，可以通过单击对话框上方的"添加行"图标按钮，手动添加它们变径后的信息。

步骤 7：按照表 3-3，分别将起点标高和终点标高输入对话框对应的单元格中。

需要注意的是，在输入标高数值的单元格右下角有一个方形小点，如图 3-40 所示。将光标移至该处，光标会变成蓝色十字。此时按住鼠标左键不放，向下拖动，可实现单元格信息的复制填充，即实现相同信息的快速输入。这个操作方法参考了 Excel 表格复制填充的方法，是进行"系统图属性"数据输入的有效手段。按照上述方法，完成所有立管构件的标高信息输入。此时下方"生成构件"按钮高亮显示，表示该功能可以使用。

步骤 8："立管辅助属性"处于"识别管道系统图"对话框的右侧，如图 3-41 所示。当对话框内所有单元格被选中时，可以更改立管辅助属性，对属性栏中的"材质""连接方式""支架间距(mm)"3 项内容进行编辑，如图 3-42 所示。

前文已对长立管的管道支架间距和管卡数量及其间距布置要求做了详细阐述，当楼层高度小于或等于 5 m 时，每层必须安装 1 个管卡；当楼层高度大于 5 m 时，每层不得少于 2 个管卡。

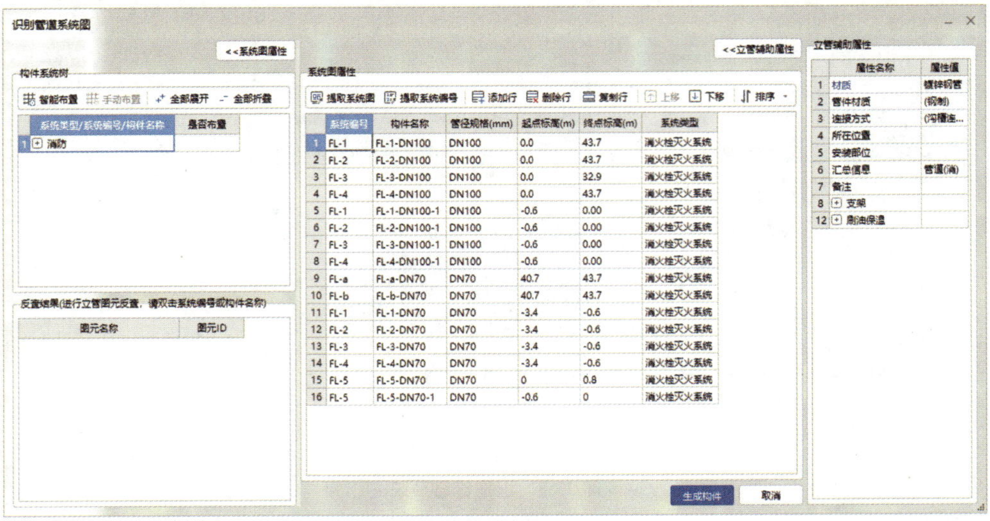

图 3-40　立管构件标高信息输入

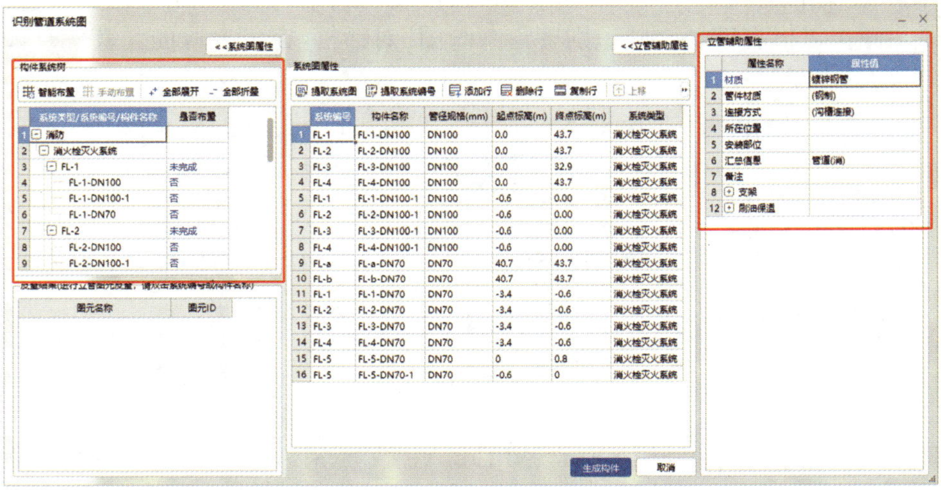

图 3-41　“识别管道系统图”对话框的“立管辅助属性”

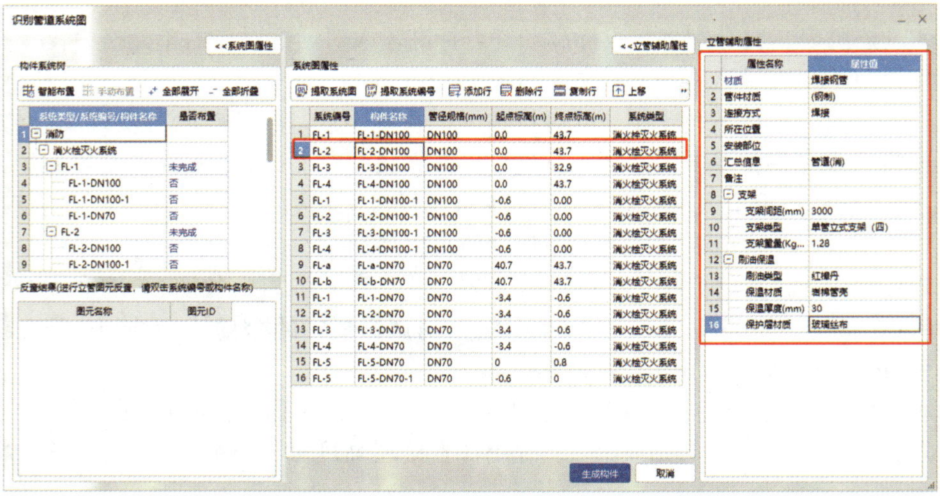

图 3-42　编辑立管辅助属性

本工程实例的基础层和水箱间层层高为 4.2 m，首层层高为 3.9 m，第 12 层层高为 4.8 m，其余各层层高均为 3.6 m，各层只需设置 1 个管卡即可。在输入支架间距时，应确保满足所有楼层的支架数量要求，这里将支架间距设为 3 000 mm，可满足所有管道支架设置的要求。

步骤 9：单击“识别管道系统”对话框下方“生成构件”按钮，在“构件系统树”中，按立管编号和管径大小自动生成构件，如图 3-43 所示。

步骤 10：单击“智能布置”图标按钮，弹出“布置结果”提示窗口，如图 3-44 所示。单击下方“确定”按钮，在绘图区内就完成了立管建模，且“构件系统树”也发生了改变，提示完成了构件的布置操作。

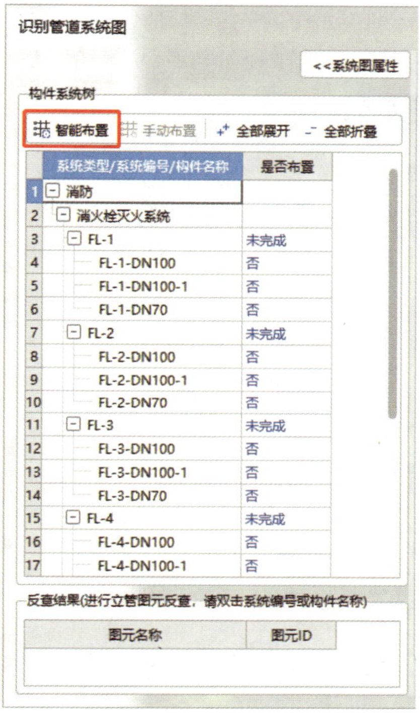

图 3-43　在“构件系统树”中显示自动生成的构件

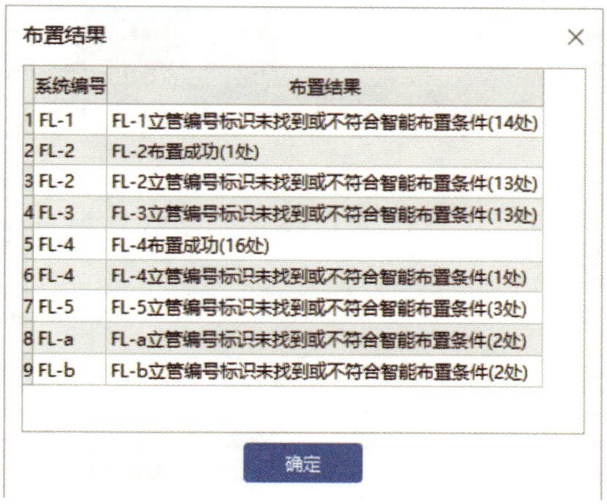

图 3-44　“布置结果”提示窗口

在立管数目多、布置分散的工程中，采用“系统图”处理立管构件是一种非常高效的建模方式法。

六、消火栓管道建模

立管建模完成后，进行水平管道的建模。在给排水工程中，水平管道的建模主要使用“选择识别”的方法，只有在此方法处理效果不佳时，才考虑使用“直线”的方法。由于本工程实例中管道敷设情况比较复杂，若继续使用上述两种方法，则会降低建模效率。软件提供了一种“自动识别”的方法，具体操作步骤如下：

步骤 1：在导航栏中使“管道(消)(G)”构件类型处于选中状态，单击“建模”选项卡“识别管道”功能区下拉菜单中的“按系统编号识别”图标按钮，启动该功能。

步骤 2：根据文字提示，选中图中表示消火栓管道的 CAD 图线及管径标识，单击鼠标右键确认，界面弹出“管道构件信息”对话框，如图 3-45 所示。

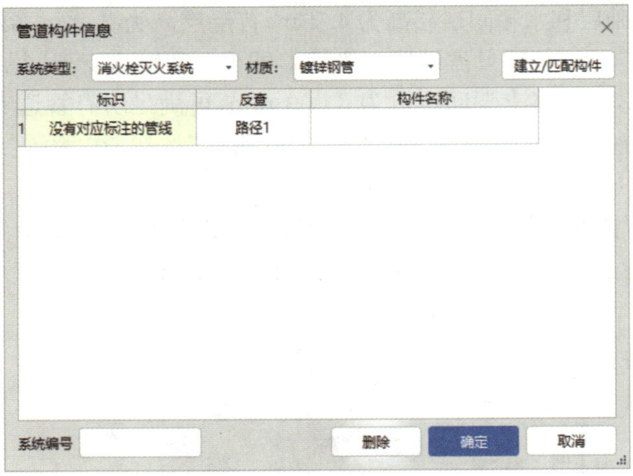

图 3-45 “管道构件信息”对话框

步骤 3：在“管道构件信息”对话框中，将“材质”设置为“焊接钢管”，再单击“构件名称”，建立 1 个与基础层干管匹配的构件。此时，“焊接钢管 DN125”出现在“构件名称”中，如图 3-46 所示。

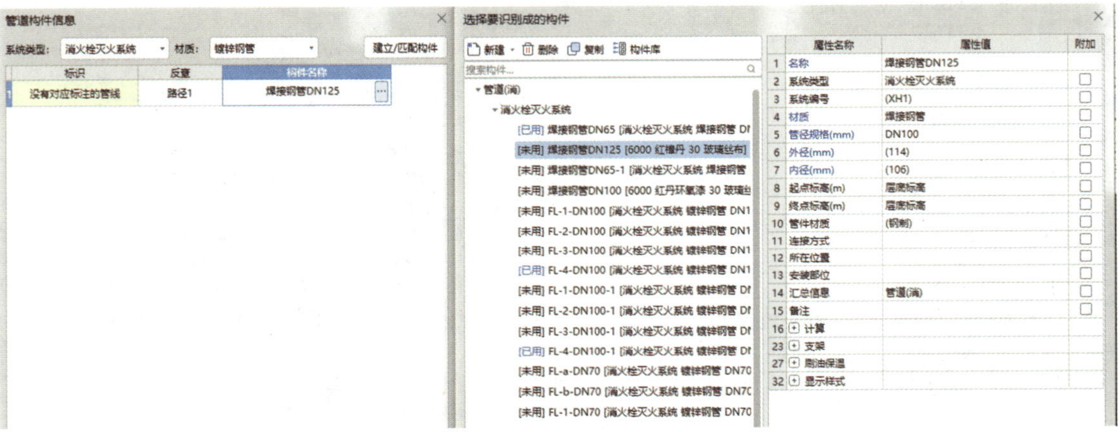

图 3-46 在“管道构件信息”对话框中更改构件属性

步骤 4：基础层中的管道构件除了焊接钢管 DN125 外，还有焊接钢管 DN100 和焊接钢管 DN150。在“管道构件信息”对话框中新建“焊接钢管 DN100”和“焊接钢管 DN150”，如图 3-47 所示。做好这些准备工作后，单击“构件名称”单元格空白处，再单击单元格中的扩展按钮，弹出如图 3-48 所示“选择要识别成的构件”对话框。

步骤 5：根据图纸要求，分别修改构件“焊接钢管 DN150”“焊接钢管 DN100”的“名称”“起点标高”和“终点标高”属性值，并单击“确认”按钮，完成构件信息的修改。

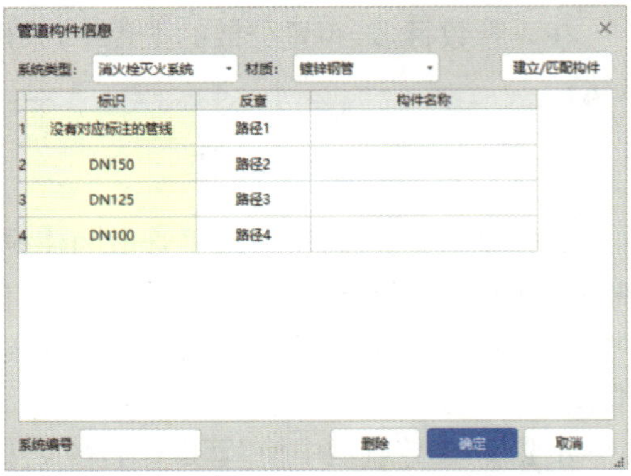

图 3-47 在“管道构件信息”对话框中添加构件

步骤 6：在“管道构件信息”对话框中，单击“反查”单元格中的扩展按钮，启动“反查”功能，如图 3-49 所示。此时对话框消失，绘图区中出现绿色闪烁的图线。这些图线是软件初次匹配时认定的 DN125 消火栓管道的布置路径。为突出显示效果，将 CAD 图亮度适当调低，经观察

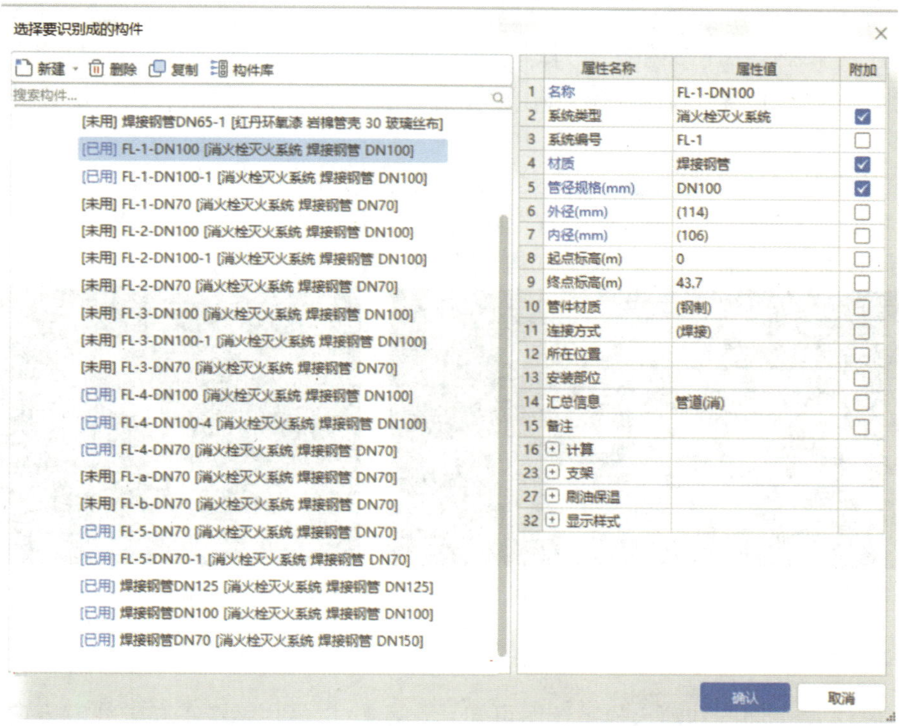

图 3-48　“选择要识别成的构件”对话框

发现，在 XFL-1、XFL-2 附近，有两段图线未被软件识别，如图 3-50 所示。以上步骤操作完成后，可通过“动态三维”功能查看管道的布置，如图 3-51 所示。

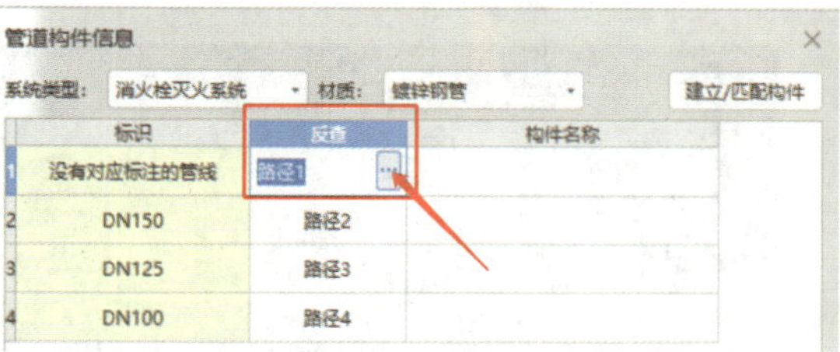

图 3-49　启动“反查”功能

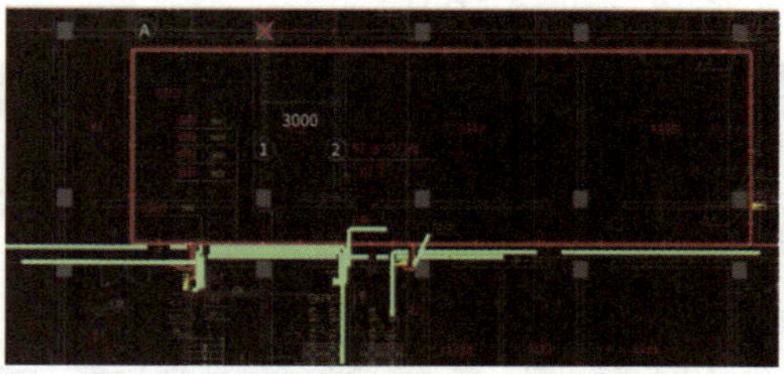

图 3-50　“反查”出未识别图线

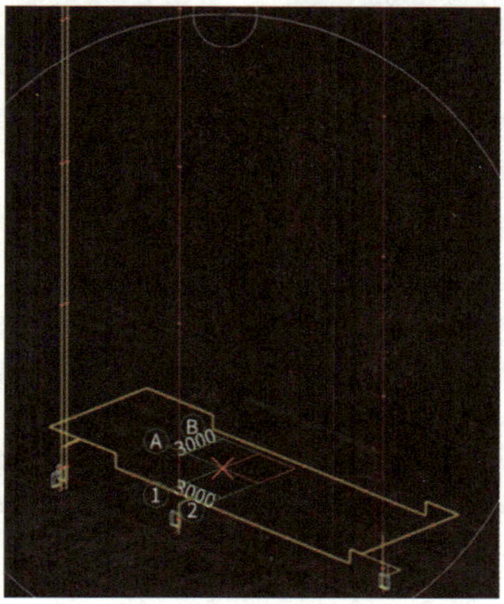

图 3-51　消火栓系统基础层(地下室)干管三维效果

步骤 7：依次将楼层切换至第 11、12 层，按照步骤 5、6 的操作方法，分别识别第 11、12 层中相应的管道，识别完成后的第 11 层环状管网如图 3-52 所示。

步骤 8：完成余下管道构件的识别，识别完成后的第 11、12 层环状管网三维效果如图 3-53 所示。

使用“按系统编号识别”方法，能极大地提高管道构件的识别效率。需要注意的是，采用这种方法建模的水平管道与立管之间仍有空隙，需要使用延伸水平管道来处理；部分消火栓支管与干管之间没有连接，需要使用“直线”功能来处理。

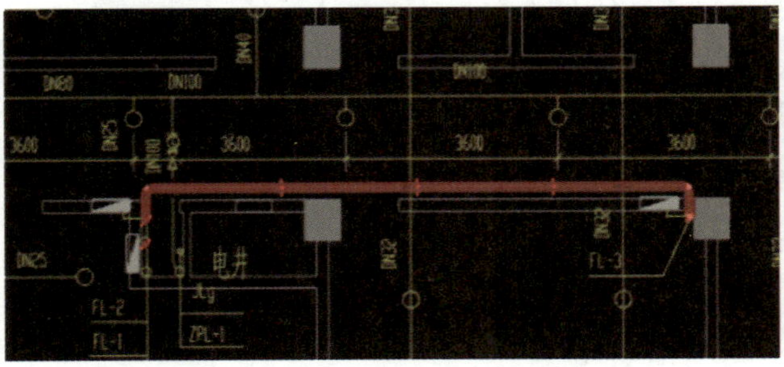

图 3-52　识别完成后的第 11 层环状管网

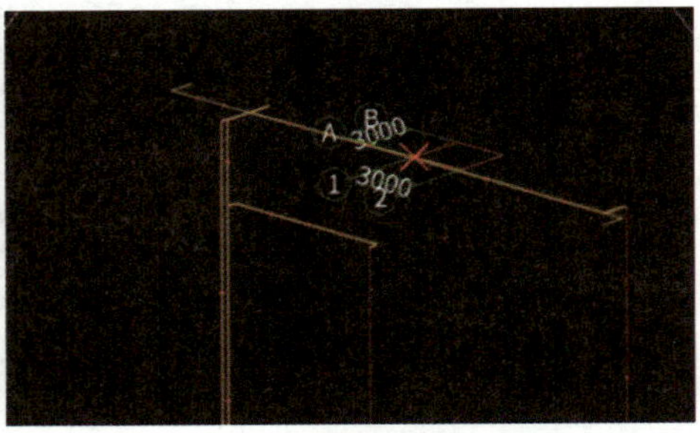

图 3-53　识别完成后的第 11、12 层环状管网三维效果

七、上下交叉而不连接管道的处理

观察第 12 层平面图和消火栓系统图可知，沿第 12 层吊顶轴线©和轴线Ⓓ方向存在标高相同(43.7 m)的生活给水管、水箱溢流管及消火栓干管。这些管道敷设到轴线⑥处，难免发生给水管道与消火栓管道交叉并连接形成管接头的情况，如图 3-54 所示。两种不同功能的管道连接在一起是不符合设计要求的。而实际上，CAD 图纸中该位置为两根上下交叉而并不相连的管道，如图 3-55 所示，这说明管道的建模效果与实际情况有差异。

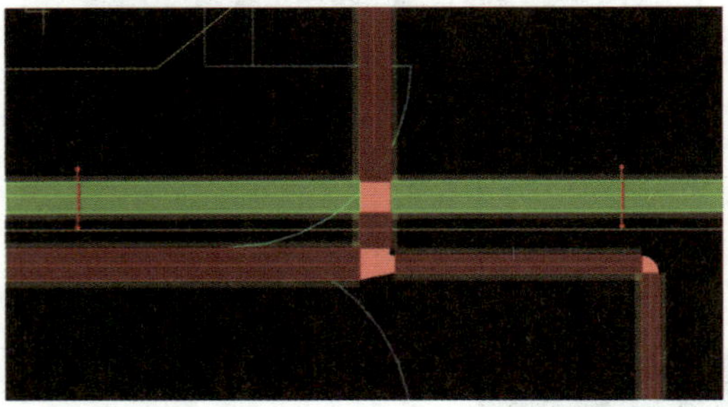

图 3-54　给水管道与消火栓管道交叉形成管接头

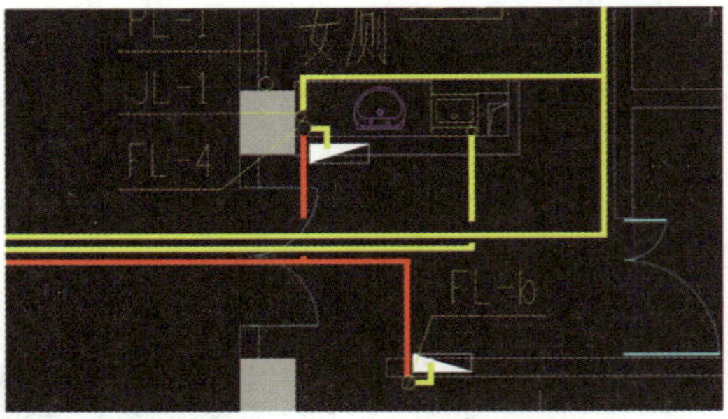

图 3-55　图纸中交叉而不相连的管道

根据管道工程的制图标准，使 y 向断开的管道处于较低的位置，使 x 向连接的管道处于较高的位置，这样两个方向的管道能够不发生连接而交叉布置。而由图纸可知，两个方向上的管道标高都是 43.7 m，如果设定新的标高，则不符合设计要求和实际施工需要，因此最简单的处理方法就是使 y 向的管道绕开 x 向的管道，具体操作步骤如下：

步骤 1：在导航栏中使“管道(消)(G)”构件类型处于选中状态，单击需要断开的管道，单击鼠标右键，弹出“编辑”对话框，在该对话框中选择“打断”命令，按照文字提示(图 3-56)，在需要断开的管道部分单击选择两个点(图 3-57)，管道即被分成 3 个管道图元。

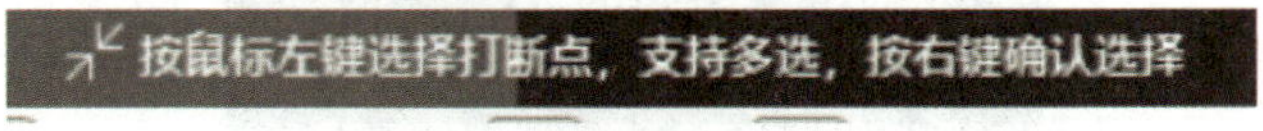

图 3-56　“打断”命令文字提示

步骤 2：单击选择中间一段需要修改标高的管道，在构件列表中使 DN125 焊接钢管处于选中状态，然后在属性对话框中将“起点标高”属性值修改为“43.2”，“终点标高”属性值会自动

跳转至“43.2”，如图 3-58 所示。“打断”操作后的三维效果如图 3-59 所示。

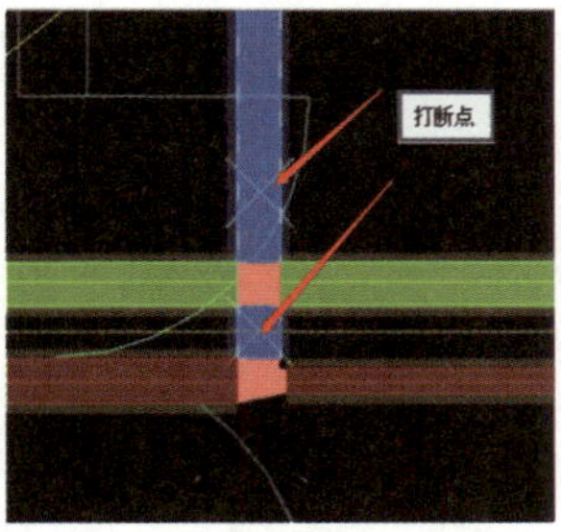

图 3-57　“打断”命令拾取点

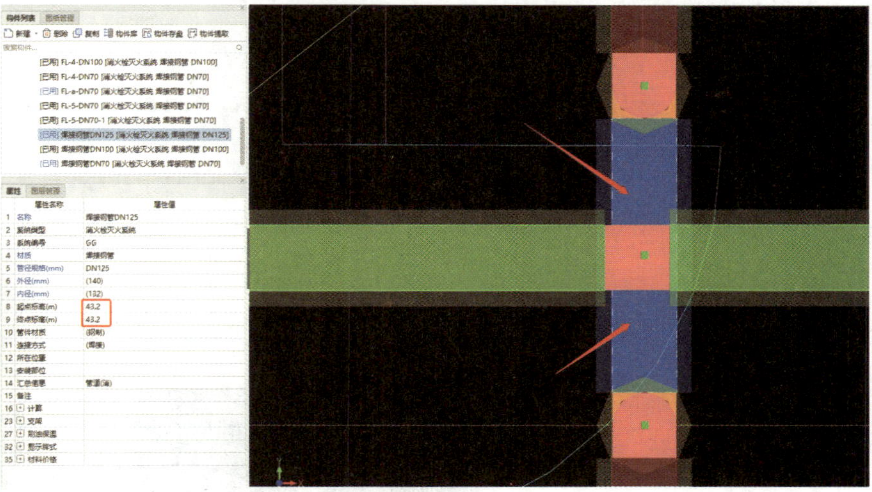

图 3-58　修改被打断管道的标高

步骤 3：如图 3-60 所示，y 向管道已绕过 x 向管道，但原 x、y 向管道连接处仍然存在多余的管接头，需要进行二次处理。通过在平面视图中框选或在三维视图中单击，选中交叉位置处多余的立管，将其删除。

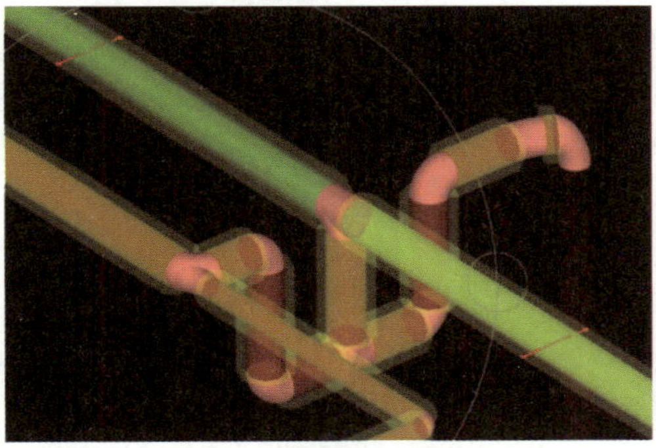

图 3-59　“打断”操作后的三维效果

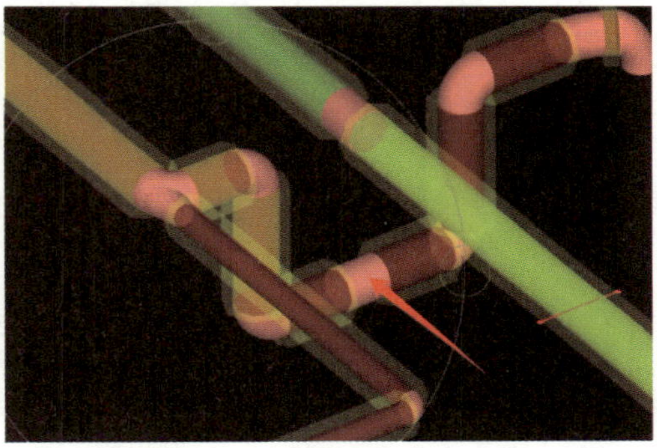

图 3-60　多余的管接头

步骤 4：在平面视图中，单击选中交叉位置左右两侧的管道，单击鼠标右键，在展开的功能选项中单击“合并”图标按钮，启动该功能，软件提示“合并成功”，如图 3-61 所示，单击“关闭”按钮，完成操作。

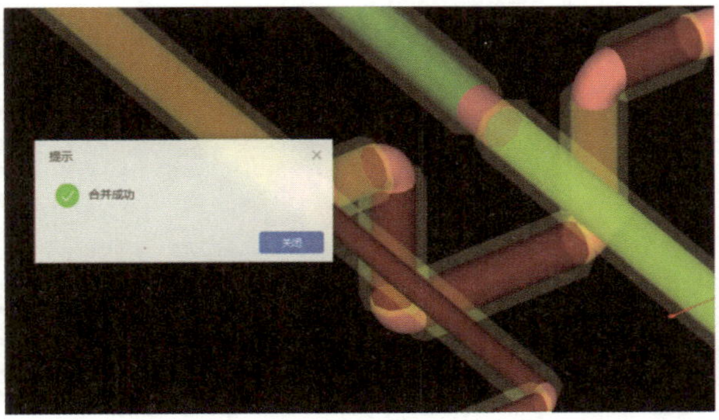

图 3-61　管道“合并成功”

实现跨管还有一种更为简便的方法，就是在绘制“直线”过程中，在“扣管高度(mm)”属性值中输入“500”并选择“下扣”。

八、跨层构件的显示

完成基础层和首层的消火栓和管道构件建模后，进行其余楼层的消火栓和管道构件的建模。需要注意的是，在这些楼层中，立管均是从基础层开始布置的。为了方便水平管道与立管的连接，需要打开相应选项，在相应楼层中显示操作，以便于建模，具体操作步骤如下：

步骤 1：在“动态三维”选项卡中单击“显示设置”图标按钮，启动该功能，如图 3-62 所示。

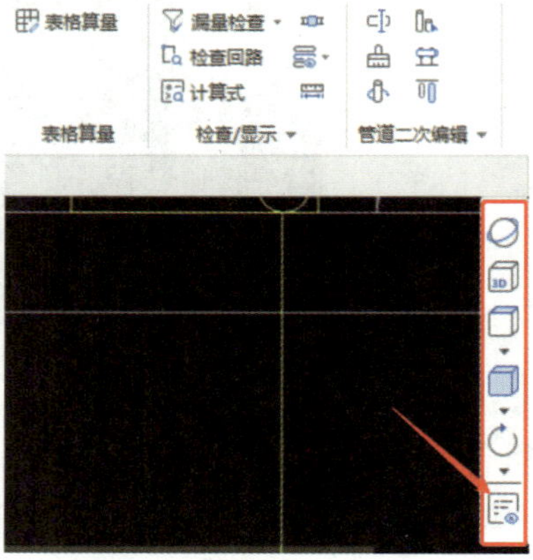

图 3-62　启动“显示设置”功能

步骤 2：软件弹出“显示设置”对话框，如图 3-63 所示。该对话框中包括“楼层显示”“分层显示”“图元显示”3 个选项卡，用户可根据工程实例要求启动相应的功能，如“楼层显示”选项卡包括“当前楼层”“相邻楼层”“自定义楼层”“全部楼层”4 个选项。“分层显示”选项卡如图 3-64 所示，“图元显示”选项卡如图 3-65 所示。

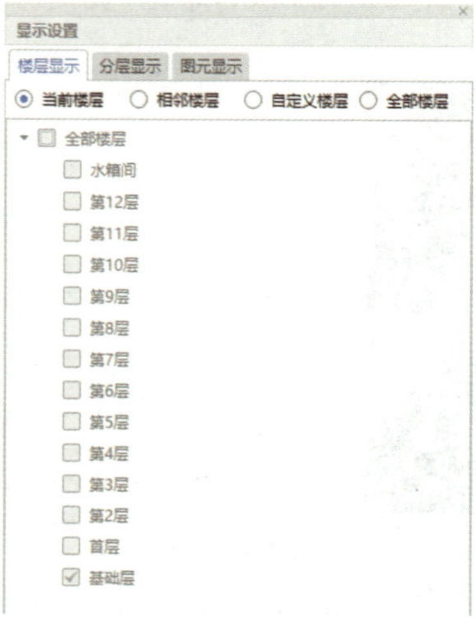

图 3-63　“显示设置”对话框

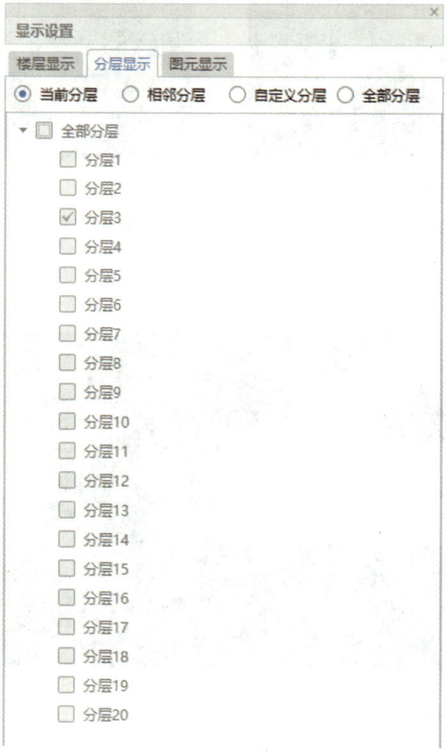

图 3-64　“分层显示”选项卡

图 3-65　“图元显示”选项卡

九、复制图元到其他层

完成基础层和首层消火栓和管道构件建模后，将楼层切换至第 2 层。在第 2 层只有消火栓及消火栓支管，这与首层构件完全相同，可以利用复制功能将相同构件复制过去，从而避免重复建模操作，具体操作步骤如下：

步骤 1：在导航栏中使“管道(消)(G)”构件类型处于选中状态，在“选择”功能区中单击“批量选择”图标按钮，弹出“批量选择构件图元”对话框。勾选“室内消火栓 DN65”及“焊接钢管 DN65(支管)”前复选框，如图 3-66 所示，单击“确定”按钮。

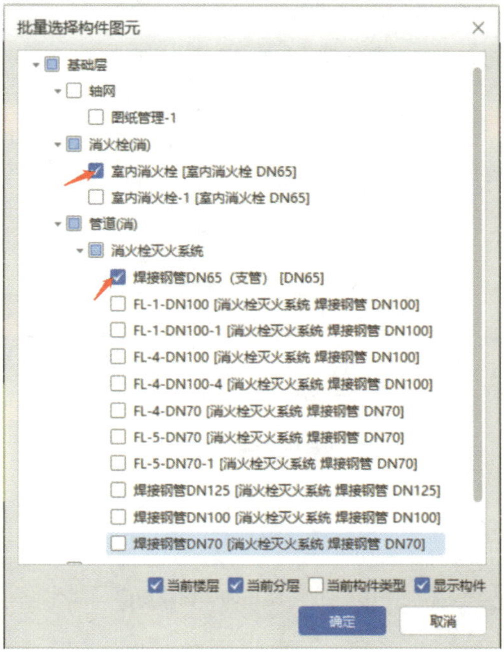

图 3-66　启动“批量选择”功能

步骤 2：单击“通用操作”功能区中的“复制图元到其他层”，启动该功能。如图 3-67 所示，此时弹出“复制图元到其他层”对话框。在该对话框中，勾选需要复制图元的目标楼层前复选框，原楼层选中的图元就会被复制到目标楼层中，如图 3-68 所示，单击“确定”按钮，完成操作。

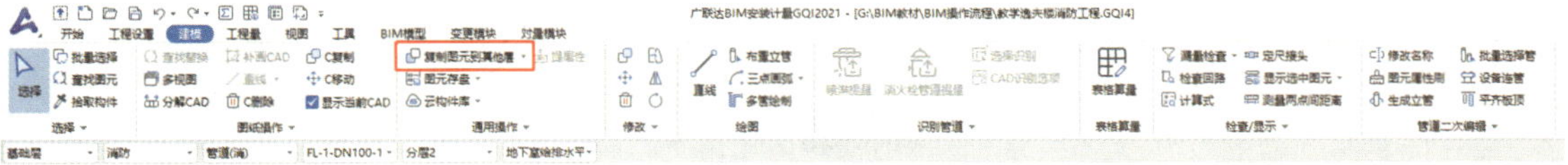

图 3-67　启动“复制图元到其他层”功能

界面弹出进度提示窗口，提示正在复制。处理完毕后，界面弹出复制完成提示窗口，单击“确定”按钮。这样基础层的构件就被复制到 2～11 层了。

再按照本章介绍的相关操作方法完成第 12 层消火栓及管道构件的建模。

图 3-68　“复制图元到其他层”对话框

十、阀门、管道附件及消防设备提量

按照消火栓工程建模的顺序，进行消火栓工程中的阀门及管道附件建模，其操作方法与给排水工程中阀门及管道附件建模操作方法类似。

1. 阀门、管道附件建模

同种类型的阀门和管道附件在不同楼层重复出现，为避免重复操作，软件在“设备提量”中加入了额外的功能选项，具体操作步骤如下：

步骤 1：在导航栏中使“阀门法兰(消)(F)”构件类型处于选中状态，在构件列表中单击“新建”图标按钮，软件自动生成一个名为“FM-1[蝶阀]”的蝶阀，如图 3-69 所示。在阀门属性对话框中对该阀门的属性进行编辑，如图 3-70 所示。编辑完成的属性对话框如图 3-71 所示。

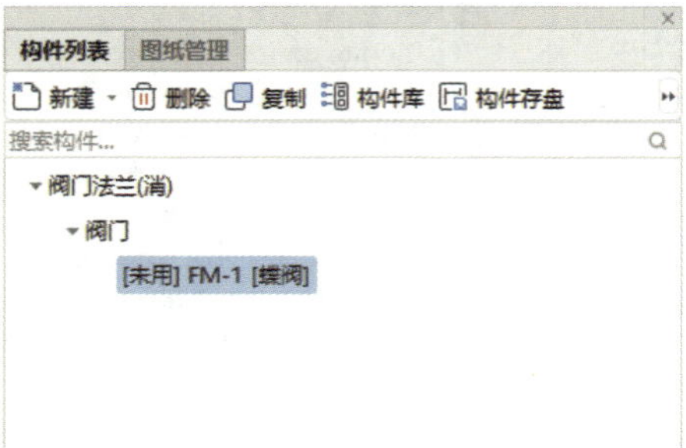

图 3-69　新建阀门

图 3-70　编辑“FM-1[蝶阀]”属性

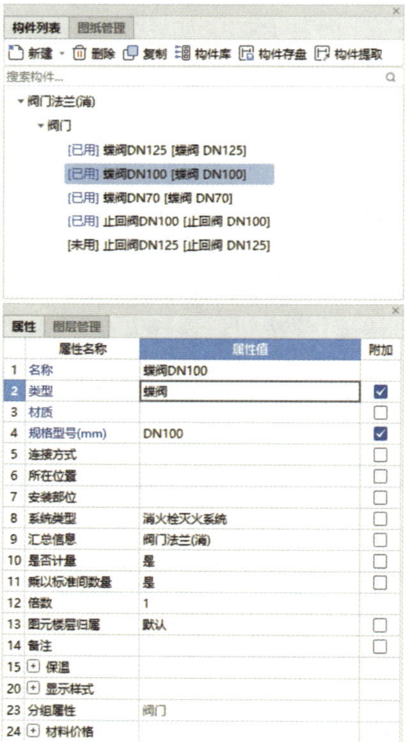

图 3-71　编辑完成的阀门属性

步骤 2:进行“设备提量”操作,单击“识别阀门法兰”功能区中“设备提量”图标按钮,在“选择要识别成的构件”对话框中,单击“选择楼层”按钮,如图 3-72 所示。界面弹出“选择楼层”对话框,勾选“所有楼层”,单击“确定”按钮,如图 3-73 所示。这样,软件便以创建的所有楼层为设备提量的识别范围,来完成相应构件的建模操作。

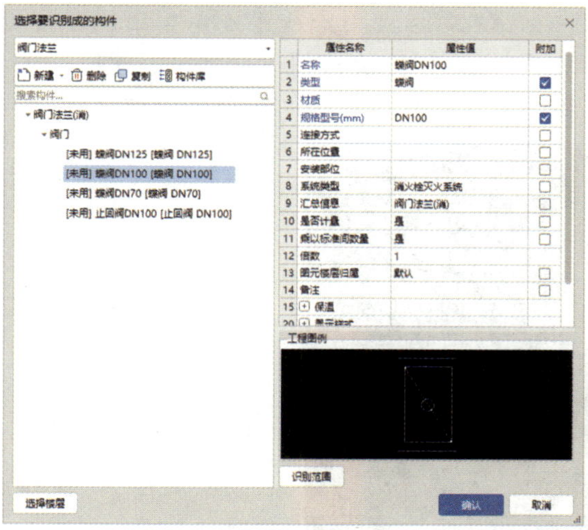

图 3-72　启动“选择楼层”功能

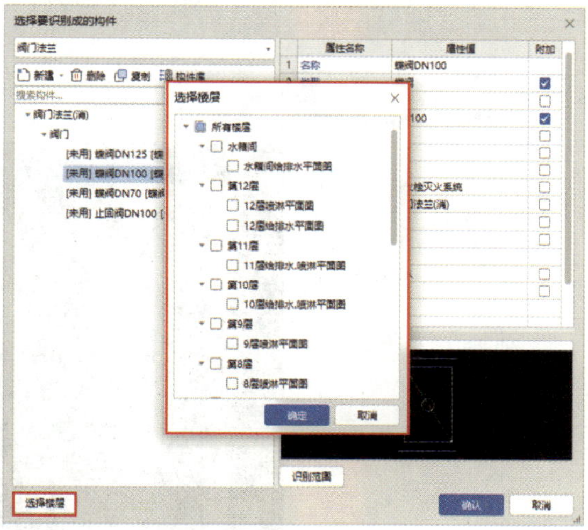

图 3-73　勾选“所有楼层”

步骤 3：重复步骤 1、2 操作，完成构件蝶阀 DN100、止回阀 DN125、止回阀 DN100 建模操作。

2. 消防设备建模

消防系统中有各种类型的消防设备，同类设备构件在不同楼层会重复出现，为避免重复操作，仍启动“设备提量”功能，具体操作步骤如下：

步骤 1：在导航栏中使“消防设备(消)(S)”构件类型处于选中状态，在构件列表中单击“新建”图标按钮，此时软件自动生成一个名为“XFSB-1[消防水泵]”的构件，如图 3-74 所示。在消防设备属性对话框中对该消防设备的属性进行编辑。

步骤 2：进行“设备提量”操作，单击功能区中“设备提量”图标按钮。在本工程实例中，基础层水泵房设有 4 台水泵、2 台消火栓水泵、2 台喷淋泵。为了将这 2 台消火栓水泵分开识别，在弹出的“选择要识别成的构件”对话框中单击“识别范围”按钮，如图 3-75 所示，此时对话框自动关闭。

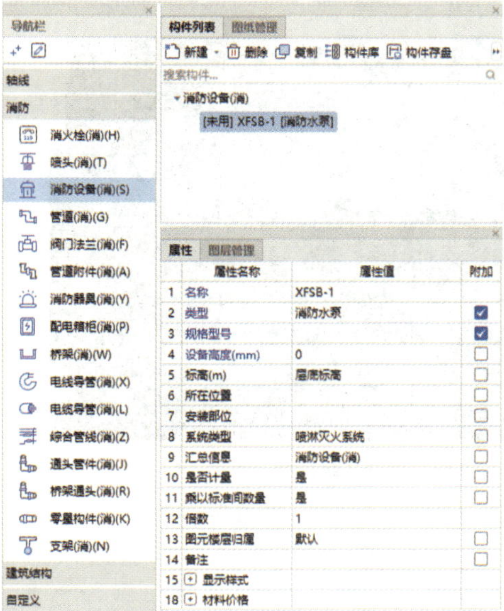

图 3-74　新建“XFSB-1”消防水泵

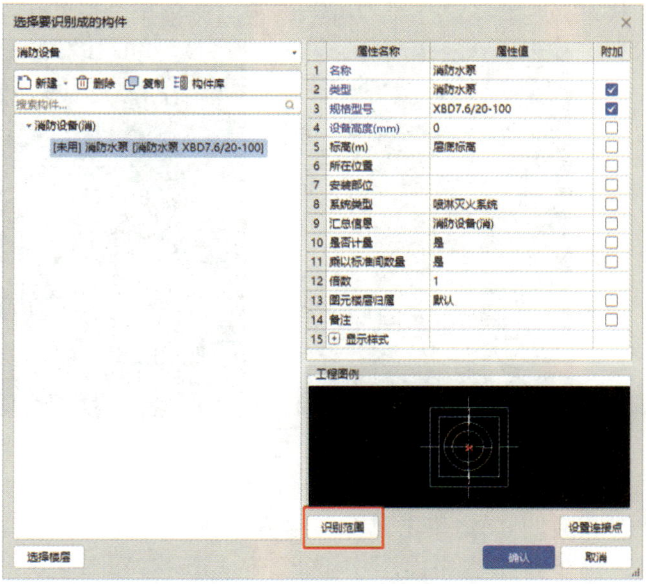

图 3-75　“选择要识别成的构件”对话框

步骤 3:在绘图区中框选符合属性设置的 2 台消火栓水泵,如图 3-76 所示。单击鼠标右键确认,再次弹出"选择要识别成的构件"对话框,单击"确认"按钮,完成消火栓水泵的建模。

步骤 4:重复步骤 1～3 操作,完成水泵接合器 DN100、消防气压罐等构件的建模。

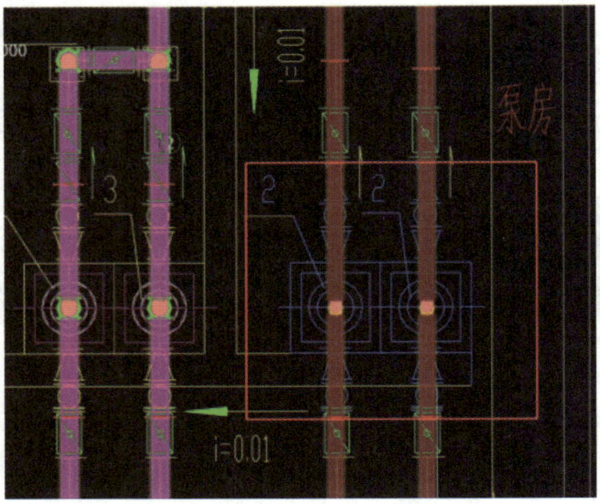

图 3-76　框选 2 台消火栓水泵

十一、零星构件工程量计算

按照在给排水工程中的操作方法,完成穿越楼板套管等零星构件的建模。由此平面图中的所有构件都已完成建模。检查图纸发现,有些构件在平面图中并不存在,只在系统图上予以统计。这些构件主要是不同规格的蝶阀(图 3-77)。

在系统图中,蝶阀布置于立管和水平管道上。接下来要布置这些蝶阀,并统计蝶阀的数量。计算阀门构件的工程量时,需要先完成管道构件建模。由于管道构件已在平面图中建模完成,因此此处只需在计算阀门数量时做到不漏项,保证准确统计阀门数量即可。具体操作步骤如下:

步骤 1:将楼层切换至基础层,并且在导航栏中使"阀门法兰(消)(F)"构件类型处于选中状态,使用"动态三维"功能,将视图调整至合适的角度,如图 3-78 所示。

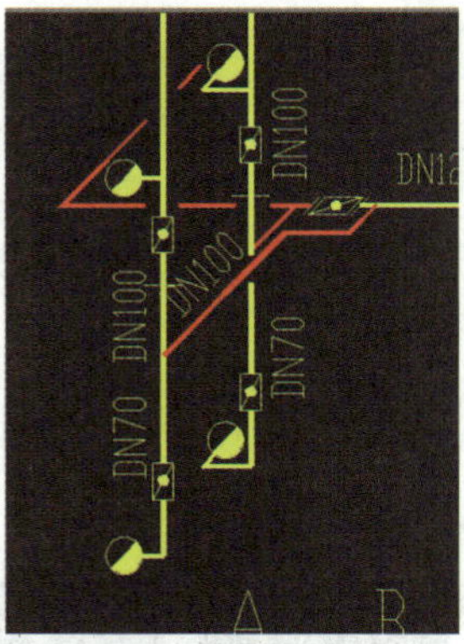

图 3-77　不同规格的蝶阀

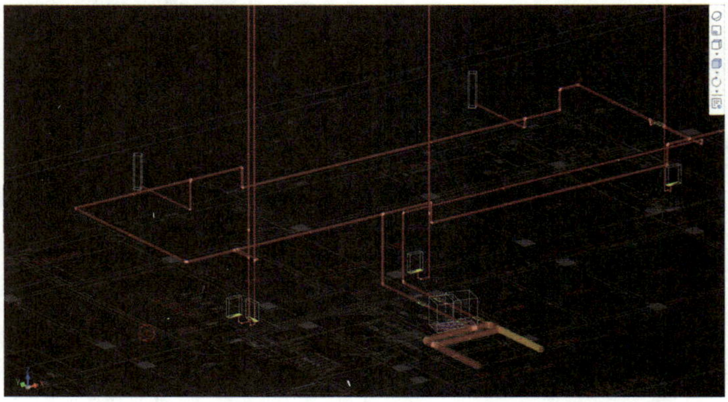

图 3-78　基础层管道三维视图

步骤 2:在"绘图"功能区中单击"点"图标按钮,并在构件列表中选中构件"蝶阀 DN70",单击相应的立管,单击鼠标右键确认,如图 3-79 所示,弹出"设置标高"对话框,如图 3-80 所示。

步骤 3:在平面图中,XFL-1、XFL-2、XFL-3、XFL-4 上的构件"蝶阀 DN70"敷设在立管 −0.6 m 以下、−3.1 m 以上的任何高度均可,这里仅是为统计阀门数量,与其安装高度无关。

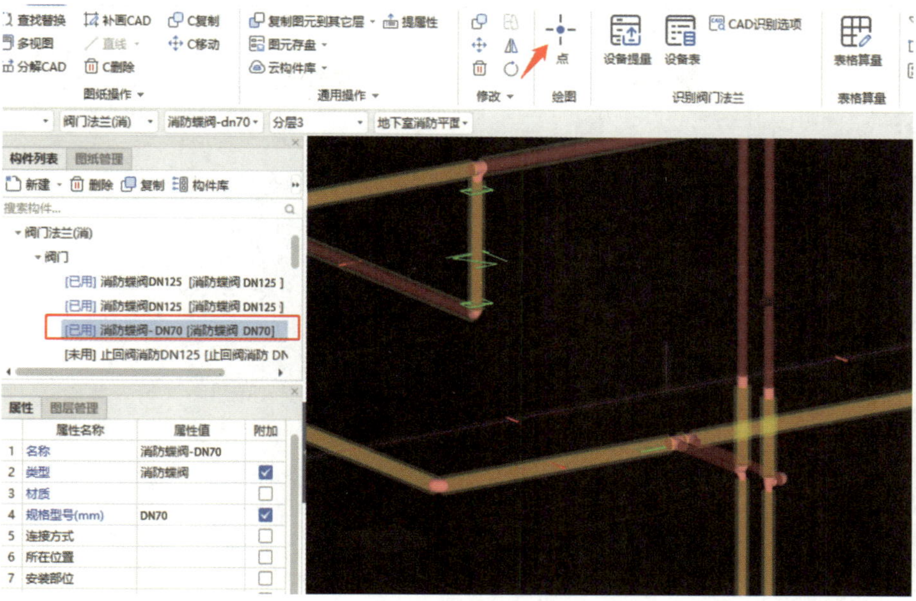

图 3-79 启动“点”功能

输入“布置标高(m)”后，单击“确定”按钮，“设置标高”对话框关闭，选择需要设置阀门的立管，如图 3-81 所示，立管上的 DN70 蝶阀布置完成。

步骤 4：按照上述方法，依次单击各立管上的蝶阀，完成所有蝶阀 DN70 构件手动布置的操作。

步骤 5：分别新建蝶阀 DN100、蝶阀 DN125，按照上述操作步骤完成所有蝶阀构件的布置操作。

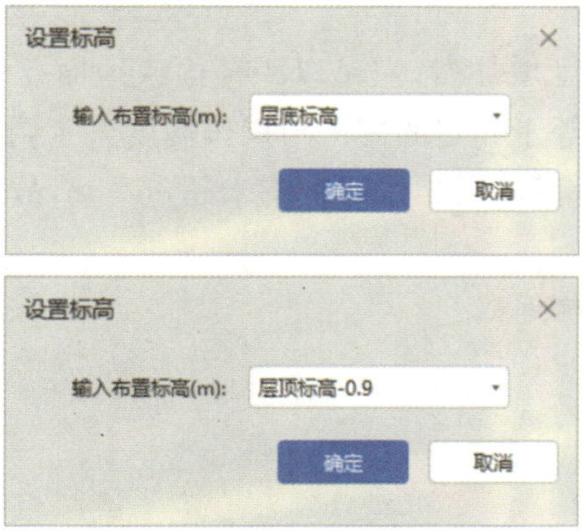

图 3-80 “设置标高”对话框

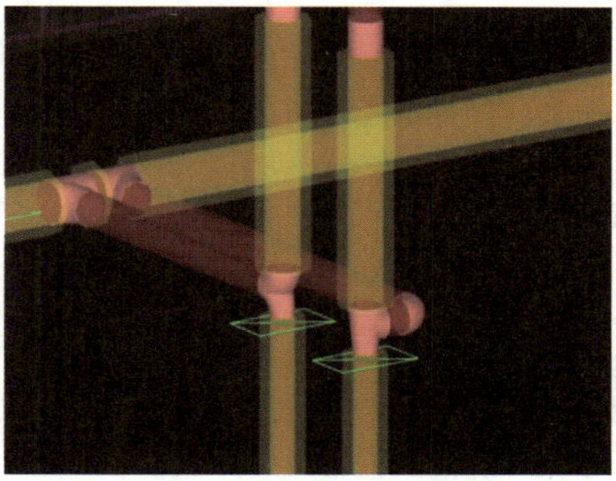

图 3-81 选择需要设置阀门的立管

十二、BIM 软件算量与手工算量的比较

为了检验 BIM 软件计算的准确性，以“青海建筑职业技术学院教学逸夫楼给排水施工图”图纸中基础层(地下室)消火栓管道工程量为计算内容，将 BIM 软件算量结果与手工算量结果进行对比。BIM 软件计算结果见表 3-4。

表 3-4 BIM 软件计算基础层(地下室)消火栓管道工程量计算结果

序号	系统类型	系统编号	构件名称	计算式/m	长度/m
1	消火栓灭火系统	FL-1	FL-1-DN100-1	4.500(立)+2.100(立)+32.400(立)+5.300(立)	44.300
2	消火栓灭火系统	FL-1	FL-1DN70	2.800(立)	2.800
3	消火栓灭火系统	FL-2	FL-2 DN70	2.800(立)	2.800
4	消火栓灭火系统	FL-2	FL-2-DN100	0.160+6.600(立)+32.400(立)+5.300(立)	44.460
5	消火栓灭火系统	FL-3	FL-3-DN100	1.500(立)+2.100(立)+4.700(立)+32.400(立)	40.700
6	消火栓灭火系统	FL-3	FL-3-DN70	1.900(立)	1.900
7	消火栓灭火系统	FL-4	FL-4-DN100	6.600(立)+32.400(立)+5.300(立)	44.300
8	消火栓灭火系统	FL-4	FL-4-DN70	2.800(立)	2.800
9	消火栓灭火系统	FL-5	FL-5-DN70	0.800(立)	0.800
10	消火栓灭火系统	FL-5	FL-5-DN70-1	0.600(立)	0.600
11	消火栓灭火系统	干管	焊接钢管 DN100	1.054+1.459+1.041+5.790+0.600(立)+5.790+0.600(立)	16.334
12	消火栓灭火系统	干管	焊接钢管 DN125	5.477+6.238+7.998+2.473+4.522+0.974+0.419+0.153+2.850+1.707+1.759+1.128+0.973+0.900(立)×3+13.075+17.129+0.900(立)+0.627	71.102
13	消火栓灭火系统	干管	焊接钢管 DN70	1.031+3.218	4.249
14	消火栓灭火系统	支管	焊接钢管 DN65	0.412+0.229+0.300(立)+0.243+0.300(立)+0.594+0.213+0.300(立)+0.181+0.300(立)+0.169	3.241

在消防工程工程量计算过程中,需要记取操作高度增加费,它是以距楼面或地面 5 m 为界区分的。当操作高度超过 5 m 时,超高部分工程量等于其定额人工与操作高度人工调整系数的乘积,调整系数的选取见表 3-5。本工程实例中所有楼层操作高度均未超过 5 m,故无须计算。

表 3-5 操作物操作高度人工调整系数

操作物高度/m	≤10	≤30	≤50
操作物操作高度人工调整系数	1.10	1.20	1.50

手工计算的工程量结果详见表 3-6。

表 3-6 手工计算基础层(地下室)消火栓管道工程量计算结果

序号	系统类型	系统编号	构件名称	计算式/m	长度/m
1	消火栓灭火系统	FL-1	FL-1-DN100-1	43.7(±0.00 以上管井内的管道)+0.6	44.30
2	消火栓灭火系统	FL-1	FL-1DN70	4.2(地下室地面标高)−0.8(消火栓距地面安装高度)−0.6(±0.00 以下的管道标高)	2.80
3	消火栓灭火系统	FL-2	FL-2 DN70	4.2(地下室地面标高)−0.8(消火栓距地面安装高度)−0.6(±0.00 以下的管道标高)	2.80
4	消火栓灭火系统	FL-2	FL-2-DN100	43.7(±0.00 以上管井内的管道)+0.6	44.30
5	消火栓灭火系统	FL-3	FL-3-DN100	39.2+1.5(XFL3 在±0.00 以下的管道)	40.70

续表

序号	系统类型	系统编号	构件名称	计算式/m	长度/m
6	消火栓灭火系统	FL-3	FL-3-DN70	4.2(地下室地面标高)−0.8(消火栓距地面安装高度)−1.50(±0.00 以下的管道标高)	1.90
7	消火栓灭火系统	FL-4	FL-4-DN100	43.7(±0.00 以上管井内的管道)+0.6	44.30
8	消火栓灭火系统	FL-4	FL-4-DN70	4.2(地下室地面标高)−0.8(消火栓距地面安装高度)−0.6(±0.00 以下的管道标高)	2.80
9	消火栓灭火系统	FL-5	FL-5-DN70	0.8(±0.00 以上)	0.80
10	消火栓灭火系统	FL-5	FL-5-DN70-1	0.6(±0.00 以下)	0.60
11	消火栓灭火系统	干管	焊接钢管 DN100	[5.0(水泵接合器与轴线Ⓔ外墙间距)+0.3(轴线Ⓔ墙厚)+0.25(干管与墙面间距)]×2(两根引入管)+2.1−0.6(左侧引入管室内外高差)+2.1−1.5(右侧引入管室内外高差)+0.1(干管与墙面间距)+0.25(轴线Ⓒ墙厚)+0.1(XFL2 与墙面间距)+0.1(干管与墙面间距)+0.25(轴线Ⓒ墙厚)+0.1(XFL2 与墙面间距)+0.5(XFL1 与 XFL2 前后间距)+0.5(XFL1 与 XFL2 左右间距)+0.1(干管与墙面间距)+0.25(轴线Ⓒ墙厚)+0.1(XFL3 与墙面间距)	15.55
12	消火栓灭火系统	干管	焊接钢管 DN125	地下室暗装管:[5.7+6.6×3(1/2 轴与轴线⑥间距)−0.125(1/2 轴半墙厚)−0.1(干管与墙面间距)+0.3(轴线⑥半柱厚)+0.1(干管与墙面间距)+(1.5−0.6)×2(垂直高差)]×2(轴线Ⓔ、轴线Ⓒ处左右敷设的管道)+[7.2+2.4(轴线Ⓔ与轴线Ⓒ间距)−0.7(轴线Ⓔ与干管间距)−0.15(轴线Ⓒ半墙厚)−0.1(干管与轴线Ⓒ墙面间距)]×2(1/2 轴和轴线⑥前后方向的管道)	72.25
13	消火栓灭火系统	干管	焊接钢管 DN70	3.9(轴线⑥与 1/6 轴间距)−0.3(轴线⑥半柱厚)−0.1(管道与柱面间距)−0.125(1/6 轴半墙厚)−0.1(管道与墙面间距)+0.1(干管与墙面间距)+0.25(轴线Ⓒ墙厚)	3.625
14	消火栓灭火系统	支管	焊接钢管 DN65	[1.1−0.8+0.1+0.25+0.15]×4	3.20

两种消火栓管道工程量计算结果对比见表 3-7。

表 3-7　　BIM 软件算量与手工算量结果对比

序号	构件名称	工程量计算		BIM 算量−手工算量/m
		BIM 软件算量/m	手工算量/m	
1	FL-1-DN100-1	44.300	44.30	0.000
2	FL-1DN70	2.800	2.800	0.000
3	FL-2 DN70	2.800	2.800	0.000
4	FL-2-DN100	44.460	44.30	0.160
5	FL-3-DN100	40.700	40.70	0.000

续表

序号	构件名称	工程量计算		BIM 算量－手工算量/m
		BIM 软件算量/m	手工算量/m	
6	FL-3-DN70	1.900	1.900	0.000
7	FL-4-DN100	44.300	44.30	0.000
8	FL-4-DN70	2.800	2.800	0.000
9	FL-5-DN70	0.800	0.800	0.000
10	FL-5-DN70-1	0.600	0.600	0.000
11	焊接钢管 DN100	16.334	15.55	0.784
12	焊接钢管 DN125	71.102	72.25	－1.148
13	焊接钢管 DN70	4.249	3.625	0.624
14	焊接钢管 DN65	3.241	3.200	0.041

通过对以上数据的比较和分析可以看出，BIM 软件算量与手工算量差别不大，但是运用软件计算具有以下优势：效率高，可快速完成大量数据的处理和计算；计算过程精准，减少人为错误，提高算量的准确性。

BIM 软件算量目前的应用局限在于直接将 BIM 三维模型（如 Revit 模型）导入软件时存在一定的转化挑战，需要对构件进行修改和补充，且目前的转化率不高。这意味着在使用 BIM 软件进行算量时，为确保模型的准确性，可能需要额外的工作。

尽管 BIM 软件算量在功能上还不成熟，但它在效率和准确性方面相较于手工算量，具有明显的优势。随着 BIM 技术的发展，BIM 软件算量的准确性和易用性有望进一步提高。

第二节　喷淋系统建模

一、喷淋工程特点及工程量计算规则

1. 喷淋工程特点

喷淋工程的计算重点和难点在于管道。此外，喷淋的覆盖范围较广，对管材的承压能力及管道出水量、水压要求较高。喷淋系统具备下列特点：喷头数量多，管道管径变化频繁，连接支管情况复杂，阀门及其他管道附件规格种类多样。

针对喷淋系统上述特点，需要对下列构件进行建模：喷头、管道、管道阀门、管道附件、喷淋设备、管件及管道支架、其他构件。

2. 喷淋工程工程量计算规则

（1）喷头安装按有吊顶、无吊顶区分，以“个”为计量单位。

（2）报警装置安装按成套产品，以“组”为计量单位。成套产品包括湿式报警装置（湿式阀、蝶阀、装配管、供水压力表、装置压力表等）和干式报警装置。

（3）温感式水幕装置安装按不同型号和规格，以“组”为计量单位。

（4）水流指示器、减压孔板安装按不同规格，均以“个”为计量单位。

（5）末端试水装置按不同规格，以“组”为计量单位。

(6)集热板制作、安装,以“个”为计量单位。

(7)自动喷水灭火系统管网按不同规格,以“米”为计量单位。

二、喷淋工程实例图纸分析

本工程实例所用图纸仍为“青海建筑职业技术学院教学逸夫楼给排水工程施工图”,本工程实例施工图涉及给排水系统、消火栓系统及喷淋系统。图纸内容包括设计说明、材料表、图符、图例、地下室管道平面图、首层给排水和喷淋平面图、2～12层给排水和喷淋平面图、水箱间给排水平面图、消火栓系统图、喷淋系统图。其中地下室管道平面图涵盖了给排水管道、消火栓管道及喷淋管道的平面布置。图中标注了给排水、消火栓、喷淋系统主干管的入口位置、入口处的设备及地下室水泵房的位置。设计说明对管道的敷设方式、防腐保温方式都做了规定。喷淋系统管材采用热镀锌钢管,管径≤DN100时,采用螺纹连接;管径>DN100时,采用沟槽式连接。管道穿越楼板时需加套管。

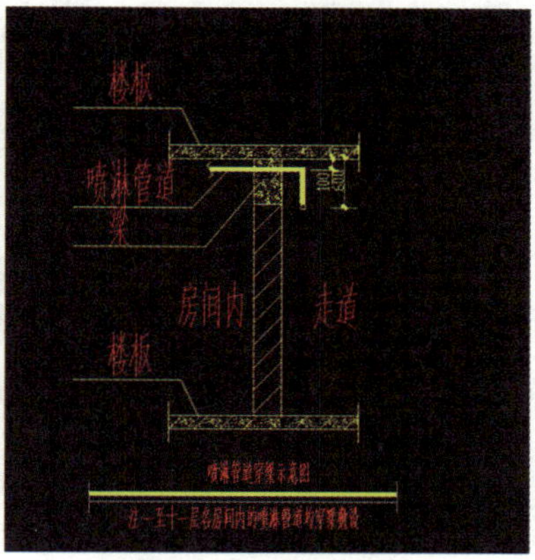

图 3-82　喷淋管道穿梁敷设

如图3-82所示,喷淋管道穿梁敷设。根据喷淋系统的设计原理,地下室采用上垂型(无吊顶)喷头,地上各层均采用直立型(有吊顶)喷头。根据喷头安装的详图,喷淋管道均敷设在楼板下0.1 m处,喷头安装在各层梁底以下0.6 m处。

三、喷淋工程建模前的基本操作

1. 新建工程

新建工程时,将“工程名称”设为“青海建筑职业技术学院教学逸夫楼消防工程”,在“工程专业”的下拉菜单中选择“消防”,其余设置与给排水工程新建时设置相同。在确认设置无误后,单击“创建工程”按钮,完成新建工程的操作。

2. 工程设置

(1)楼层设置

楼层设置方法与消火栓工程楼层设置方法相同,这里不再介绍。

(2)设计说明

设计说明如图3-6所示。添加图纸及分层操作详见消火栓工程中“添加图纸及分层操作”操作步骤。

四、喷淋工程构件的建模顺序

根据喷淋工程的算量特点,安排构件的建模顺序如图3-83所示。

图 3-83　喷淋工程构件的建模顺序

五、喷头建模

按照喷淋工程构建的建模顺序，首先进行喷头建模，具体操作步骤如下：

步骤 1：在导航栏中使“喷头(消)(T)”构件类型处于选中状态，在构件列表中单击“新建”图标按钮，新建喷头构件，构件列表中出现一个名为“PT-1[水喷头]”的构件，如图 3-84 所示。

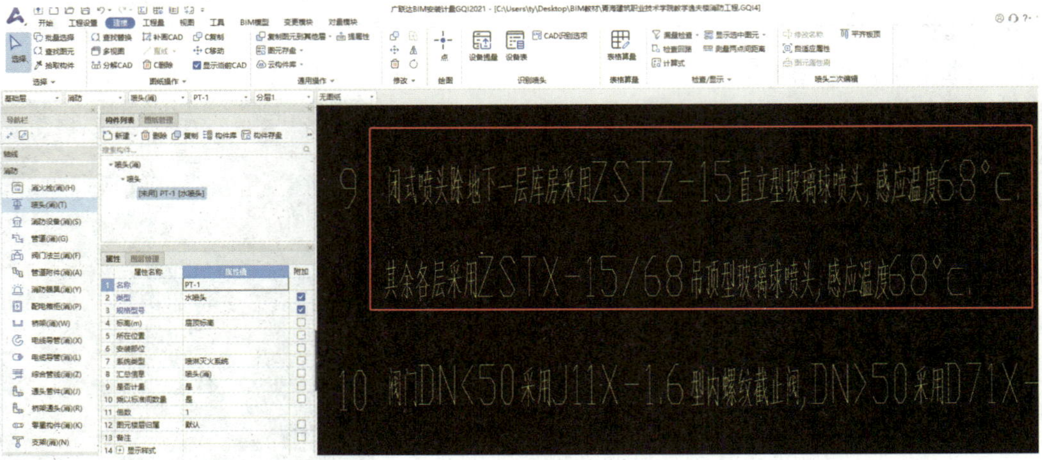

图 3-84　新建喷头构件

步骤 2：根据图纸中关于喷头的设计要求，修改喷头构件的属性值。启动“提属性”功能提取喷头的属性，如图 3-85 所示。在新建的喷头属性对话框中单击“名称”，然后在“通用操作”功能区中单击“提属性”图标按钮，再单击图纸设计说明“闭式喷头除地下一层库房采用 ZSTZ-15 直立型玻璃球喷头”处，按下方文字提示操作，如图 3-86 所示，“闭式喷头除地下一层库房采用 ZSTZ-15 直立型玻璃球喷头”就被提取到“名称”中。删除多余的文字，只保留“闭式直立型玻璃球喷头”。采用同样的方法，提取“规格型号”，只保留“ZSTZ-15 感应温度 68 ℃”，如图 3-87 所示。分别完成两种喷头构件的建模，一种是设在地下室直立型无吊顶喷头，另一种是设在地上部分下垂式有吊顶型喷头。

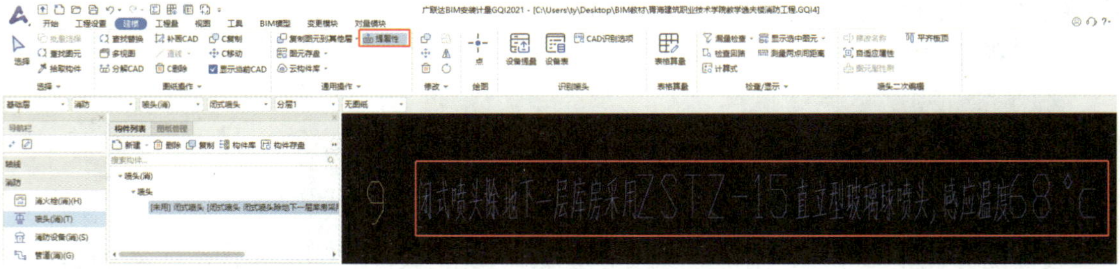

图 3-85　启动“提属性”功能

图 3-86　“提属性”功能文字提示

步骤 3：将楼层切换至基础层，确保导航栏中“喷头(消)(T)”构件类型处于选中状态，选中构件列表中的“闭式直立型玻璃球喷头”，单击功能区中的“设备提量”图标按钮，在绘图区内“地下室喷淋平面图”中任选一个喷头图例，单击鼠标右键确认，弹出“选择要识别成的构件”对话框。在喷头列表中选择“闭式直立型玻璃球喷头”，单击“确认”按钮，如图 3-88 所示。经过加载，界面弹出提示窗口，窗口中显示“识别的设备数量：41”，如图 3-89 所示，单击“确定”按钮。由此基础层(地下室)的喷头构件建模操作已完成。

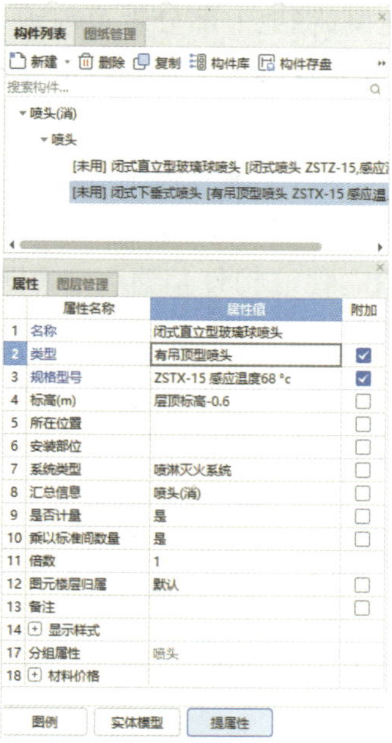

图 3-87　“提属性”后的属性效果

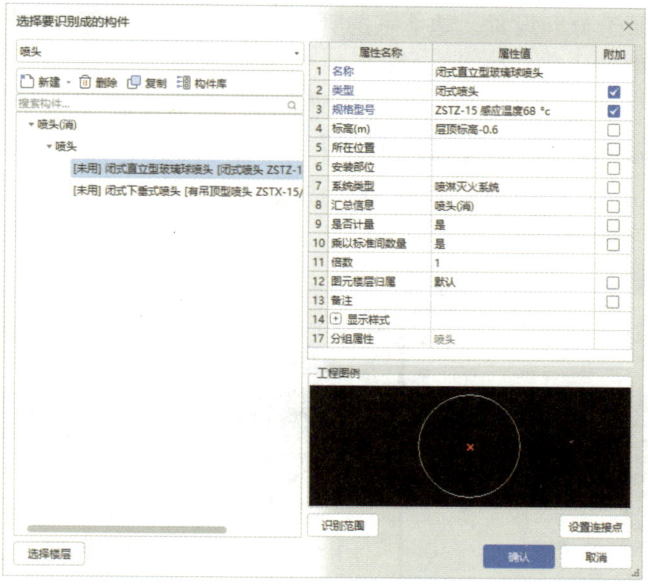

图 3-88　基础层喷头构件“设备提量”

需要说明的是，在步骤 2 操作中，已对“闭式直立型玻璃球喷头”属性进行了设置，在此步骤中无须再次修改其属性。

步骤 4：将楼层切换至首层，采用“设备提量”的方法，在绘图区内“首层喷淋平面图”中任选一个喷头图例，单击鼠标右键确认，弹出“选择要识别成的构件”对话框。在喷头列表中选择“闭式下垂式喷头”，并单击“选择楼层”按钮，选择“所有楼层”（除基础层），最后单击“确定”按钮，如图 3-90 所示，完成 1～12 层喷头构件“设备提量”操作。经过加载，界面弹出提示窗口，窗口中显示“识别的设备数量：622”，如图 3-91 所示，单击“确定”按钮。由此实现一次性“设备提量”操作，完成地上所有楼层喷头构件的建模。

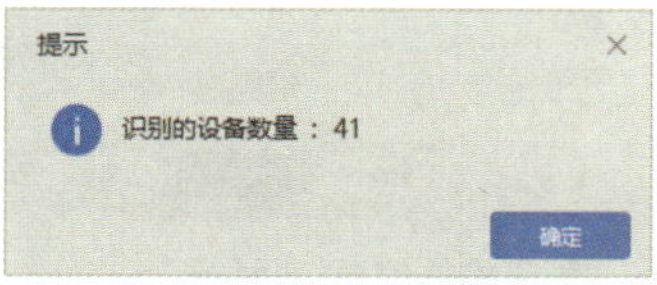

图 3-89　基础层识别喷头构件数量

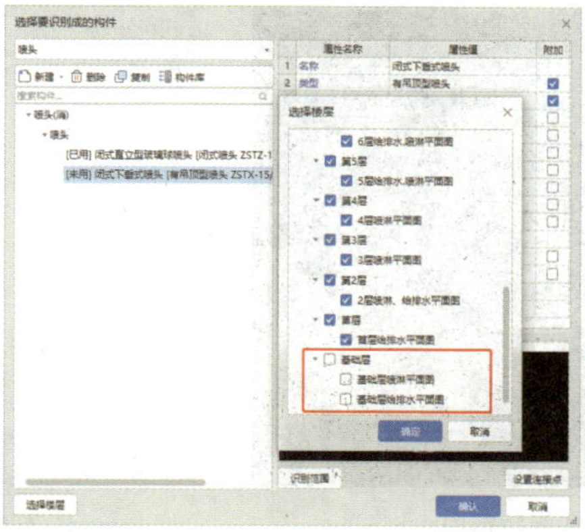

图 3-90　1～12 层喷头构件“设备提量”

图 3-91　1～12 层识别喷头构件数量

六、喷淋管道的建模

按敷设位置及防腐保温方式不同，分类完成所有喷淋管道的建模。具体操作步骤如下：

步骤 1：在导航栏中使“管道(消)(G)”构件类型处于选中状态，并在构件列表中“新建”一个喷淋管道，软件会自动创建一个名称为“XHSMH-1”的喷淋管道，该喷淋管道的属性需要逐一修改，修改后的喷淋管道属性如图 3-92 所示。

步骤 2：根据图纸所示管道规格，依次对不同规格的管道建模，将地上部分管道与地下部分管道分开设置。地下室的管道需要保温，地上部分的管道不需要保温。完成建模的所有管道构件的信息如图 3-93 示。

步骤 3：将楼层切换至基础层，在“识别管道”功能区中单击“按系统编号识别”图标按钮，对喷淋管道进行建模，如图 3-94 所示。根据文字提示提取管道和管径标识，如图 3-95 所示，被选中的管道及管径标识变成蓝色，单击鼠标右键确认，弹出“管道构件信息”对话框，如图 3-96 所示。

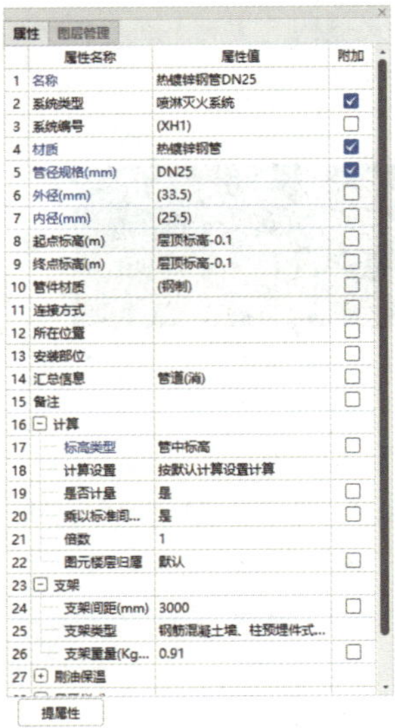

图 3-92　修改后的喷淋管道属性

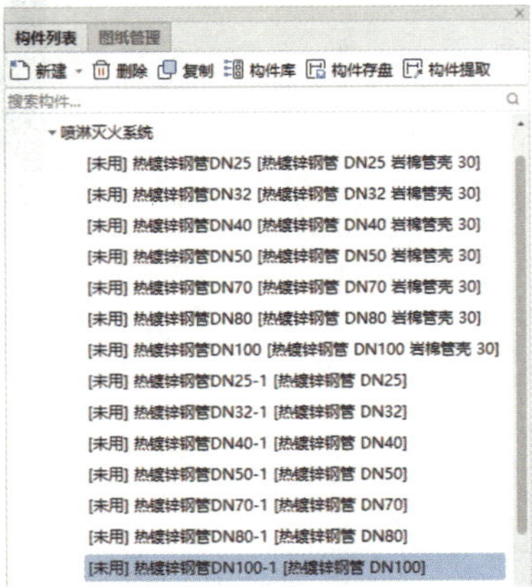

图 3-93　所有喷淋管道构件信息

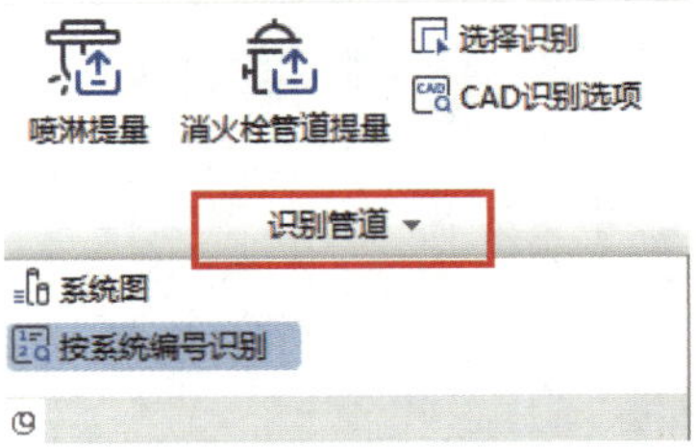

图 3-94　启动“按系统编号识别”功能

步骤 4：双击图 3-96 中“构件名称”的扩展按钮，弹出“选择要识别成的构件”对话框（图 3-97）。在对话框左侧列表中选择已设置好的管道构件，在对话框右侧会自动匹配构件属性。

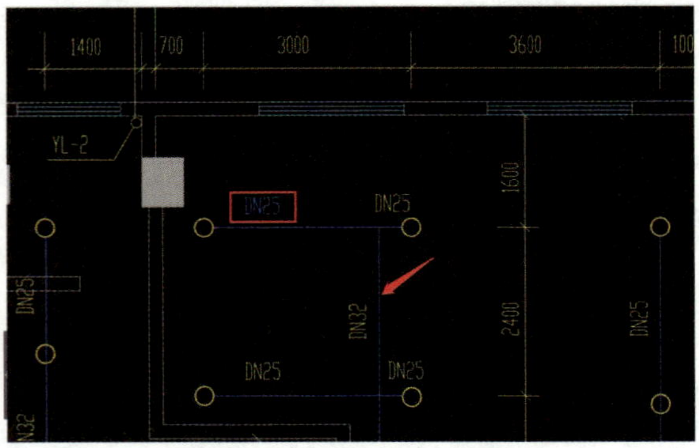

图 3-95　提取管道和管径标识

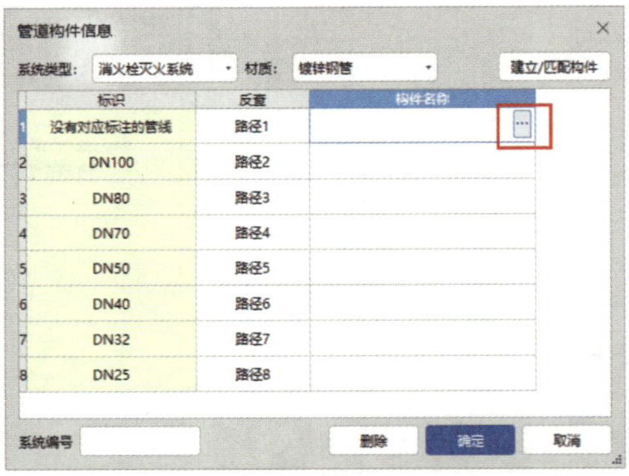

图 3-96　“管道构件信息”对话框

步骤 5：按照“管道构件信息”对话框列表顺序（图 3-98），依次进行管道构件的识别，完成构件属性的调整。基础层喷淋管道效果如图 3-99 所示。

如图 3-98 所示，“标识”列第 1 行显示“没有对应标注的管线”。这种情况在消火栓工程和喷淋工程都会出现，原因是采用了“按系统编号识别”的方法建模。该方法虽然高效，但是使用的前提条件是管线位置必须具备管径标识。而在实际工程中，很多喷淋工程的图纸都只有主管道有管径标识，其他管道上无管径标识，如图 3-100 所示。对于这种类型的图纸，按系统编号自动识别无效，需要对管道进行分段识别，并且需要提前掌握喷淋管道的布置与敷设要求。

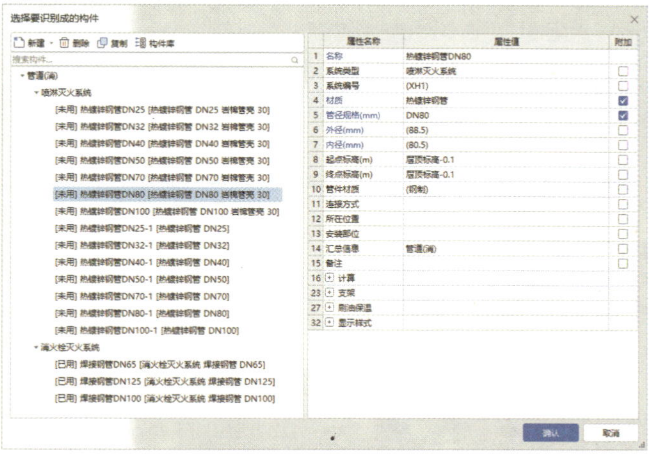

图 3-97 编辑“选择要识别成的构件”对话框

图 3-98　编辑“管道构件信息”对话框

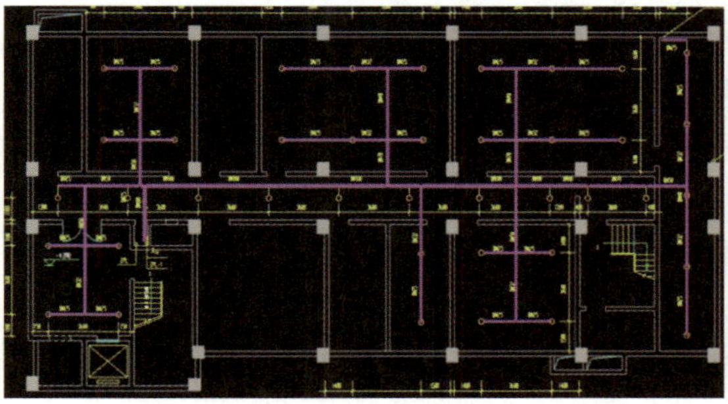

图 3-99　基础层喷淋管道效果

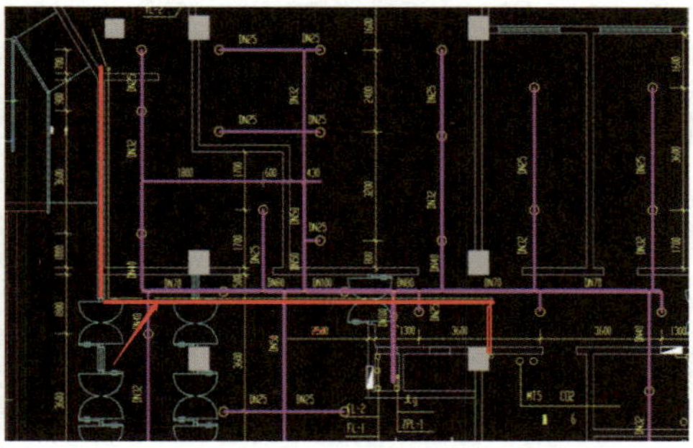

图 3-100　管道上无管径标识

喷淋系统管网的水来自室外市政管道。由于供水量有上限值，因此对灭火的总用水量有严格规定。同时为保证喷淋的灭火效果，对分配到各个喷头的出水量也有严格要求，因此管道上所接喷头的数量需要符合设计要求和国家相关规定，见表 3-8。在处理无设计标识或缺少设计标识的图纸时，需要参考《自动喷水灭火系统设计规范》(GB 50084—2017)来反算所需管道的管径大小。

表 3-8　　　　轻、中危险级场所配水支管、配水管的标准喷头数量

公称直径/mm	标准喷头数量/只	
	轻危险级场所	中危险级场所
DN25	1	1
DN32	3	3
DN40	5	4
DN50	10	8
DN70	18	12
DN80	48	32
DN100	无限制	64

中危险级场所发生火灾的火势比轻危险级场所大，因此灭火所需的水量更多。而在总供水量无法增大的情况下，为保证灭火效果，中危险级场所配置的喷头数量要少于或等于轻危险级场所配置的喷头数量。

缺少管径标识的喷淋工程，其构件建模顺序与其他喷淋工程构件建模顺序完全相同，重复以上 5 个步骤的操作，仅在管道建模操作方法上需要注意一些细节，分段进行识别，如图 3-101

所示。

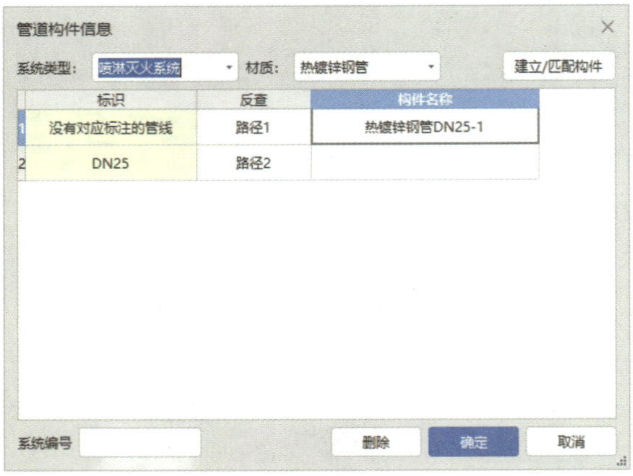

图 3-101　分段识别无管径标识的管道

步骤 6:启动“反查”功能,确认无误后,单击“确定”按钮,完成操作。

观察喷淋管道建模完成后的平面效果,发现有些水平管道位于喷头外侧,并未延伸至喷头中心处,即水平管道与喷头未连接,如图 3-102 所示。动态观察其三维效果,确认连接喷头的立管与水平管道的确没有连接。这是由于在绘制喷淋平面图时,水平方向的管道没有绘制到喷头中心处,因此软件就没有识别该管段,但该管段仍需与喷头做良好连接。延伸水平管道至喷头中心处。具体操作方法如下:

在绘图区内,选择(按住鼠标左键不放)需要延伸的管道,将其拉伸至喷头的中心处即可。拉伸后管道与喷头之间自动生成短立管,如图 3-103 所示。基础层喷淋管道建模完成后的三维效果如图 3-104 所示。

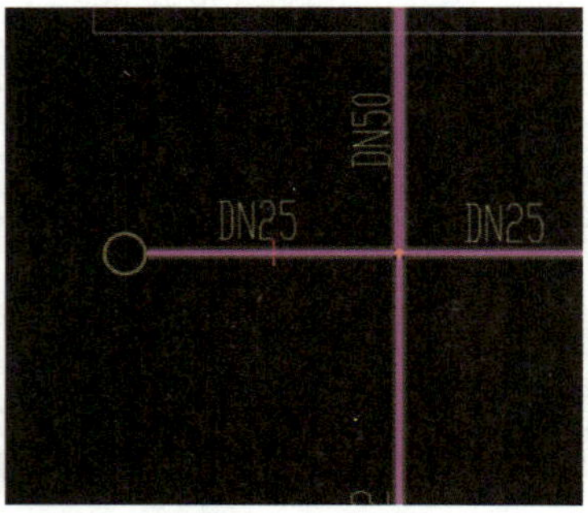

图 3-102　水平管道与喷头未连接

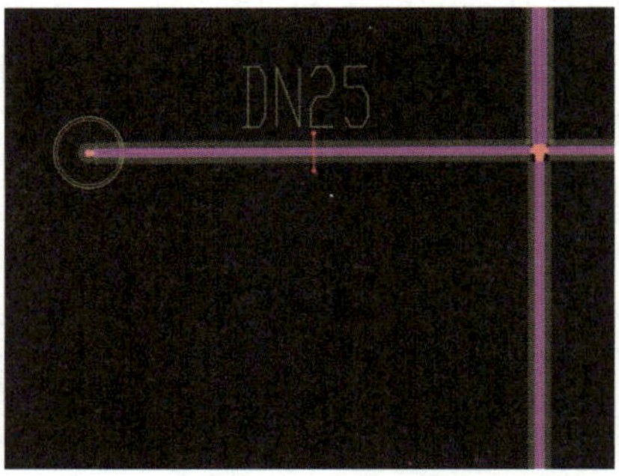

图 3-103　拉伸后管道与喷头之间自动生成短立管

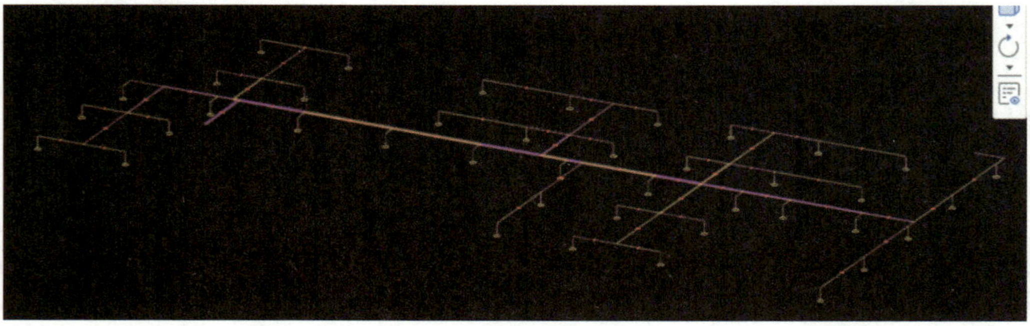

图 3-104　基础层喷淋管道建模完成后的三维效果

完成上述操作步骤后，查看“计算式”，获得基础层喷淋管道工程量，按照管道不同属性分别计算，结果如图 3-105 所示。

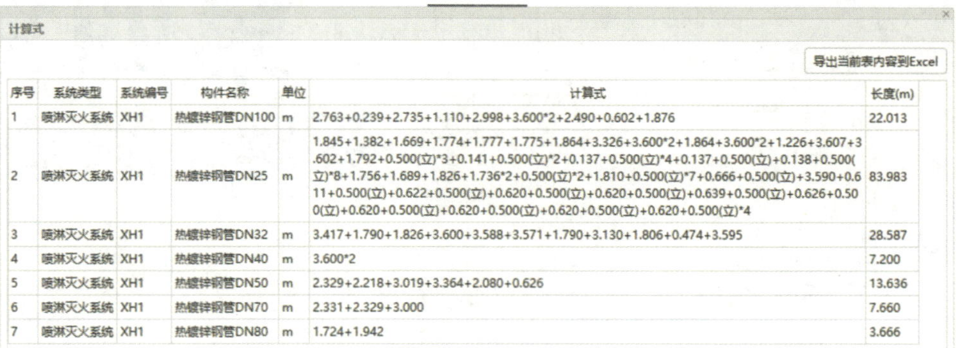

计算式

导出当前表内容到Excel

序号	系统类型	系统编号	构件名称	单位	计算式	长度(m)
1	喷淋灭火系统	XH1	热镀锌钢管DN100	m	2.763+0.239+2.735+1.110+2.998+3.600*2+2.490+0.602+1.876	22.013
2	喷淋灭火系统	XH1	热镀锌钢管DN25	m	1.845+1.382+1.669+1.774+1.777+1.775+1.864+3.326+3.600*2+1.864+3.600*2+1.226+3.607+3.602+1.792+0.500(立)*3+0.141+0.500(立)*2+0.137+0.500(立)*4+0.137+0.500(立)+0.138+0.500(立)*8+1.756+1.689+1.826+1.736*2+0.500(立)*2+1.810+0.500(立)*7+0.666+0.500(立)+3.590+0.611+0.500(立)+0.622+0.500(立)+0.620+0.500(立)+0.620+0.500(立)+0.639+0.500(立)+0.626+0.500(立)+0.620+0.500(立)+0.620+0.500(立)+0.620+0.500(立)+0.620+0.500(立)*4	83.983
3	喷淋灭火系统	XH1	热镀锌钢管DN32	m	3.417+1.790+1.826+3.600+3.588+3.571+1.790+3.130+1.806+0.474+3.595	28.587
4	喷淋灭火系统	XH1	热镀锌钢管DN40	m	3.600*2	7.200
5	喷淋灭火系统	XH1	热镀锌钢管DN50	m	2.329+2.218+3.019+3.364+2.080+0.626	13.636
6	喷淋灭火系统	XH1	热镀锌钢管DN70	m	2.331+2.329+3.000	7.660
7	喷淋灭火系统	XH1	热镀锌钢管DN80	m	1.724+1.942	3.666

图 3-105　基础层喷淋管道计算式

步骤 7：分别将楼层切换至首层、2～12 层，重复步骤 3～6 的操作，依次完成地上部分喷淋管道的建模操作。需要注意的是，在步骤 4 中，在“选择要识别成的构件”对话框左侧列表中要选择不保温管道构件。

根据图纸特点选择合适的建模方法，是提高建模效率的有效途径。长立管可以使用“立管识别”来完成；与设备连接的短立管则可以使用“设备连管”来实现；对于立管系统较复杂、立管数量繁多的情况，软件还提供了“系统图”方法。

七、阀门、管道附件及其他构件的建模

喷淋工程阀门、管道附件及其他构件的建模，可参照之前章节的处理方法来完成，这里就不再一一介绍。

本章完成了消火栓工程和喷淋工程构件的建模。两工程构件建模操作过程大致相同，建模顺序都是消火栓（喷头）、管道、阀门及管道附件、零星构件。除消火栓工程单独设置了“消火栓”功能进行提量外，其余构件统计个数或套数均使用“设备提量”来完成。需要注意的是，阀门及管道附件建模的前提是建模位置必须在管道上。管道的建模方法主要有“直线”“选择识别”“自动识别”等。

习　题

1. 识别消火栓构件的步骤有哪些？如何根据图纸信息新建消火栓构件并编辑属性？
2. 识别消火栓立管构件与识别给排水管道构件有什么不同？
3. 运用"系统图"功能识别消火栓立管构件的步骤有哪些？
4. 管道构件标高 3 种输入形式各有什么特点？
5. 水泵房内的管道、管件、法兰、阀门构件如何建模？
6. 简述喷淋工程的特点。
7. 简述喷淋工程工程量计算规则。
8. 喷淋管道构件建模的步骤有哪些？
9. 建模时，如何处理上下交叉而不连接的管道构件？

第四章
采暖工程建模

章节概述

本章以青海建筑职业技术学院教学逸夫楼项目为例，详细讲解广联达 BIM 安装计量软件 GQI2021 在采暖工程中建模的全过程操作，旨在帮助读者更好地理解和应用 BIM 软件，提高计算精度和工作效率。BIM 计量软件可通过三维模型精确地计算出散热器的数量、管道的长度和保温材料的用量等关键数据。这些数据不仅准确度高，而且能够实时更新，从而达到采暖工程设计的持续优化。此外，软件还能根据预设的规则和标准，自动进行合规性检查，进一步减小人为错误的可能性，从而为后续的施工和运营提供有力的支持。

学习目标

知识目标：1. 熟悉采暖系统的组成，了解采暖系统类型及构造。
2. 掌握采暖工程工程量计算规则，掌握采暖工程广联达 BIM 建模软件使用方法。

能力目标：1. 能够进行采暖系统绘制前期准备。
2. 能够创建散热器管件及附件。

素质目标：1. 了解采暖技术发展，培养团队协作精神和创新精神，培养技术自信。
2. 培养细致耐心的职业素养，培养善于思考、勤于学习的习惯。
3. 培养节能减排和可持续发展的战略意识。

第一节　采暖工程特点及建模前的基本操作

一、采暖工程特点及工程量计算规则

1. 采暖工程特点

采暖工程对管道、阀门等要求较高，具备下列特点：散热器数量较多；散热器连接支管复杂，立管数量较多；设备及其他管道附件规格繁多；配置排气或排水装置。

针对采暖工程的上述特点，需要对下列构件进行建模：散热器、管道、管道阀门、采暖设备、管件及管道支架、其他构件。

2. 采暖工程工程量计算规则

(1)散热设备工程量计算规则

①铸铁散热器安装分为落地安装、挂式安装。铸铁散热器组对安装，以“10 片”为计量单位；成组铸铁散热器安装按每组片数，以“组”为计量单位。

②钢制柱式散热器安装按每组片数，以“组”为计量单位；闭式散热器安装，以“片”为计量单位；其他成品散热器安装，以“组”为计量单位。

③艺术造型散热器按与墙面的正投影(高×长)计算面积，以“组”为计量单位；不规则形状以正投影轮廓的最大高度乘最大长度计算面积。

④光排管散热器制作分为 A 型、B 型，以排管公称直径区分，按图示散热器长度计算排管长度，以“10 m”为计量单位，联管、支撑管不计入排管工程量；光排管散热器安装不分 A 型、B 型，以排管公称直径区分，按光排管散热器长度，以“组”为计量单位。

⑤暖风机、热空气幕安装按设备重量，以“台”为计量单位。

⑥地板辐射采暖管道以管道外径区分，按设计图示中心线计算长度，以“10 m”为计量单位；保护层(铝箔)、隔热板、铁丝网按设计图示尺寸计算实际铺设面积，以“10 m^2”为计量单位；边界保温带按设计图示长度，以“10 m”为计量单位。

⑦热媒集配装置安装分为带箱、不带箱，按分支管环路数，以“组”为计量单位。

⑧集气罐制作、安装按罐体公称直径，以“个”为计量单位。

⑨连接散热器支管的计算方法：

a. 立管每层连接一组散热器：

ⅰ 当 $n \leqslant 14$ 时，散热器支管采用同侧连接。

$$L=\left(\frac{a}{2}-\frac{d}{2}-e-\frac{nf}{2}\right)\times 2\times c$$

式中 L——散热器支管的长度；

a——散热器房间的轴间距，m；

d——墙厚，m；

e——墙面与两根立管的中心距离，m；

n——连接散热器的片数，片；

f——单片散热器的厚度，m/片；

c——相同片数的层数。

ⅱ 当$n>14$时，散热器支管采用异侧连接。

$$L=(\frac{a}{2}-\frac{d}{2}-e-\frac{nf}{2}+\frac{a}{2}-\frac{d}{2}-e+\frac{nf}{2}+0.2)\times c$$

式中 0.2——异侧连接时回水支管下连接的U形管的长度，m。

b.立管每层连接两组散热器：

ⅰ 当n_1、$n_2\leqslant 14$时，两组散热器支管均采用同侧连接。

$$L=(\frac{a+b}{2}-\frac{n_1 f}{2}-\frac{n_2 f}{2})\times 2\times c$$

式中 n_1、n_2——两组散热器的片数；

b——散热器房间的轴间距，m。

ⅱ 当n_1、$n_2>14$时，两组散热器支管均采用异侧连接。

$$L=(\frac{a+b}{2}-\frac{n_1 f}{2}-\frac{n_2 f}{2}+\frac{a+b}{2}+\frac{n_1 f}{2}+\frac{n_2 f}{2}+0.2+0.2)\times c$$

ⅲ 当$n_1\leqslant 14$、$n_2>14$时，片数为n_1的散热器支管采用同侧连接；片数为n_2的散热器支管采用异侧连接。

$$L=(\frac{a+b}{2}-\frac{n_1 f}{2}-\frac{n_2 f}{2}+\frac{a+b}{2}-\frac{n_1 f}{2}+\frac{n_2 f}{2}+0.2)\times c$$

ⅳ 当$n_2\leqslant 14$、$n_1>14$时，片数为n_2的散热器支管采用同侧连接；片数为n_1的散热器支管采用异侧连接。

$$L=(\frac{a+b}{2}-\frac{n_1 f}{2}-\frac{n_2 f}{2}+\frac{a+b}{2}+\frac{n_1 f}{2}-\frac{n_2 f}{2}+0.2)\times c$$

(2)采暖管道工程量计算规则

①各类管道安装按室内外、材质、连接形式、规格分别列项。定额中塑料管以公称外径表示，其他管道均以公称直径表示。

②各类管道安装工程量，均按设计管道中心线长度，以“10 m”为计量单位，不扣除阀门、管件、附件所占长度。

③方形补偿器所占长度计入管道安装工程量。

④与分集水器进出口连接的管道工程量，应计算至分集水器中心线位置。

⑤直埋保温管保温层补口分管径，以“个”为计量单位。

⑥采暖入口装置组成安装已包括旁通管、循环管的安装内容及消耗量，不另行计算其管道工程量。

⑦热水采暖热力入口装置分为螺纹、法兰连接形式，按采暖入口供水管道公称直径列项，以“组”为计量单位。

⑧与原有采暖热源钢管碰头，分为带介质、不带介质两种情况，按新接支管公称管径列项，以“处”为计量单位。每处含有供、回水两条管道碰头连接。

二、采暖工程实例图纸分析

本章所用图纸为“青海建筑职业技术学院教学逸夫楼采暖施工图”，楼层设置与给排水工程中楼层设置大体相同，这里不再阐述。采暖工程实例楼层信息详见表2-1。

需要强调的是，本工程实例采暖采用上供下回式、垂直单双管供暖系统。每个双管系统由2～3层组成。散热器均选用铸铁四柱760型，单片散热器面积为0.235 m^2/片，散热器均带脚落地安装。每组散热器进出口及供水立管上下端均设低阻闸阀 1 个。当散热器片数超过 14 时，支管均为异侧连接。串联散热器支管与散热器接口管径相同。管材采用焊接钢管，管径≤DN32 时，螺纹连接；管径>DN32 时，焊接。明装管道除锈后刷红樟丹漆、银粉各两道。敷设在管井（垂直干管）和吊顶内的管道均为无缝钢管。敷设在地下室、吊顶、管井及非采暖空间的管道需要保温，采用岩棉管壳保温，厚度为 40 mm，铝箔保护，并且管道和及配件除锈后刷红樟丹漆两道。管道穿越楼板或墙身时，应额外设置钢套管且套管内径比管道外径大 6～10 mm。墙内套管的两端与墙面平齐，楼板内套管顶部高出地面 20 mm。采暖管道支架均采用吊挂式或支撑式。

三、采暖工程建模前的基本操作

1. 新建工程

新建工程时，将“工程名称”设为“青海建筑职业技术学院教学逸夫楼采暖工程”，在“工程专业”的下拉菜单中选择“采暖燃气”，其余设置与给排水工程新建时设置相同。如图 4-1 所示为采暖工程“新建工程”对话框。在确认设置无误后，单击“创建工程”按钮，完成新建工程的操作。

图 4-1　新建采暖工程

2. 工程设置

（1）楼层设置

参照给排水工程楼层设置的方法，并结合表 2-1，完成本工程实例的楼层设置。需要注意的是，图纸中地下室没有布置散热器，但采暖系统回水主干管敷设在地下室，散热器在 1～12 层布置的位置、片数都不相同，必须逐层显示楼层设置。无须设置水箱间。如图 4-2 所示为采暖工程“楼层设置”对话框。

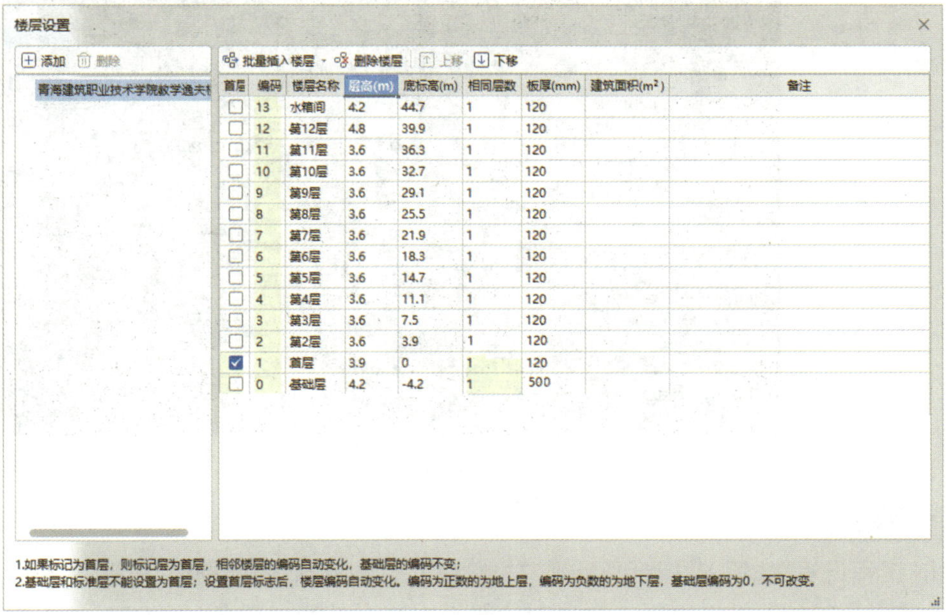

首层	编码	楼层名称	层高(m)	底标高(m)	相同层数	板厚(mm)	建筑面积(m²)	备注
☐	13	水箱间	4.2	44.7	1	120		
☐	12	第12层	4.8	39.9	1	120		
☐	11	第11层	3.6	36.3	1	120		
☐	10	第10层	3.6	32.7	1	120		
☐	9	第9层	3.6	29.1	1	120		
☐	8	第8层	3.6	25.5	1	120		
☐	7	第7层	3.6	21.9	1	120		
☐	6	第6层	3.6	18.3	1	120		
☐	5	第5层	3.6	14.7	1	120		
☐	4	第4层	3.6	11.1	1	120		
☐	3	第3层	3.6	7.5	1	120		
☐	2	第2层	3.6	3.9	1	120		
☑	1	首层	3.9	0	1	120		
☐	0	基础层	4.2	-4.2	1	500		

图 4-2　“楼层设置”对话框

(2)计算设置和设计说明信息

根据采暖工程设计规范及工程量计算规则，对软件自动为本采暖工程实例设置的计算规则的不妥之处进行修改，经核查，本采暖工程实例计算规则不需要修改。

图纸中的设计说明明确指出，敷设在管井(垂直干管)和吊顶内的管道均为无缝钢管。而在软件的“设计说明”中还没有无缝钢管，需要通过“添加行”对无缝钢管构件进行设置，如图 4-3 所示。

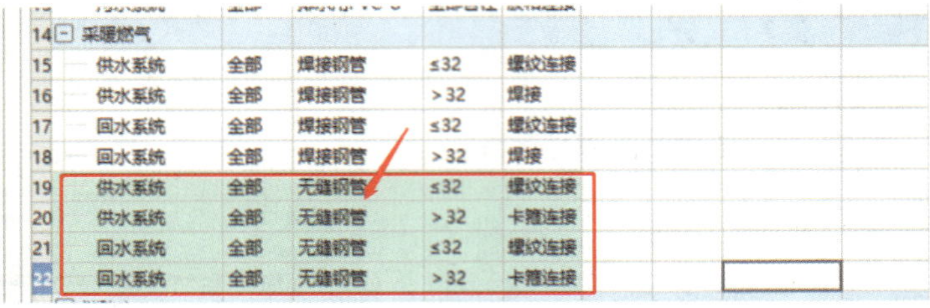

14	采暖燃气				
15	供水系统	全部	焊接钢管	≤32	螺纹连接
16	供水系统	全部	焊接钢管	>32	焊接
17	回水系统	全部	焊接钢管	≤32	螺纹连接
18	回水系统	全部	焊接钢管	>32	焊接
19	供水系统	全部	无缝钢管	≤32	螺纹连接
20	供水系统	全部	无缝钢管	>32	卡箍连接
21	回水系统	全部	无缝钢管	≤32	螺纹连接
22	回水系统	全部	无缝钢管	>32	卡箍连接

图 4-3　修改软件中的“设计说明”

(3)添加图纸

将“青海建筑职业技术学院教学逸夫楼采暖施工图”图纸添加在绘图区内。具体操作如下：

单击“工程设置”选项卡“图纸预处理”功能区中“添加图纸”图标按钮，界面右侧出现“添加图纸”对话框，单击该对话框的“添加图纸”图标按钮，单击文件存放位置图标，再单击“打开”图标按钮，这样“青海建筑职业技术学院教学逸夫楼采暖施工图”就被添加进来，在图纸管理区会增加对应的内容，如图 4-4 所示。

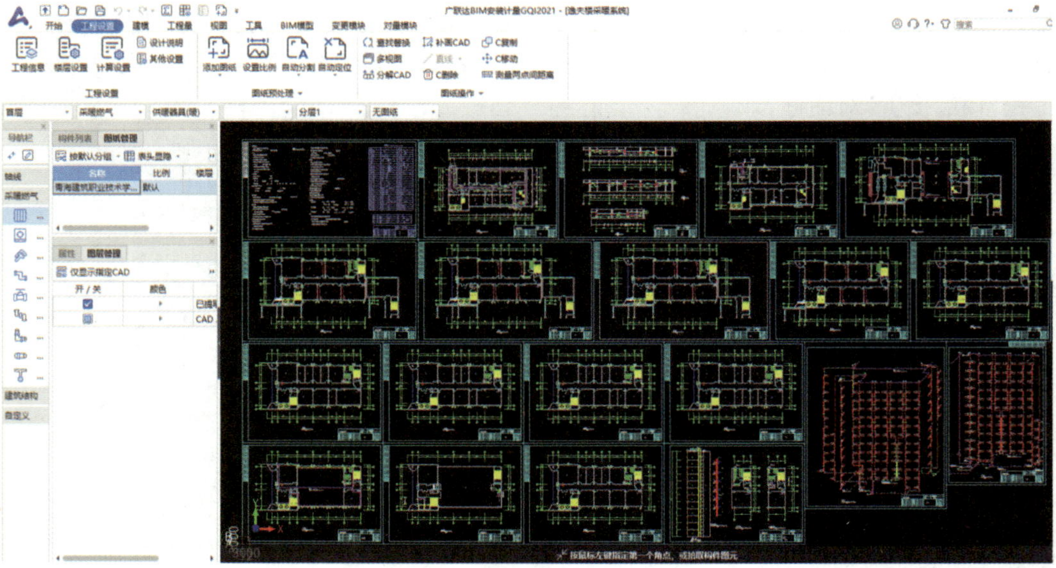

图 4-4　添加图纸

(4)分割图纸

单击“工程设置”选项卡“图纸预处理”功能区中“自动分割”图标按钮，根据文字提示，框选绘图区中需要分割的所有平面图。被选中的图纸内容全部变成蓝色(图 4-5)，单击鼠标右键确认，在图纸管理区自动生成图纸名称。

如果“图纸名称”列内容与预期图纸名称不符，可单击图纸名称，此时在绘图区内被软件自动命名的图纸就会闪烁，单击提取图纸名称，为图纸重命名。在“楼层”列中单击扩展按钮，在弹出的“标记信息”对话框中将楼层设为“基础层”，单击“确定”按钮。在“图纸类别”中单击扩展按钮，在弹出的“标记信息”对话框中将图纸类别设为“采暖系统”，单击“确定”按钮，如图 4-6 所示。按列表顺序继续向下操作，以此类推，完成 1～12 层图纸的自动分割(图 4-7)。分割完成后软件将自动设为“分层 1”。

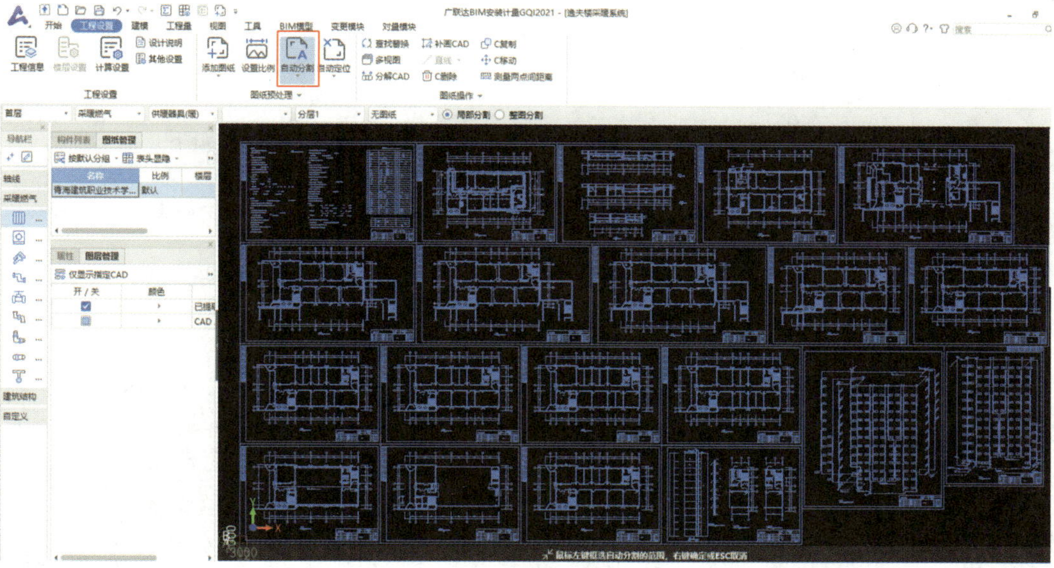

图 4-5　框选需要分割的平面图

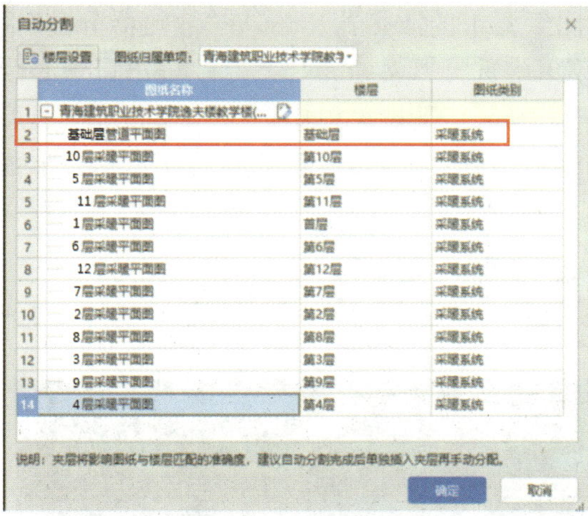

图 4-6　“自动分割”楼层和图纸类别的确定

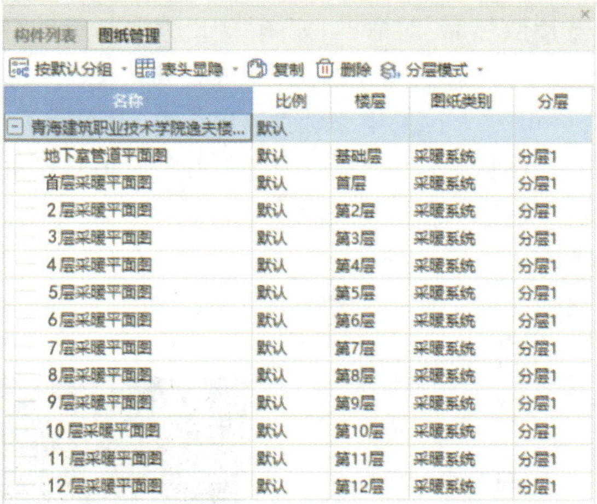

图 4-7　“自动分割”图纸后的效果

(5)图纸定位、设置比例

按之前章节讲解的操作方法，依次完成图纸定位、设置比例的操作。

四、采暖工程构件的建模顺序

根据采暖工程的算量特点，安排构件的建模顺序，如图 4-8 所示。

图 4-8　采暖工程构件的建模顺序

第二节　采暖工程构件建模

一、散热器建模

按照采暖工程构件建模的顺序，首先进行散热器建模，具体操作步骤如下：

步骤 1：在导航栏中使"供暖器具(暖)(N)"构件类型处于选中状态，在构件列表中新建一个名为"HNQJ-1[铸铁散热器 TZ4-6-5(8)]"的构件，如图 4-9 所示。

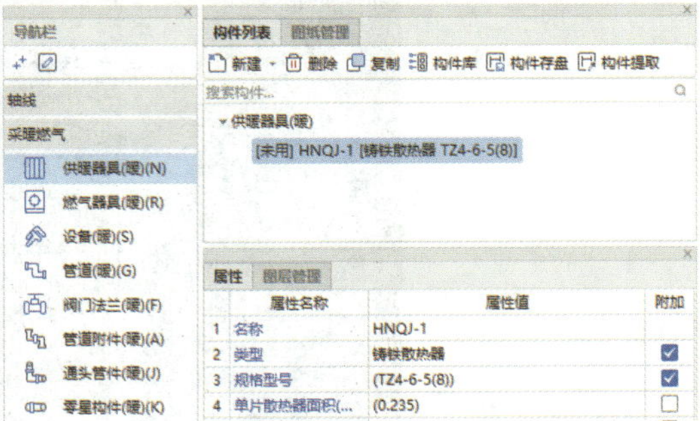

图 4-9　新建散热器构件

步骤 2：根据图纸中关于散热器的设计要求，修改散热器构件的属性值，可以利用"提属性"功能提取散热器的属性，如图 4-10 所示。在新建的散热器属性对话框中单击"名称"，在"通用操作"功能区中单击"提属性"图标按钮，单击图纸设计说明"四柱 760 型"处，按下方文字提示操作，如图 4-11 所示，"四柱 760 型"就被提取到"名称"中。也可采用键盘输入的方法。在"类型"框中双击"铸铁散热器"，弹出"选择散热器"对话框，如图 4-12 所示。选择符合图纸要求的散热器类型，在"散热器分类"下拉菜单中选择"铸铁散热器"，在"规格型号"下拉菜单中选择"TZ4-6-5(8)"，在"进出口中心距离(mm)"下拉菜单中选择"600"，在"单片散热器面积(m^2)"下拉菜单中选择"0.235"，完成后单击"确认"按钮。界面回到初始设置散热器的属性对话框，上一步设置的属性在对话框中依次被确认。

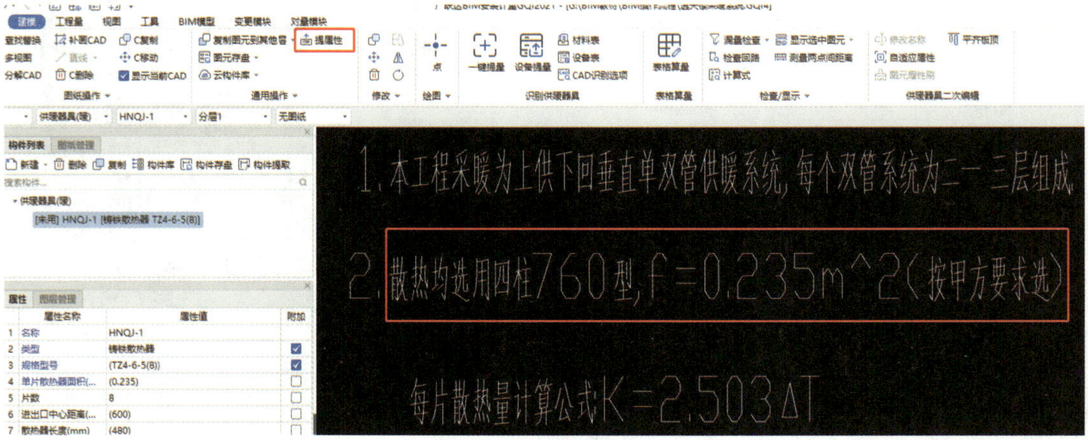

图 4-10　启动"提属性"功能

图 4-11　"提属性"功能文字提示

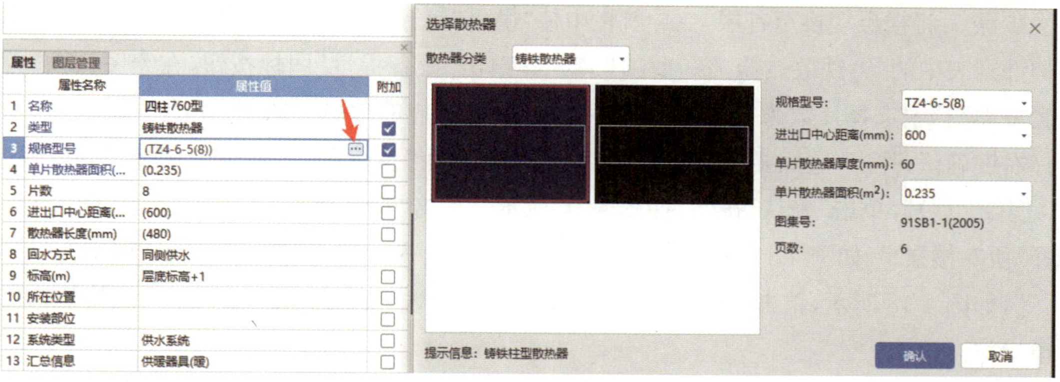

图 4-12　对散热器类型属性进行编辑

以图 4-13 所示的这组散热器为例，在片数编辑中，按图中标识的片数输入“21”，在“散热器长度(mm)”属性值输入“1260”(单片散热器厚度为 60 mm)，在“回水方式”的下拉菜单中选择“异侧供水”，如图 4-14 所示。最后将散热器“名称”属性值修改为“铸铁散热器 760 型(21 片)”。

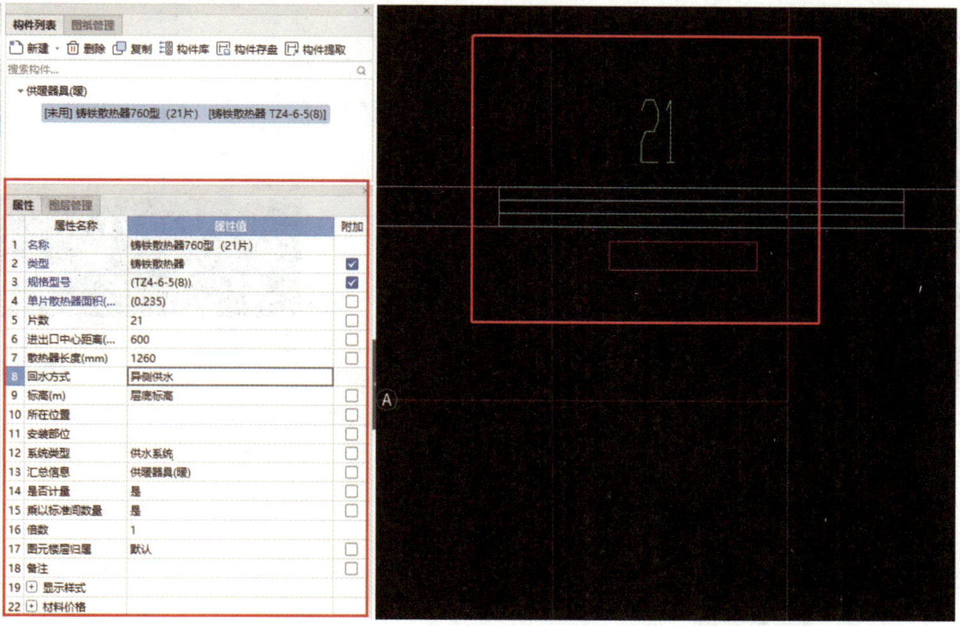

图 4-13　对散热器片数属性进行编辑

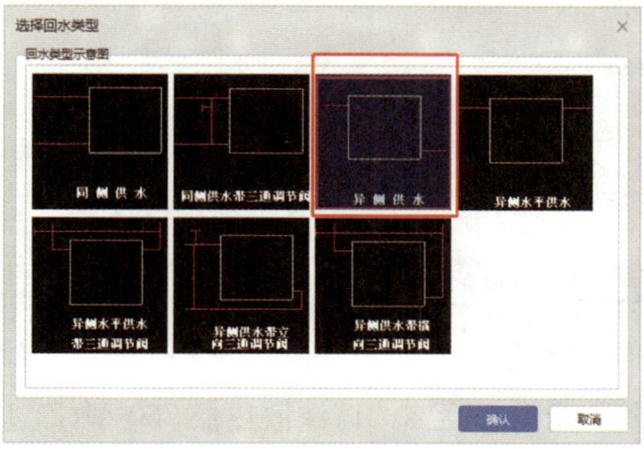

图 4-14　在“选择回水类型”对话框中选择“异侧供水”

步骤 3:将楼层切换至首层,在导航栏中使"供暖器具(暖)(N)"构件类型处于选中状态,选中构件列表中的"铸铁散热器 760 型(21 片)"。单击"设备提量"图标按钮,在绘图区内"首层采暖平面图"中选择片数为 21 的散热器片数标识及对应的散热器图例,如图 4-15 所示,单击鼠标右键确认,弹出"选择要识别成的构件"对话框。在"供暖器具"列表中选择"铸铁散热器 760 型(21 片)",单击"确认"按钮,如图 4-16 所示。单击"选择楼层"按钮,在弹出的对话框中选择"所有楼层 ",如图 4-17 所示。经过加载,界面弹出提示窗口,窗口中显示"识别的设备数量:9",如图 4-18 所示,单击"确定"按钮,完成操作。由此完成所有楼层的 21 片散热器构件的建模操作。

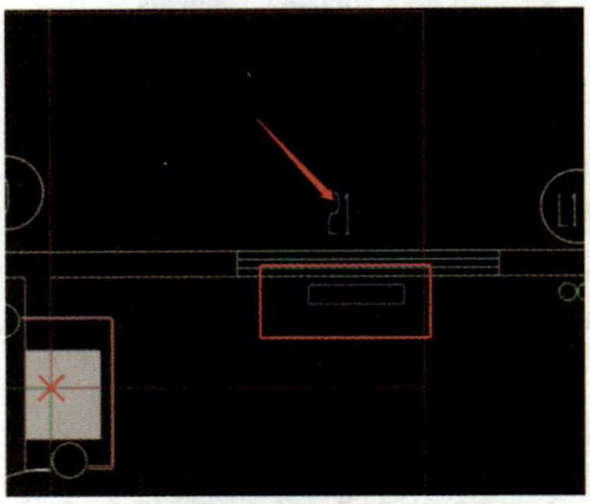

图 4-15　散热器片数标识及图例

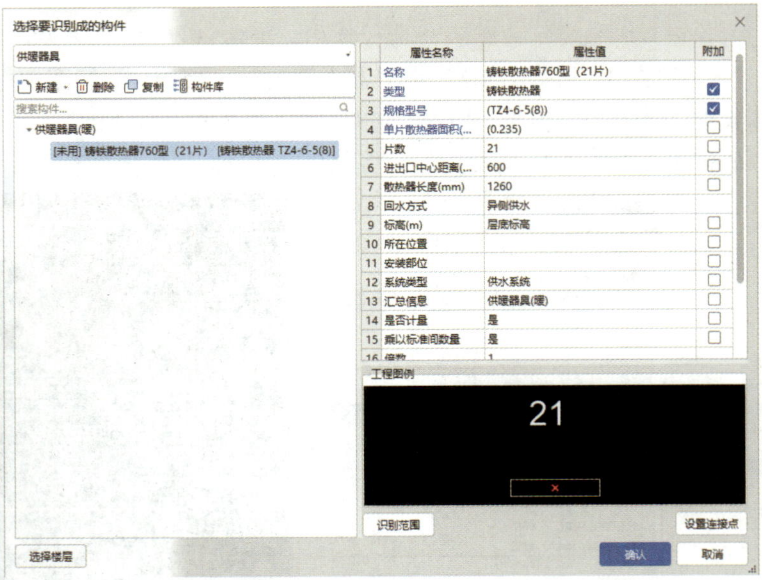

图 4-16　"选择要识别成的构件"对话框

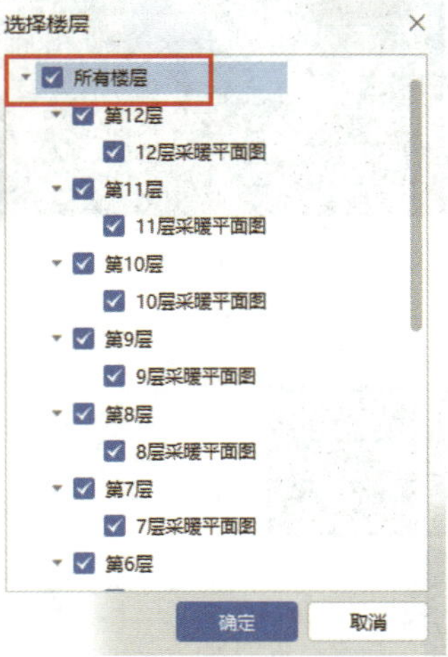

图 4-17　选择所有楼层

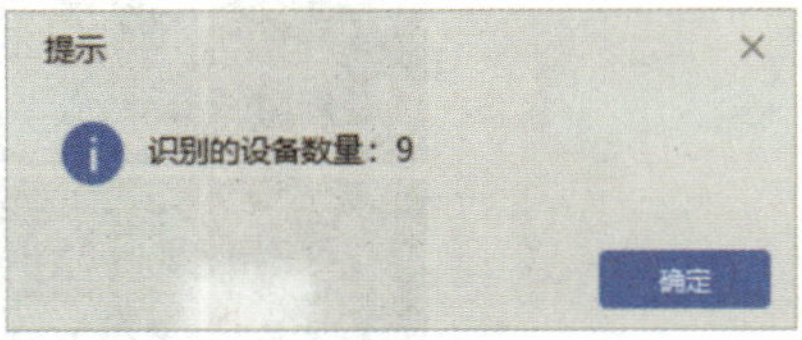

图 4-18　21 片散热器的识别数量

需要说明的是,在步骤 2 操作中,已对"铸铁散热器 760 型(21 片)"的属性进行了详细的设置,此处直接选中即可,无须再次编辑。

步骤 4:在绘图区内"首层采暖平面图"中,复制 21 片散热器构件。在属性对话框中,将

"名称"属性值修改为"铸铁散热器 760 型(7 片)","类型""规格型号""单片散热器面积(m^2)""进出口中心距离(mm)"属性值保持不变。"片数"属性值修改为"7","散热器长度(mm)"属性值修改为"420"(单片散热器厚度为 60 mm),在"回水方式"的下拉菜单中选择"同侧供水",如图 4-19 所示。单击"设备提量"图标按钮,在绘图区内"首层采暖平面图"中选择片数为 7 的散热器片数标识及对应的散热器图例,单击鼠标右键确认,弹出"选择要识别成的构件"对话框。在"供暖器具"列表中选择"四柱 760 型铸铁散热器 7 片",单击"确认"按钮。单击"选择楼层"按钮,在弹出的对话框中选择"所有楼层"。经过加载,界面弹出提示窗口,窗口中显示"识别的设备数量:1",单击"确定"按钮。由此完成所有楼层的 7 片散热器构件的建模操作。

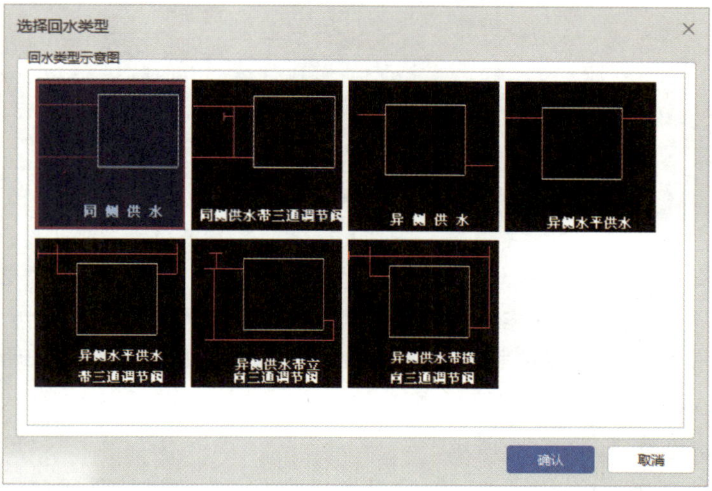

图 4-19　在"选择回水类型"对话框中选择"同侧供水"

步骤 5:重复步骤 1～4,分别完成不同片数标识的散热器构件建模。所有散热器识别完成后,可通过"动态三维"功能观察散热器识别后的效果。

二、采暖管道建模

1. 水平管道建模

按敷设位置及防腐保温方式不同,完成所有水平管道的建模。具体操作步骤如下:

步骤 1:在导航栏中使"管道(暖)(G)"构件类型处于选中状态,并在构件列表中新建一个名称为"GSG-1[供水系统 焊接钢管 DN25]"的采暖供水管道构件,需要在属性对话框中对该构件的属性逐一进行修改。

步骤 2:设计说明中要求,管材采用焊接钢管,管径≤DN32 时,螺纹连接;管径＞DN32 时,焊接。明装管道除锈后刷红樟丹漆、银粉各两道。敷设在管井(垂直干管)和吊顶内的管道均为无缝钢管。需根据以上设计说明要求编辑属性。根据管道的安装位置,敷设在地下室的管道采用焊接钢管,敷设在管井(垂直干管)和吊顶内的管道采用无缝钢管。这两处管道除锈后刷红樟丹漆两道,并用厚度为 40 mm 的岩棉保温。敷设在±0.00 以上的管道采用焊接钢管,该管道除锈后刷红樟丹漆、银粉各两道。按构件属性不同分别建模,以 DN25 管道为例编辑采暖供水系统管道属性,如图 4-20 所示。

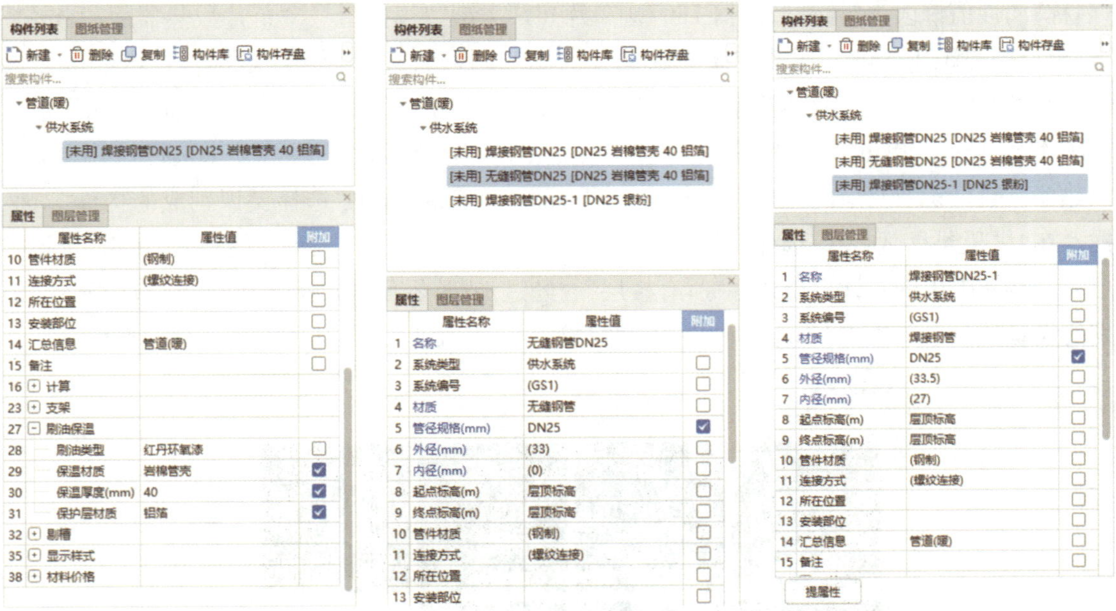

(a) 地下室焊接钢管　　(b) 无缝钢管　　(c) 明装焊接钢管

图 4-20　编辑采暖供水系统管道 DN25 属性

步骤 3：在构件列表中启动复制功能，分别复制步骤 2 操作中已建好的管径为 DN25 的不同属性管道，再分别修改“名称”及“管径规格(mm)”属性值。重复以上操作，完成所有采暖供水系统管道构件的建模，如图 4-21 所示。

步骤 4：在构件列表中启动复制功能，将供水系统中所有管道构件再复制一遍，在“系统类型”下拉菜单中选择“回水系统”，如图 4-22 所示。重复以上操作，完成所有采暖回水系统管道构件的建模，如图 4-23 所示。

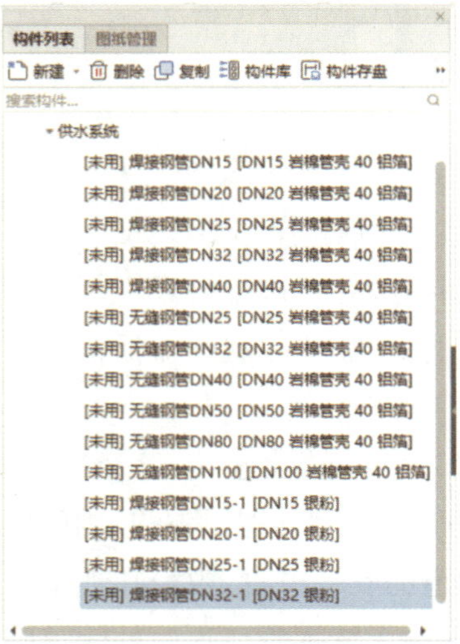

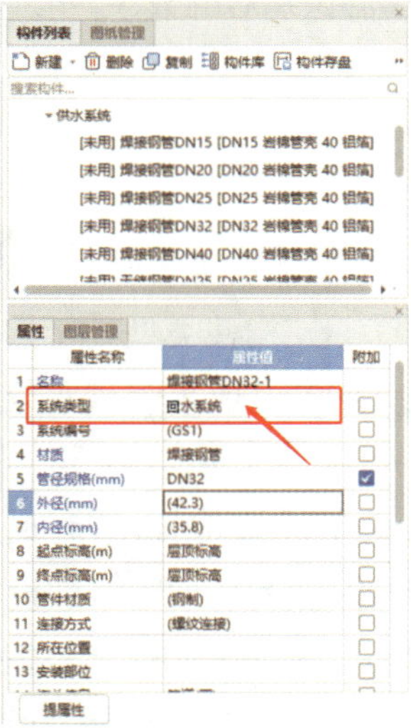

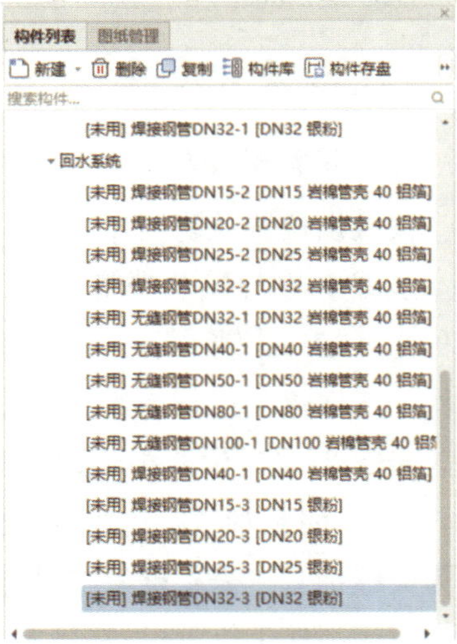

图 4-21　完成所有采暖供水系统管道构件的建模

图 4-22　编辑采暖回水系统管道构件属性

图 4-23　完成所有采暖回水系统管道构件的建模

步骤 5：单击“绘图”功能区中的“直线”图标按钮，启动该功能，如图 4-24 所示，弹出“直线绘制”对话框。接下来要绘制水平方向的管线，所以选择“水平”。在“安装高度(m)”输入要识别管道的标高，“扣管高度(m)”设为“0”(因为没有扣管)，并勾选“自动生成立管”前复选框。

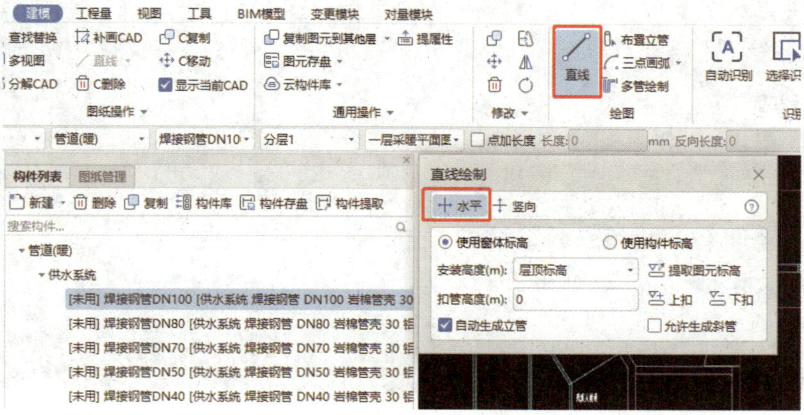

图 4-24 启动“直线”功能

步骤 6：由采暖入口处轴侧图(图 4-25)可知，采暖入口处供回水干管没有阀门或仪表。按工程量计算规则，室内外界线以外墙皮 1.5 m 为界，采用前面章节介绍的 Shift 键和鼠标左键的组合来完成入口处的无缝钢管 DN100 供回水管道构件建模。按照左供右回的布置原则进行布管，左侧为采暖供水管道，右侧为采暖回水管道，如图 4-26 所示。本工程实例采暖系统在竖直方向为上供下回式，回水干管沿吊顶敷设在地下室，供水干管敷设在第 12 层吊顶内。管道构件建模时，注意管道材料的选择。

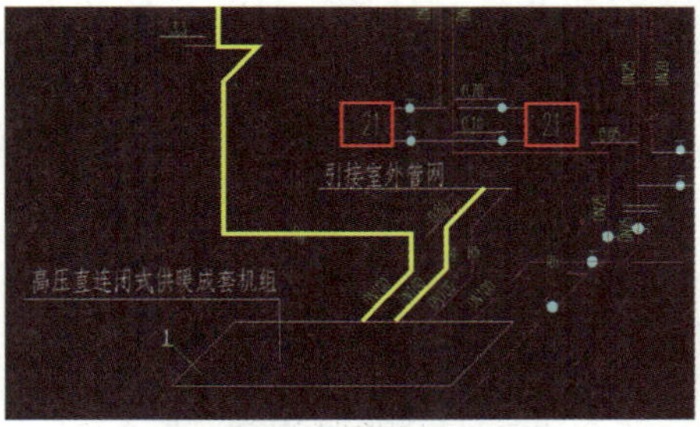

图 4-25 采暖入口处轴侧图

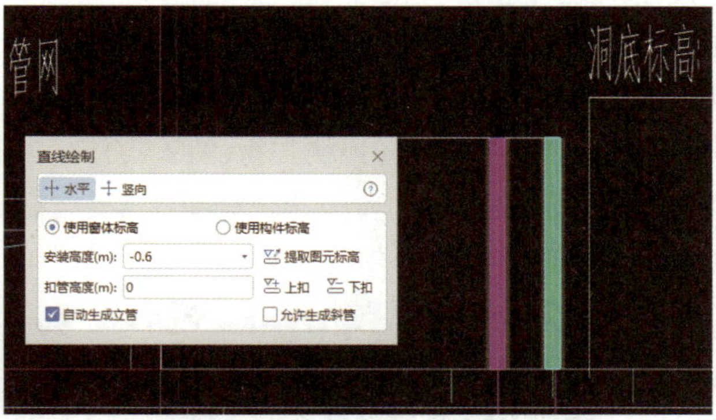

图 4-26 室内外界线以外墙皮 1.5 m 为界布置采暖供回水管道

步骤 7：供回水管道构件建模全部完成后，启动“建模”选项卡“检查/显示”功能区中的“检查回路”功能，如图 4-27 所示。使用该功能时需要同时启动“动态三维”功能，将其调整到合适的视角。单击“检查回路”图标按钮，再单击需要查看的管道，此时可在绘图区内看到被选中的回水管道内介质为流动状态，另有“工程量”显示在绘图区的下方，如图 4-28 所示。此功能用于检查管道连接是否畅通。

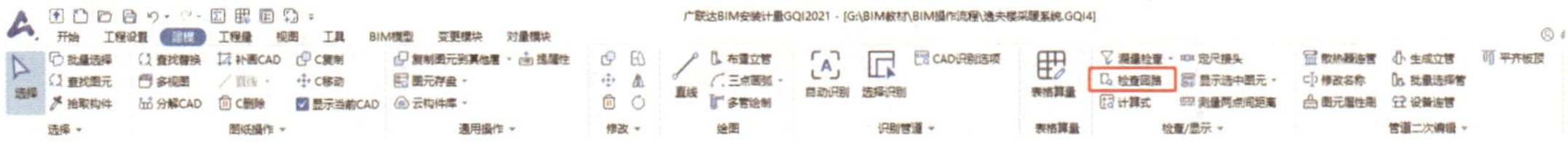

图 4-27 启动“检查回路”功能

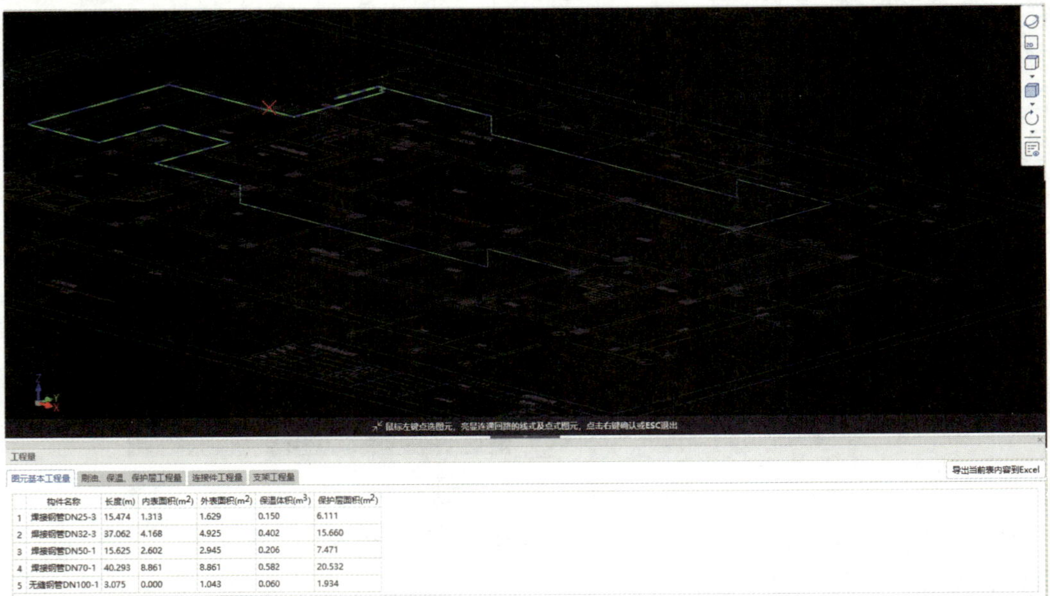

图 4-28　检查回路效果

2. 立管建模

本采暖工程实例在竖直方向为上供下回式、垂直单双管供暖系统。每个双管系统由 2～3 层组成，散热器均选用铸铁散热器 760 型，单片散热器面积为 0.235 m^2/片，散热器均带脚落地安装。每组散热器进出口及供水立管上下端均设低阻闸阀 1 个。散热器片数超过 14 时，支管均为异侧连接，串联散热器支管与散热器接口管径相同。散热器立管管径变化有一定规律性和相似性。对照散热器支管连接实物（图 4-29）和同、异侧连接散热器支管安装高度（图 4-30、图 4-31），确定每根立管上散热器支管在各层安装高度，见表 4-1。接下来进行立管建模，具体操作步骤如下：

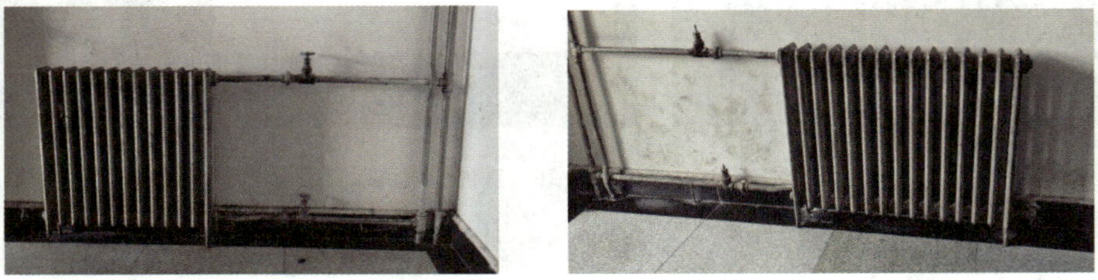

(a) 同侧连接　　(b) 异侧连接

图 4-29　散热器支管连接实物

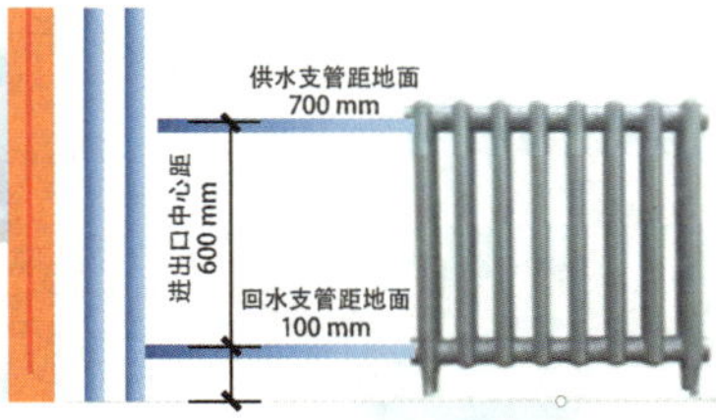

图 4-30　同侧连接散热器支管安装高度

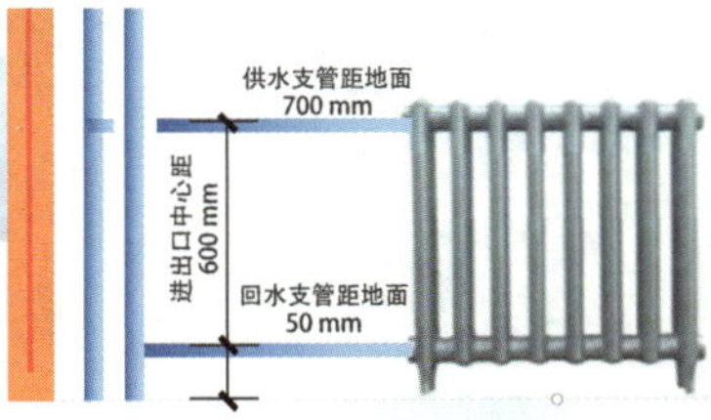

图 4-31　异侧连接散热器支管安装高度

表 4-1 采暖供回水立管标高

立管编号	跨越楼层	回水立管			供水立管			立管属性
		管径/mm	起点标高/m	终点标高/m	管径/mm	起点标高/m	终点标高/m	
NL1 NL2 NL8 NL11 NL18 NL23	1～3层（双管）	DN25（保温）	－0.80	±0.00	DN20	0.70	4.60	管道敷设在地下室吊顶内，岩棉保温，厚度为40 mm。管道敷设在±0.00以上，管道外刷红樟丹漆、银粉各两道
		DN25	±0.00	3.95	DN25	4.60	8.20	
		DN20	3.95	7.55				
	4层（单管）				DN25	8.20	11.15	
	5～6层（双管）	DN25	11.15	14.75	DN20	11.80	15.40	
		DN20	14.75	18.35	DN25	15.40	19.00	
	7层（单管）				DN25	19.00	21.95	
	8～9层（双管）	DN25	21.95	25.55	DN20	22.60	26.20	
		DN20	25.55	29.15	DN25	26.20	29.80	
	10层（单管）				DN25	29.80	32.75	
	11～12层（双管）	DN25	32.75	36.35	DN20	33.40	37.00	
		DN20	36.35	39.95	DN25	37.00	40.6	
	12层（单管）				DN25	40.6	43.35	
NL3 NL12 NL13 NL19 NL21 NL22	1～3层（双管）	DN32（保温）	－1.60(NL3) －0.80(其余)	±0.00	DN20	0.70	4.60	管道敷设在地下室吊顶内，岩棉保温，厚度为40 mm。管道敷设在±0.00以上，管道外刷红樟丹漆、银粉各两道
		DN32	±0.00	0.05				
		DN25	0.05	3.95	DN25	4.60	8.20	
		DN20	3.95	7.55				
	4层（单管）				DN32	8.20	11.15	
	5～6层（双管）	DN25	11.15	14.75	DN20	11.80	15.40	
		DN20	14.75	18.35	DN25	15.40	19.00	
	7层（单管）				DN32	19.00	21.95	
	8～9层（双管）	DN25	21.95	25.55	DN20	22.60	26.20	
		DN20	25.55	29.15	DN25	26.20	29.80	
	10层（单管）				DN32	29.80	32.75	
	11～12层（双管）	DN25	32.75	36.35	DN20	33.40	37.00	
		DN20	36.35	39.95	DN25	37.00	40.6	
	12层（单管）				DN32	40.6	43.35	

续表

立管编号	跨越楼层	回水立管			供水立管			立管属性
		管径/mm	起点标高/m	终点标高/m	管径/mm	起点标高/m	终点标高/m	
NL4 NL5 NL6 NL7 NL14 NL15 NL16 NL17	1～3层（双管）	DN25（保温）	3.65	3.90				管道敷设在过街洞口首层吊顶内，岩棉保温，厚度为40mm。管道敷设在首层地面3.90 m以上，管道外刷红樟丹漆、银粉各两道
		DN25	3.90	3.95	DN25	4.60	8.20	
		DN20	3.95	7.55				
	4层（单管）				DN25	8.20	11.15	
	5～6层（双管）	DN25	11.15	14.75	DN20	11.80	15.40	
		DN20	14.75	18.35	DN25	15.40	19.00	
	7层（单管）				DN25	19.00	21.95	
	8～9层（双管）	DN25	21.95	25.55	DN20	22.60	26.20	
		DN20	25.55	29.15	DN25	26.20	29.80	
	10层（单管）				DN25	29.80	32.75	
	11～12层（双管）	DN25	32.75	36.35	DN20	33.40	37.00	
		DN20	36.35	39.95	DN25	37.00	40.6	
	12层（单管）				DN25	40.6	43.35	
NL9	1～3层（双管）	DN25（保温）	－1.60	±0.00	DN20	0.70	2.65	管道敷设在地下室吊顶内，岩棉保温，厚度为40 mm。管道敷设在±0.00以上，管道外刷红樟丹漆、银粉各两道。NL9敷设在楼梯间半层处
		DN25	±0.00	2.00	DN25	2.65	6.25	
		DN20	2.00	5.60				
	4层（单管）				DN25	6.25	9.20	
	5～6层（双管）	DN25	9.20	12.75	DN20	9.85	13.45	
		DN20	12.75	16.45	DN25	13.45	17.05	
	7～12层（单管）				DN25	17.05	43.35	
NL20	1～3层（双管）	DN25（保温）	－1.60	±0.00	DN20	0.70	4.60	
		DN25	±0.00	3.95	DN25	4.60	8.20	
		DN20	3.95	7.55				
	4层（单管）				DN25	8.20	11.15	
	5～6层（双管）	DN25	11.15	14.75	DN20	11.80	15.40	
		DN20	14.75	18.35	DN25	15.40	19.00	
	7～12层（单管）				DN25	19.00	43.35	

续表

立管编号	跨越楼层	回水立管			供水立管			立管属性
		管径/mm	起点标高/m	终点标高/m	管径/mm	起点标高/m	终点标高/m	
NL10	1～9层(双管)	DN20(保温)	－0.16	±0.00				管道敷设在地下室吊顶内，岩棉保温，厚度为40 mm。管道敷设在±0.00以上，管道外刷红樟丹漆、银粉各两道
		DN20	±0.00	25.60	DN15	22.60	26.20	
		DN15	25.60	29.20	DN20	26.20	29.80	
	10层(单管)				DN20	29.80	32.80	
	11～12层(双管)	DN20	32.80	36.40	DN20	33.40	37.00	
		DN15	36.40	40.00	DN15	37.00	40.60	
	12层(单管)				DN20	40.60	43.35	

步骤1:将楼层切换至基础层，在导航栏中使“管道(暖)(G)”构件类型处于选中状态。单击“绘图”功能区中的“布置立管”图标按钮，启动该功能，如图4-32所示。

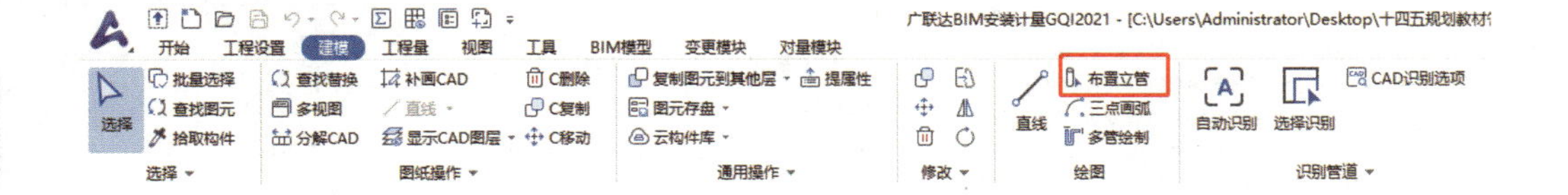

图4-32 启动“布置立管”功能

步骤2:本步操作以一根具有代表性的NL3为例进行讲解。启动“布置立管”功能后，弹出“立管设置”对话框，选择立管形式“布置立管”或“布置变径立管”，由于采暖系统供回水立管均为变径立管，因此选择“布置变径立管”，如图4-33所示。在对话框中单击“添加”按钮，弹出“选择构件”对话框。在对话框左侧选择已设定好的管道，单击“焊接钢管DN32-2[回水系统 岩棉管壳40铝箔]”，使该管道处于选中状态，单击“确认”按钮，“选择构件”对话框关闭，“焊接钢管DN32-2[回水系统 岩棉管壳40铝箔]”被添加在“管道类型”这列中。在“底标高(m)”输入“－1.6”，在“顶标高(m)”输入“0”，按Enter键。再单击“添加”按钮，在“布置参数设置”对话框中又添加新的一行。在对话框左侧选择已设定好的管道，单击“焊接钢管DN32-3[回水系统 银粉]”，使该管道处于选中状态，单击“确认”按钮，“焊接钢管DN32-3[回水系统 银粉]”被添加在“管道类型”这列中。在“底标高(m)”输入“0”，在“顶标高(m)”输入“0.05”，按Enter键。以同样的操作步骤在列表中依次添加构件“焊接钢管DN25-1[回水系统 银粉]”“焊接钢管DN20-1[回水系统 银粉]”，添加完成的构件列表如图4-34所示。

步骤3:在基础层绘图区内平面图中依次找到NL3、NL12、NL13、NL19、NL21、NL22，分别布置已建好的回水立管。

步骤4:将楼层切换至首层，对1～3层供水立管进行建模。在“布置立管”对话框中单击“全部删除”按钮，如图4-35所示，然后单击“添加”选项，弹出“选择构件”对话框。在对话框左侧选择已设定好的管道，单击“焊接钢管DN20-1[供水系统 银粉]”，再单击“确认”按钮，“选择构件”对话框关闭，“焊接钢管DN20-1[供水系统 银粉]”被添加在“管道类型”这列中。在“底标高(m)”输入“0.7”，在“顶标高(m)”输入“4.6”，按Enter键。再单击“添加”按钮，在“布置参数设置”对话框中又添加新的一行。在对话框左侧选择已设定好的管道，单击“焊接钢管DN25-1[供水系统 银粉]”，使该管道处于选中状态，单击“确认”按钮，“焊接钢管DN25-1[供

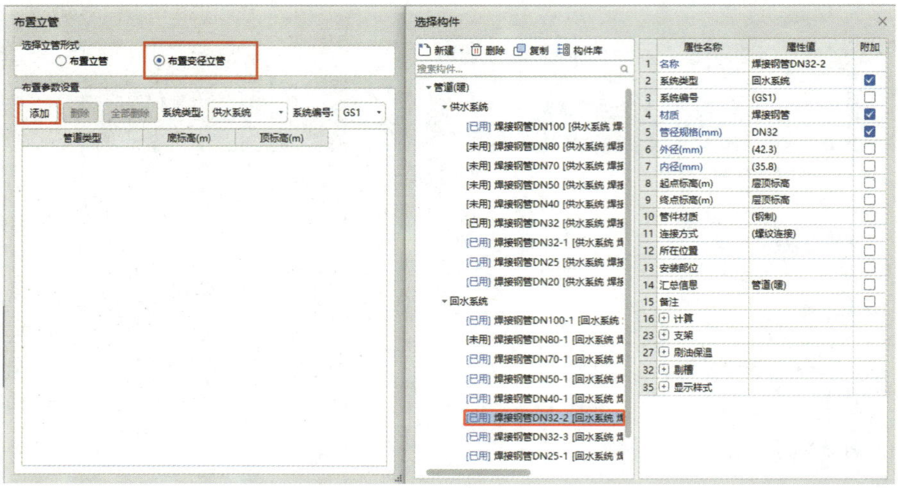

图 4-33　选择“布置变径立管”

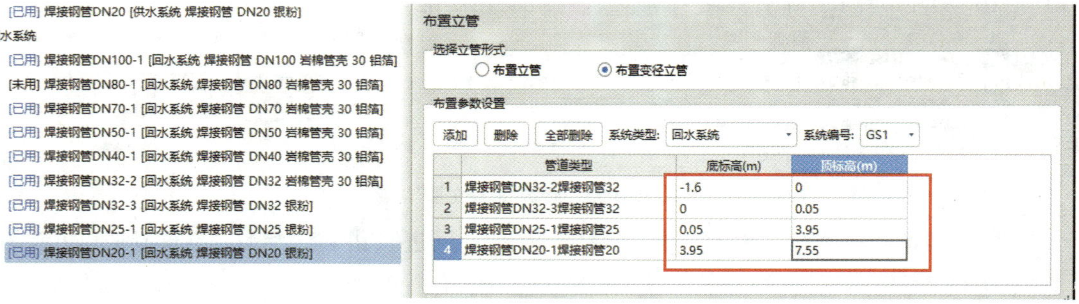

图 4-34　NL3 1～3 层回水立管构件列表

水系统 银粉]”被添加在“管道类型”这列中。在“底标高(m)”输入“4.6”，在“顶标高(m)”输入“8.2”，按 Enter 键，添加完成的构件列表如图 4-36 所示。布置完成的 1～3 层供回水立管的“动态三维”效果如图 4-37 所示。

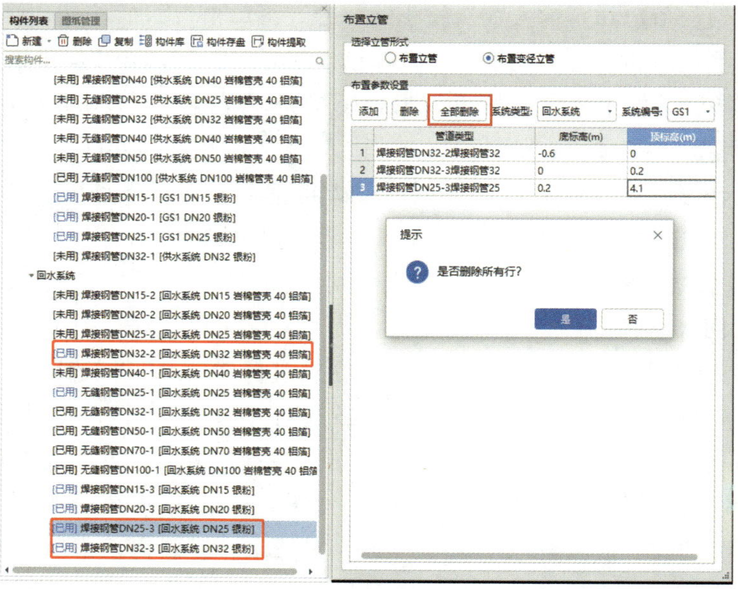

图 4-35　“全部删除”回水立管

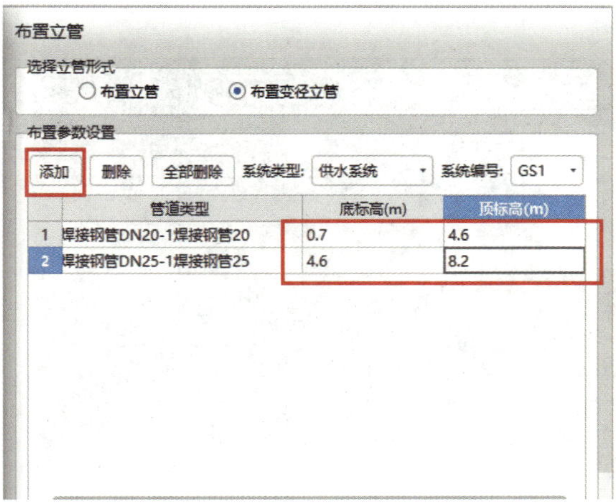

图 4-36 NL3 1～3 层供水立管构件列表

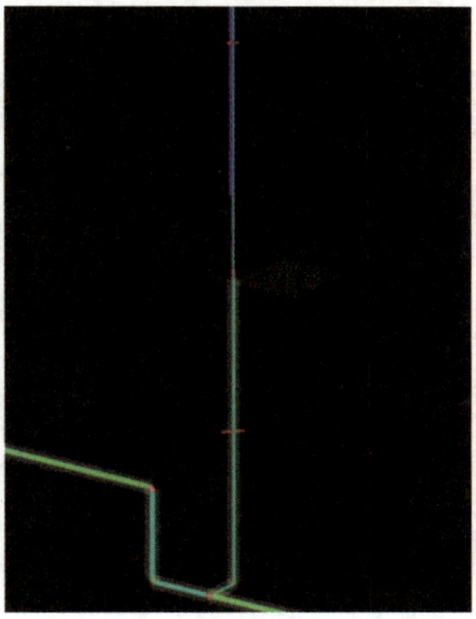

图 4-37 NL3 1～3 层供回水立管的“动态三维”效果

步骤 5:按照上述 4 个步骤,将楼层切换至第 4 层,对 4～6 层供回水立管构件建模;将楼层切换至第 7 层,对 7～9 层供回水立管构件建模;将楼层切换至第 10 层,对 10～12 层供回水立管构件建模(各段立管标高参照表 4-1)。由此 NL3、NL12、NL13、NL19、NL21、NL22 立管构件建模操作全部完成。

步骤 6:重复以上操作步骤,分别完成 NL1、NL2、NL8、NL11、NL18、NL23 这 6 根相同立管构件建模;分别完成 NL4、NL5、NL6、NL7、NL14、NL15、NL16、NL17 这 8 根相同立管构件建模;完成 NL9 立管构件建模;完成 NL10 立管构件建模;完成 NL20 立管构件建模。

3. 散热器支管建模

散热器支管构件建模的基本条件是散热器构件建模完成;立管构件建模完成。本工程实例散热器支管均为标注管径。按设计规范规定,未标注管径的管段,其管径均为焊接钢管 DN15[银粉]。散热器支管的连接采用“散热器连管”方法操作,具体操作步骤如下:

步骤 1:将楼层切换至首层,在导航栏中使“管道(暖)(G)”构件类型处于选中状态。使构件列表中的“焊接钢管 DN15[供水系统 银粉]”也处于选中状态,单击“管道二次编辑”功能区中的“散热器连管”图标按钮,启动该功能,如图 4-38 所示。

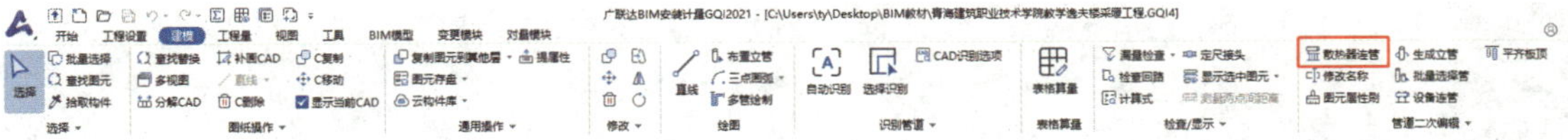

图 4-38 启动“散热器连管”功能

步骤 2:以首层 NL19 对应的散热器组(片数为 25)为例,讲解散热器支管建模操作。在绘图区内,选择 NL19 散热器组,按文字提示“按鼠标左键点选需要连接的散热器,右键确认或 ESC 退出”,选择图中的散热器,选中后散热器图例变成蓝色,如图 4-39 所示,单击鼠标右键确认。此时文字提示“按鼠标左键选择一根或两根需要进行连接的管,右键确认”,选择图中的两根立管,单击鼠标右键确认,图纸中的支管自动以异侧连接的方式连接到散热器上。绘制好的回水支管需要在属性对话框中修改标高。软件默认的管道标高为“层底标高+0.1”,而此散热器组为异侧连接,回水支管在散热器组底敷设,距地面高度为 50 mm,所以将标高修改为“层底标高+0.05”。由此完成散热器支管建模，如图 4-40 所示。

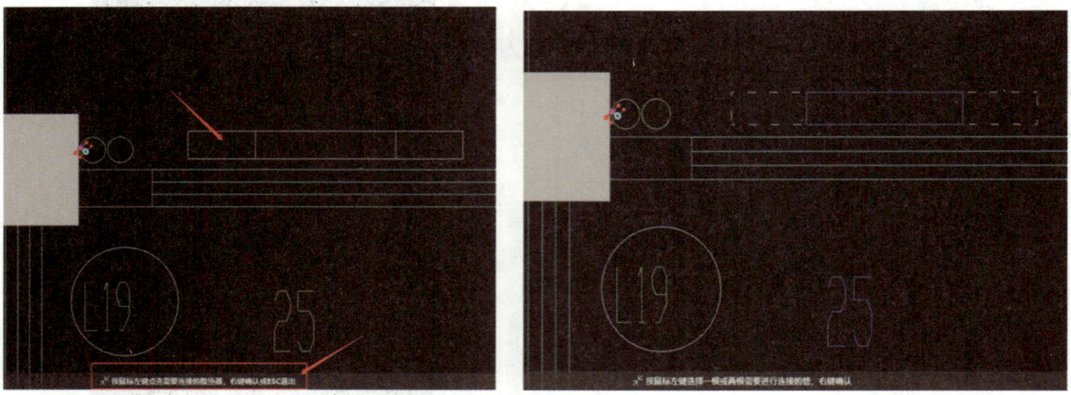

图 4-39　在图纸上单击散热器

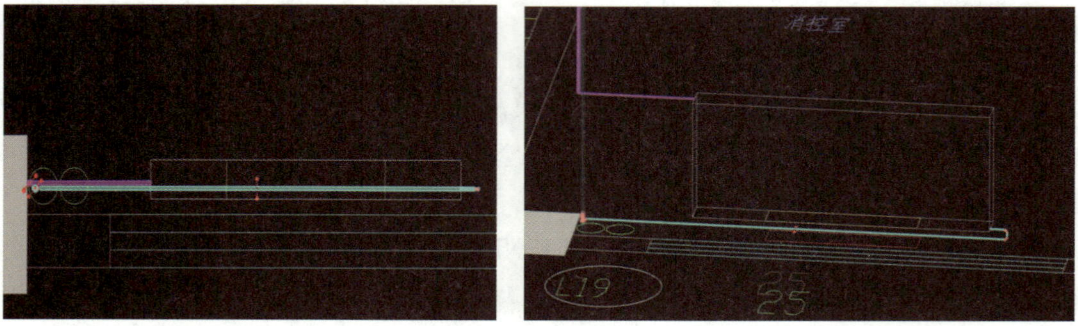

(a)散热器支管建模平面效果　　(b)散热器支管建模三维效果

图 4-40　完成散热器支管建模(异侧连接)

步骤 3:为首层 NL11 对应的散热器组(片数为 7)进行“散热器连管”操作。在绘图区内，选择 NL11 散热器组，按文字提示“按鼠标左键点选需要连接的散热器，右键确认或 ESC 退出”，选择图中的散热器，选中后散热器图例变成蓝色，单击鼠标右键确认。此时文字提示“按鼠标左键选择一根或两根需要进行连接的管，右键确认”，选择图中的两根立管，单击鼠标右键确认，图纸中的支管自动以同侧连接的方式连接到散热器上。由此完成散热器支管建模，如图 4-41 所示。

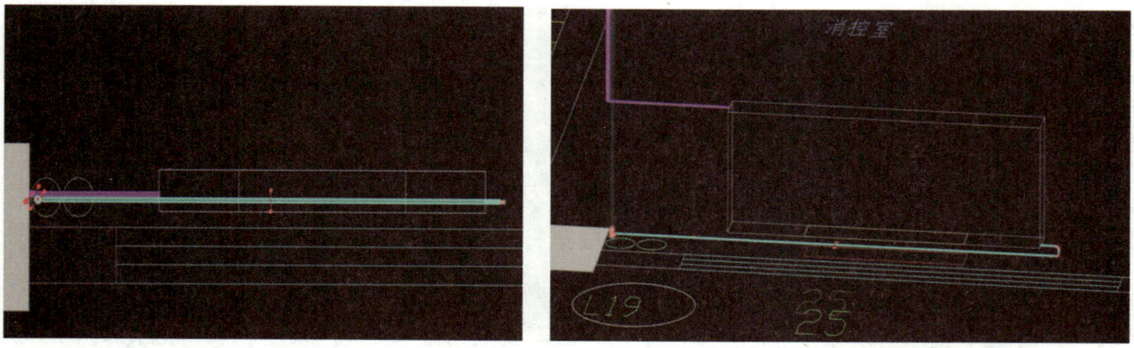

(a)散热器支管建模平面效果　　(b)散热器支管建模三维效果

图 4-41　完成散热器支管建模(同侧连接)

4. 散热器支管 BIM 软件算量与手工算量的比较

此处仅统计 NL19、NL11 焊接钢管 DN15 的散热器支管算量。将“计算式”对话框中的计算结果“导出当前表内容到 Excel”，如图 4-42 所示。将 BIM 软件计算结果与手工计算结果（表 4-2）进行比较，检验 BIM 软件算量的准确性。经比较发现，两者计算结果差别不大，但软件计算节约了大量时间。

计算式

导出当前表内容到Excel

序号	系统类型	系统编号	构件名称	单位	计算式	长度(m)
1	供水系统	GS1	焊接钢管DN15-1	m	0.024+0.559	0.583
2	供水系统	GS1	焊接钢管DN15-3	m	0.853	0.853
3	供水系统	GS1	焊接钢管DN20-1	m	3.900(立)*11	42.900
4	供水系统	GS1	焊接钢管DN20-3	m	3.600(立)*3+7.450(立)+3.600(立)*2	25.450
5	供水系统	GS1	焊接钢管DN25-1	m	6.550(立)*3+2.950(立)+6.550(立)+6.650(立)*4+10.550(立)+6.650(立)	72.950
6	供水系统	GS1	焊接钢管DN25-3	m	3.950(立)*6	23.700
7	供水系统	GS1	无缝钢管DN25-1	m	1.800(立)*6	10.800
8	回水系统	GS1	焊接钢管DN15-1	m	2.070	2.070
9	回水系统	GS1	焊接钢管DN15-3	m	0.881+0.014+0.050(立)	0.945
10	回水系统	GS1	焊接钢管DN25-3	m	3.900(立)*2	7.800
11	回水系统	GS1	焊接钢管DN32-2	m	0.600(立)*2	1.200
12	回水系统	GS1	焊接钢管DN32-3	m	0.100(立)*2+0.200(立)	0.400

图 4-42　BIM 软件计算结果

表 4-2　　BIM 软件算量与手工算量的比较

序号	系统类型	构件名称	计算式/m	长度/m	超过操作高度/m
1	BIM 软件计算散热器支管	焊接钢管 DN15	0.583＋0.853＋2.070＋0.881＋0.014＋0.050(立)	4.451	0.00
2	手工计算散热器支管	焊接钢管 DN15	散热器支管 NL19：立管每层连接一个散热器组（异侧连接），设置散热器房间的轴间距为 3.3，并且立管设在柱边，柱的尺寸为 0.6×0.6，散热器的计算式：$L=a$（轴间距）$-d$（柱厚）$-$0.16（供回水立管与柱面间距和）＋0.2（异侧连接 U 形管长度）＝3.3－0.6－0.16＋0.2＝2.74 散热器支管 NL11：立管每层连接一个散热器组（同侧连接），设置散热器房间的轴间距为 2.4，并且立管设在墙边，墙厚为 0.2，散热器的计算式：$L=a$（轴间距）$-d$（墙厚）$-$0.16（供回水立管与墙面间距和）$-nf$（n 为散热器组片数，f 为单片散热器厚度，取 0.06）＝2.4－0.2－0.16－7×0.06＝1.62	4.360	0.00

三、阀门法兰及管道附件建模

根据采暖工程构件的建模顺序，在完成平面图中所有管道构件的建模后，需要进行阀门法兰及管道附件的建模。

在导航栏中，无论选中“阀门法兰（暖）（F）”构件类型，还是选中“管道附件（暖）（A）”构件类型，功能区均无变化，说明软件为这两种类型构件提供的功能是相同的。它们均以“个”为计量单位，其建模方法均为“设备提量”，可参照之前章节来完成建模，这里就不再介绍。

习 题

1. 本工程实例采取哪种供暖方式？有什么特点？
2. 识别散热器构件的步骤有哪些？如何根据图纸信息新建散热器构件并编辑属性？
3. 简述采暖工程的特点。
4. 简述散热设备工程量计算规则。
5. 简述采暖管道工程量计算规则。
6. 同侧连接与异侧连接散热器支管的安装高度有何不同？
7. 本工程实例涉及哪几种管径的立管？
8. 如何对不同管径的立管进行快速建模？
9. 采暖工程的供水管道和回水管道构件建模有何不同？
10. 如何对本工程实例中的阀门法兰及管道附件建模？

第五章
通风空调工程建模

章节概述

本章以青海建筑职业技术学院教学逸夫楼项目为例，详细讲解广联达 BIM 安装计量软件 GQI2021 在通风空调工程中建模的全过程操作。通风空调工程的工程量计算是建筑领域中一个复杂且重要的环节，由于涉及多个专业领域的知识，如建筑结构、流体动力学、热力学等，因此这一计算过程既烦琐又要求精确。通风空调工程的 BIM 应用技术基于图形识别和人工智能，通过对通风图纸的自动解析，实现对工程量的智能化、自动化计算，从而大大提高计算精度和工作效率。

学习目标

知识目标：1. 熟悉通风与空调系统的组成，了解空气处理设备的类型及构造。
2. 了解风管阀门的类型，了解风口的类型。

能力目标：1. 能够进行通风与空调系统绘制前的准备。
2. 能够创建分管管件及附件。
3. 能够在风管及设备上添加保温层。
4. 能够创建机械设备，能够创建风管末端。

素质目标：1. 培养创新精神和协作精神。
2. 培养工匠精神，树立专业荣誉感和使命感。
3. 培养认真严谨、求真务实、开拓进取、吃苦耐劳的精神。

第一节　通风空调工程特点及建模前的基本操作

一、通风空调工程特点及工程量计算规则

1. 通风空调工程特点

通风空调工程涉及多个专业领域和多种工程内容，主要涉及的工程内容如下：

(1)风管的制作、安装。在风管工程量计算时，按材质、形状、类型、板料厚度、外形尺寸分档，计算步骤烦琐。如在风管工程量计算规则中需要考虑：风管长度的确定原则(以施工图所示风管中心线长度为准)；支管与主管分界点(以中心线交点为界)；风管长度包括管件长度，不包括部件长度；计算面积时，不扣除检查孔、风口等所占面积，也不增加咬口、管口重叠部分面积等。

(2)风管配件的制作、安装。风管配件包括弯头、三通、异径管、法兰盘、导流叶片等。

(3)风管部件的制作、安装。风管部件包括风口、调节阀、消声器、检查孔、吊支架等。

(4)通风设备的安装。通风设备包括除尘器、过滤器、风机等。

(5)风管的除锈、刷油、保温。

(6)吊支架、加固框等的制作、安装。

利用BIM技术能够显著提高通风空调工程工程量计算精度和速度。软件可一键识别通风空调回路，自动区分回路和不同规格的通风管道。通过通风模型进行计算，在模型中集中设置各系统的材质、风压等级等参数，设置简单、快速。计算完成后自动按材质、风压等级、大边长等区分风管厚度，集中工程量计算准确。

2. 通风空调工程工程量计算规则

(1)风管工程量计算规则

风管的工程量基于施工图所示规格，按展开面积进行计算，不扣除检查孔、测定孔、送风口、吸风口等所占的面积。对于圆形风管，其展开面积计算公式为$F=\pi\times D\times L$，其中F表示圆形风管的展开面积，D表示直径，L表示管道中心线长度。对矩形风管，其展开面积则按图示周长乘管道中心线长度来计算。风管展开及折边是通风空调工程中重要的部分，它们的工程量计算直接影响工程的造价。在计算风管展开及折边的工程量时，需要考虑以下因素：

①风管的材质。不同材质的风管展开及折边的工程量计算规则不同，例如，金属风管和玻璃钢风管的计算规则就有很大差异。

②风管的规格。风管的规格不同，其展开及折边的工程量也会有所不同。例如，大规格的风管展开及折边的工程量一般比小规格的风管大。

③风管的长度。风管的长度影响展开及折边的工程量，风管的长度越大，需要的材料就越多，相应的工程量也就越大。风管的长度应以施工图所示的中心线长度为准，包括弯头、三通、变径管、天圆地方等管件的长度，但不包括部件本身所占的长度。直径和周长应按照图示尺寸展开计算，咬口重叠部分已包含在项目内，不需另行增加。

④折边的宽度。折边的宽度影响展开及折边的工程量，折边的宽度越大，需要的材料就越多，相应的工程量也就越大。

⑤风管导流叶片。风管导流叶片的制作和安装按图示叶片的面积计算。

⑥其他通风部件。其他通风部件包括风帽、泛水、排气罩和皮带防护罩等，它们的工程量计算也有具体的规则：风帽以“个”为计量单位；泛水按下口直径或大边长，以“平方米”为计量单位；排气罩按下口周长，以罩体的展开面积计算，以“平方米”为计量单位；皮带防护罩按皮带周长，以“个”为计量单位。

(2)风口工程量计算规则

风口安装是通风空调工程中必不可少的一环，其工程量计算规则主要考虑以下因素：

①风口的大小和形状。不同的风口大小和形状会影响其安装难度和所需材料，从而影响工程量。例如，大尺寸的方形风口安装时需要的支架和固定件较多，相应的工程量就会较大。

②风口的质量。质量较大的风口需要更多的安装步骤和材料，因此其工程量也相对较大。

③安装的高度。风口安装的高度会影响其工程量，因为安装高度越大，所需的支架和固定件越多，相应的工程量也就越大。

(3)风阀工程量计算规划

风阀安装是通风空调工程中影响气流的重要因素，其工程量计算规则主要考虑以下因素：

①风阀的大小。不同大小的风阀安装所需的材料和工时不同，从而影响其工程量。一般来说，大尺寸风阀的安装工程量较大。

②风阀的种类。不同种类的风阀安装方法不同，所需的材料和工时有很大差异，例如，电动风阀和手动风阀的安装工程量就有很大差别。

③安装位置。风阀安装的位置影响其工程量，例如，安装在吊顶内与安装在墙上的风阀，其安装工程量就有很大差异。

总的来说，这些规则确保了通风空调工程工程量计算的准确性和一致性，有助于合理估算成本和材料需求。在进行具体计算时，应详细参考相关规范和设计图纸，以确保计算结果的准确性。

二、通风空调工程实例图纸分析

本章所用图纸为“青海建筑职业技术学院教学逸夫楼采暖通风施工图”。楼层设置与采暖工程中的楼层设置大体相同，1～6 层卫生间排风平面图和 7～12 层卫生间排风平面图单独绘制了详图，图纸内容详见表 5-1。

表 5-1　采暖通风空调工程实例图纸信息

图号	图名	楼层序号	层高/m	室内楼层地面标高/m	专业
设施 01	设计说明及材料表				采暖工程、通风工程
设施 02	基础层(地下室)通风平面图	基础层(−1)	4.2	−4.2	
设施 03	通风管道剖面图				
设施 04	基础层(地下室)管道平面图	基础层(−1)	4.2	−4.2	
设施 05	首层采暖平面图	首层(1)	3.9	0	
设施 06	2 层采暖平面图	2	3.6	3.9	
设施 07	3 层采暖平面图	3	3.6	7.5	

续表

图号	图名	楼层序号	层高/m	室内楼层地面标高/m	专业
设施 08	4 层采暖平面图	4	3.6	11.1	采暖工程、通风工程
设施 09	5 层采暖平面图	5	3.6	14.7	
设施 10	6 层采暖平面图	6	3.6	18.3	
设施 11	7 层采暖平面图	7	3.6	21.9	
设施 12	8 层采暖平面图	8	3.6	25.5	
设施 13	9 层采暖平面图	9	3.6	29.1	
设施 14	10 层采暖平面图	10	3.6	32.7	
设施 15	11 层采暖平面图	11	3.6	36.3	
设施 16	12 层采暖平面图	12	4.8	39.9	
设施 17	13 层通风平面图	13	4.2	44.7	
设施 18	1～6 层卫生间排风平面图 7～12 层卫生间排风平面图				
设施 19	西环路采暖系统图				
设施 20	东环路采暖系统图				

本工程实例楼梯间为自然排风，其前室均采用机械加压送风系统。电梯机房采用机械通风进行通风降温，换气量按 15 次/时计算。地下室均设有机械送风系统和机械排风(兼排烟)系统。排风系统风机选用消防耐高温双速排烟风机，平时为低速排风，发生火灾时切换到高速排烟。排风系统中的多叶排烟口平时常闭，百叶排风口常开。地下室排风时，风由上部百叶排风口排出。发生火灾时，多叶排烟口电动或手动打开，双速排烟风机切换到高速排烟，与排风口共同排出烟量。

通风管穿越风机房隔墙处设置防火阀，排烟系统中设置 280 ℃防火阀，送风系统中设置 70 ℃防火阀。在发生火灾进行排烟时，要求送风机的送风量为排烟量的 50%。平时地下室送风量按换气次数计算：库房 3 次/时，水泵房配电间 6 次/时。排烟风机的启动除就地控制外，亦可在消防控制中心控制。

风管采用薄镀锌钢板，钢板风管板材厚度详见表 5-2。风管弯头按弧形半径 200 mm 制作成导流叶片，排烟管道厚度为 2 mm。风管法兰垫片采用 8501 阻燃密封胶带，以减少漏风。排风系统风机的软接头为防火软接头。送风管支架间距为 3 m。

表 5-2　钢板风管板材厚度

风管长边尺寸 b/mm	板材厚度/mm				
	微压、低压系统风管	中压系统风管		高压系统风管	除尘系统风管
		圆形	矩形		
$b\leqslant320$	0.5	0.5	0.5	0.75	2.0
$320<b\leqslant450$	0.5	0.6	0.6	0.75	2.0
$450<b\leqslant630$	0.6	0.75	0.75	1.0	3.0

续表

风管长边尺寸 b/mm	板材厚度/mm				
	微压、低压系统风管	中压系统风管		高压系统风管	除尘系统风管
		圆形	矩形		
$630<b\leqslant 1\ 000$	0.75	0.75	0.75	1.0	4.0
$1\ 000<b\leqslant 1\ 500$	1.0	1.0	1.0	1.2	5.0
$1\ 500<b\leqslant 2\ 000$	1.0	1.2	1.2	1.5	按设计要求
$2\ 000<b\leqslant 4\ 000$	1.2	按设计要求	1.2	按设计要求	按设计要求

注：1. 螺旋风管的板材厚度可比圆形风管减少 10%～15%。

2. 排烟系统风管板材厚度可按高压系统选取。

3. 不适用于地下人防与防火隔墙的预埋管。

三、通风空调工程建模前的基本操作

1. 新建工程

新建工程时，将“工程名称”设为“青海建筑职业技术学院教学逸夫楼通风空调工程”，在“工程专业”的下拉菜单中选择“通风空调”，其余设置与采暖工程新建时设置相同，如图 5-1 所示。在确认设置无误后，单击“创建工程”按钮，完成新建工程的操作。

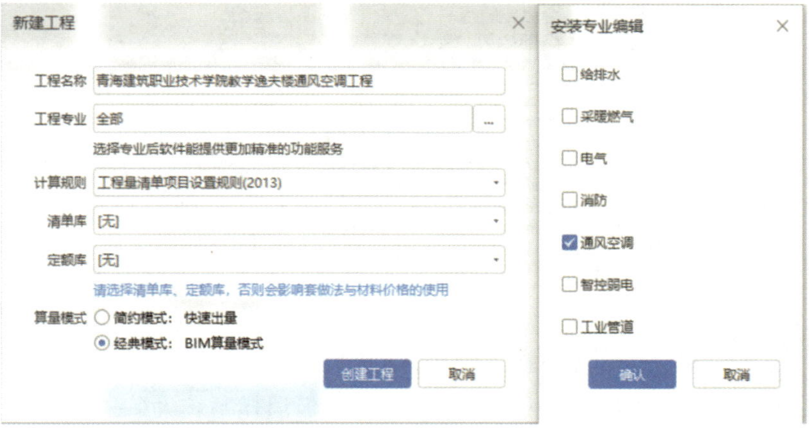

图 5-1　新建通风空调工程

2. 工程设置

(1)楼层设置

参照采暖工程楼层设置的方法，并结合表 5-1，完成本工程实例的楼层设置。需要注意的是，图纸中地下室设有送风管道和排烟管道，首层和第 12 层层高不同，需要单独设置，13 层设有排烟风机，设为屋顶层。楼层设置如图 5-2 所示。

(2)计算设置

单击“工程设置”选项卡“工程设置”功能区中“计算设置”图标按钮，弹出“计算设置”对话框。在对话框中将“是否计算风管末端封堵”调整为“是”，并将“是否计算弯头导流叶片”调整为“否”，如图 5-3 所示。

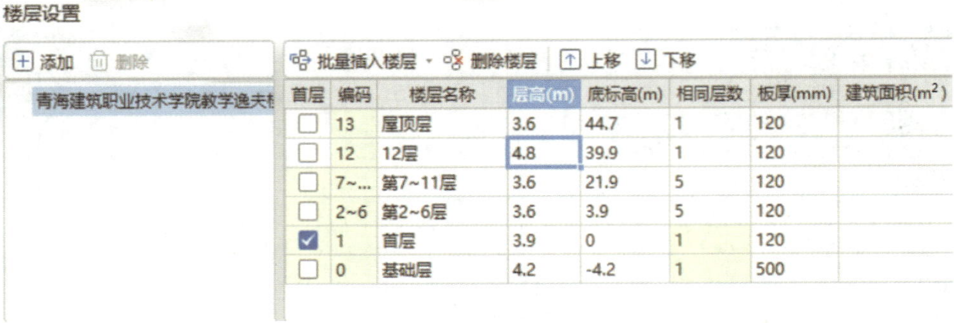

图 5-2　楼层设置

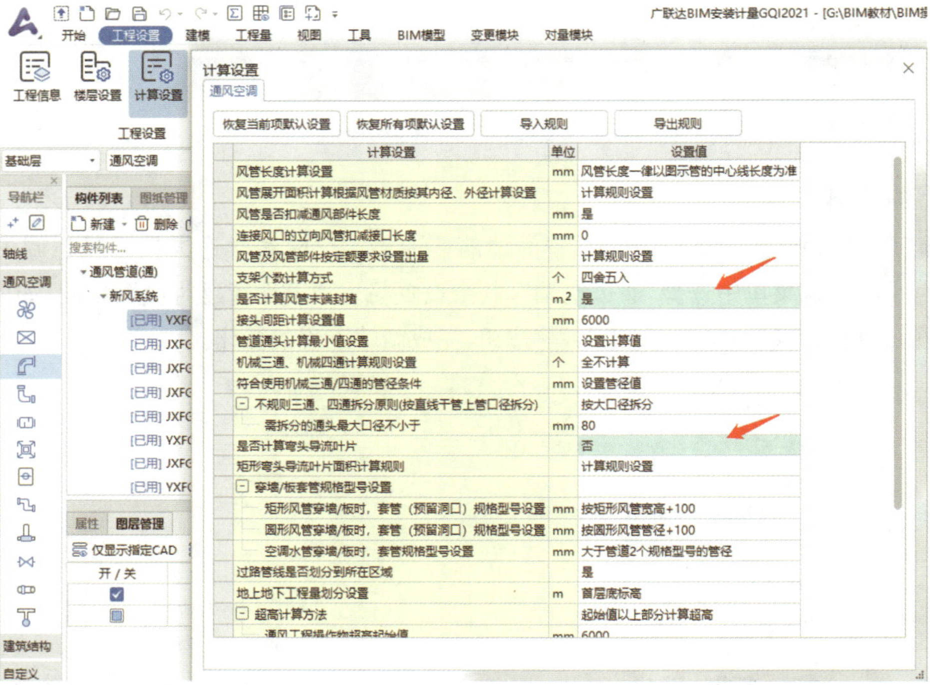

图 5-3　“计算设置”对话框

需要说明的是，在工程实际中，由于制作风管的钢板消耗率较大（一般超过 10%），有时不对风管末端封堵额外计算。另，本次设计不作严格要求，故导流叶片不考虑在本次建模中。

(3)其他设置

本工程实例风管厚度严格按照《通风与空调工程施工质量验收规范》(GB 50243－2016)执行，软件已将该规范内置，无须额外设置。

在实际工程中，出现设计不按照《通风与空调工程施工质量验收规范》的情况时，可单击“工程设置”功能区“其他设置”图标按钮，在弹出的“其他设置”对话框“风管材质厚度设置”选项卡中进行相应调整，如图 5-4 所示。

(4)添加图纸

将“青海建筑职业技术学院教学逸夫楼采暖通风施工图”图纸添加到绘图区中。添加图纸的具体操作如下：

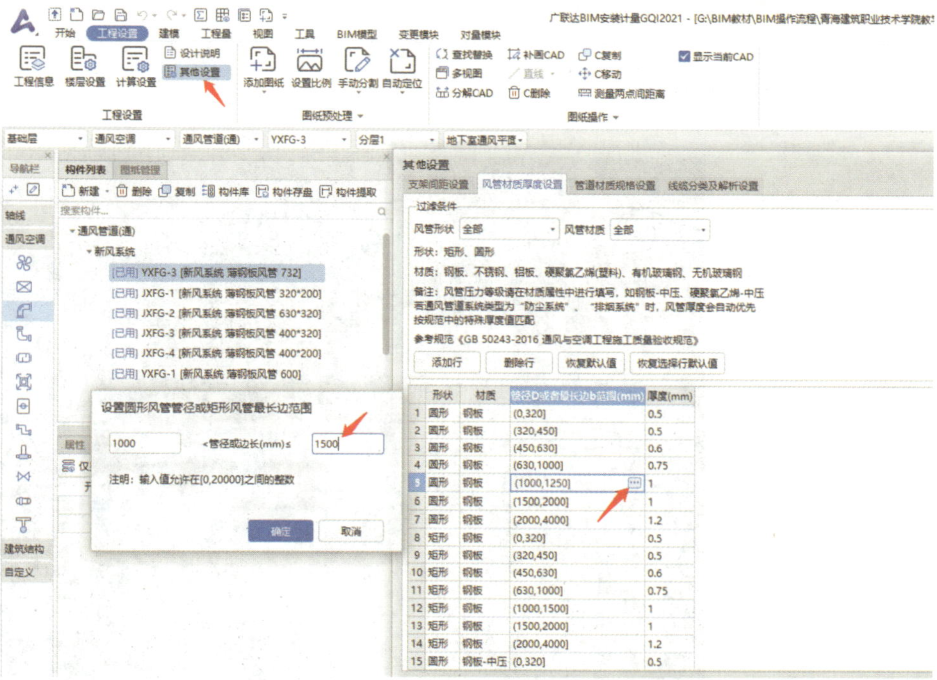

图 5-4　“其他设置”对话框

单击“图纸预处理”功能区中“添加图纸”图标按钮，界面右侧出现“添加图纸”对话框，单击该对话框的“添加图纸”图标按钮，单击文件存放位置图标，再单击“打开”图标按钮，这样“青海建筑职业技术学院教学逸夫楼采暖通风施工图”就被添加进来，在图纸管理区会增加对应的内容，如图 5-5 所示。

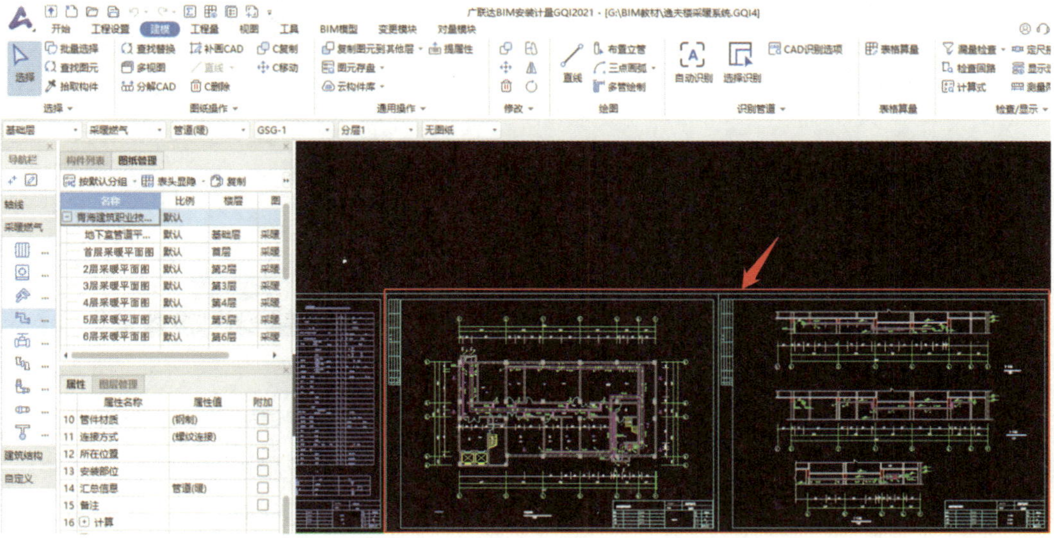

图 5-5　添加图纸

(5)分割图纸

单击“工程设置”选项卡“图纸预处理”功能区中“自动分割”图标按钮，根据文字提示，选择绘图区中需要分割的平面图，如图 5-6 所示。被选中的图纸内容全部变成蓝色，单击鼠标右键确认，在图纸管理区中自动生成图纸名称，如图 5-7 所示。

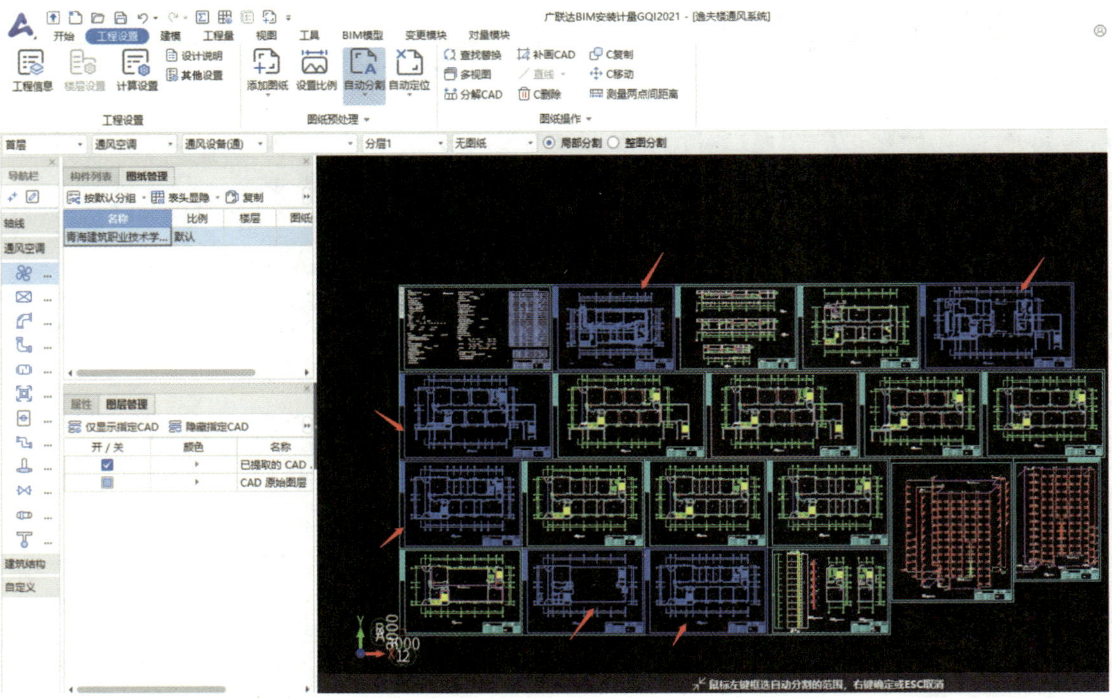

图 5-6　框选需要分割的平面图

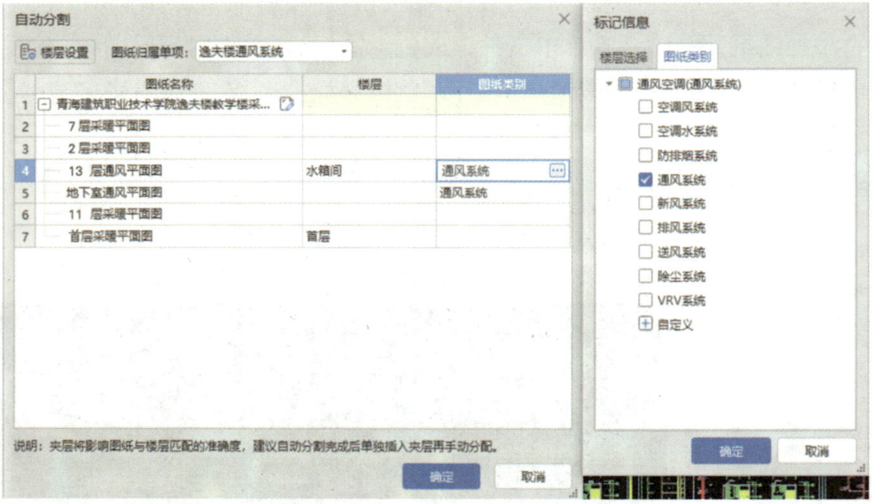

图 5-7　“自动分割”图纸名称的确定

如果“自动分割”对话框中“图纸名称”列内容与预期图纸名称不符，可单击图纸名称，此时在绘图区内被软件自动命名的图纸就会闪烁，单击提取图纸名称，为图纸重命名。在“楼层”列中单击扩展按钮，弹出“标记信息”对话框，将此对话框选项设为“基础层”，单击“确定”按钮。在“图纸类别”中单击扩展按钮，在弹出的“标记信息”对话框中勾选“通风系统”前复选框，单击“确定”按钮。按列表顺序继续向下操作，以此类推，完成 1～12 层图纸的自动分割。完成所有楼层自动分割后，单击图 5-8 所示对话框中的“确定”按钮，在绘图区内，被分割的图纸都加上了黄色外框，如图 5-9 所示。分割完成后软件将自动设为“分层 1”。

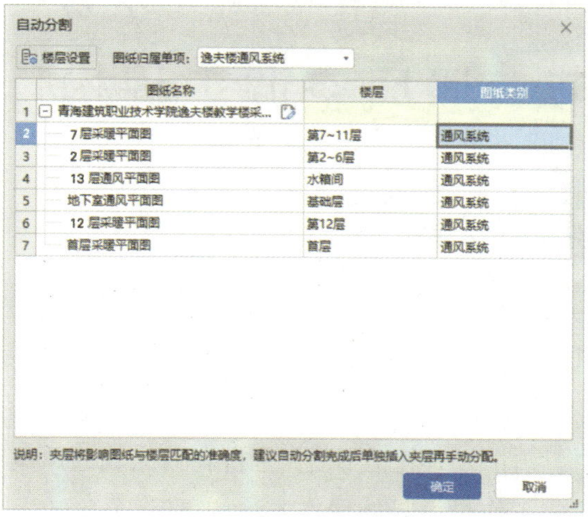

图 5-8　“自动分割”对话框

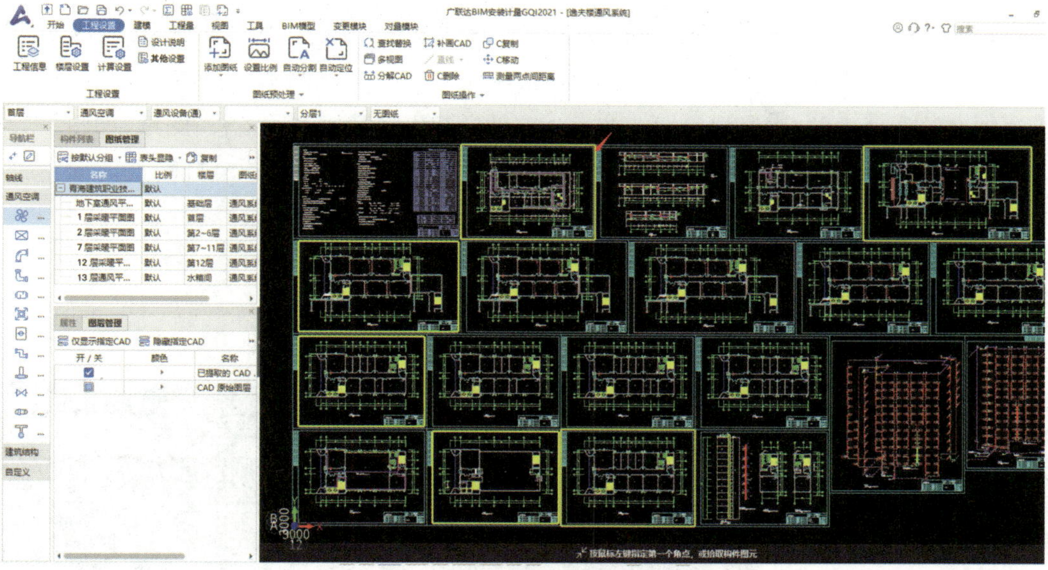

图 5-9　被自动分割的图纸

(6)图纸定位、设置比例

按之前章节讲述的操作方法，依次完成图纸定位、设置比例的操作。

四、通风空调工程构件的建模顺序

根据通风空调工程的算量特点，安排构件的建模顺序，如图 5-10 所示，从最底层（基础层）开始逐层向上完成建模操作。

图 5-10　通风空调工程构件的建模顺序

第二节　通风空调工程构件建模

一、通风设备建模

按照通风空调工程构件建模的顺序，首先对通风设备构件进行建模。本工程实例可以通过识别“材料表”来为构件建模。需要注意的是，由于本工程图中设备材料表是按风机、风管进行划分的，且风机风量等参数存在格式差异，因此识别“材料表”建模的效果并不理想，需要进行二次编辑。可以利用“提属性”功能配合识别“材料表”，完成通风设备构件建模操作，从而在一定程度上减轻手动输入的工作量。具体操作方法如下：

步骤1：在图纸管理区双击“基础层通风平面图”，绘图区内“基础层通风平面图”即处于打开状态，如图5-11所示。将界面切换至构件列表，在页签区单击“图纸预处理”功能区中的“添加图纸”图标按钮，再单击“插入CAD”图标按钮，界面弹出“打开文件”对话框。在文件指引下插入添加在绘图区内的“青海建筑职业技术学院教学逸夫楼通风空调工程”图纸，如图5-12所示。单击“图纸操作”功能区中的“C删除”“C移动”图标按钮对插入的CAD图纸进行处理，如图5-13所示，保留材料表及图例，处理后的图纸效果如图5-14所示。

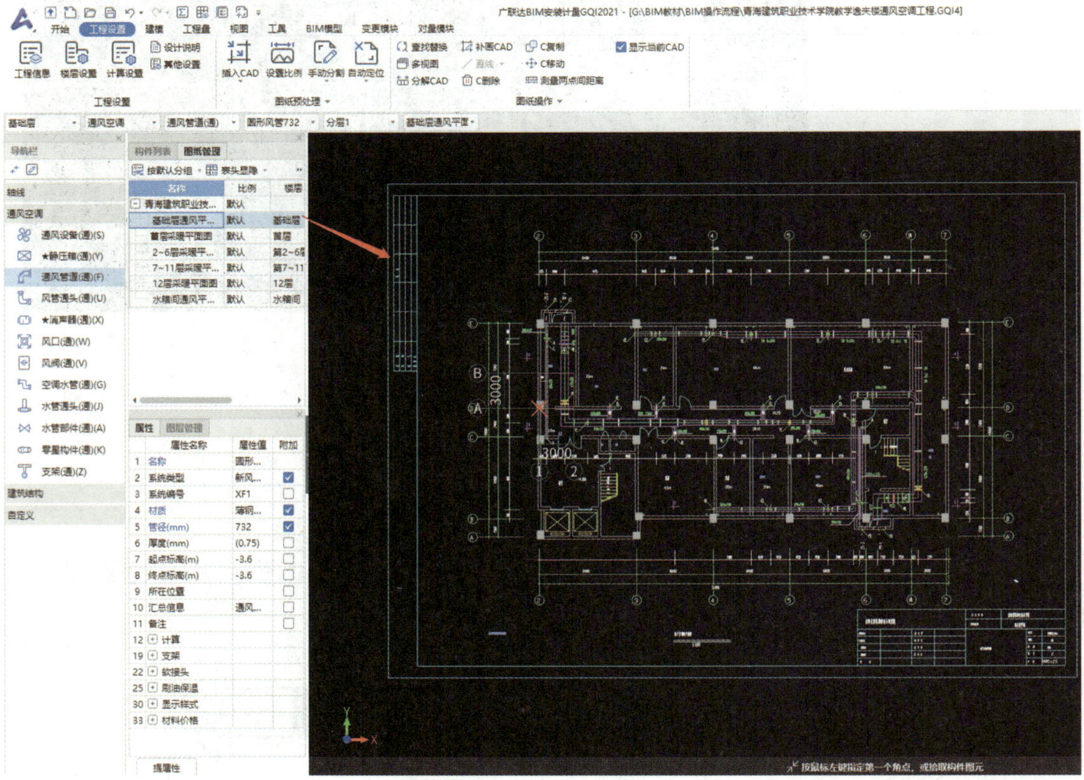

图5-11　打开“基础层通风平面图”

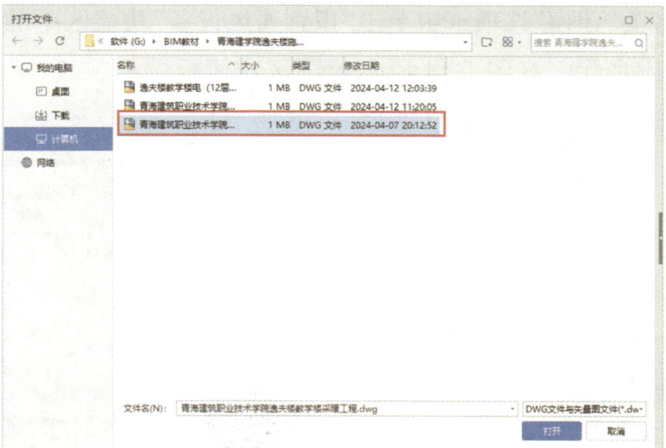

图 5-12　插入通风空调工程图纸

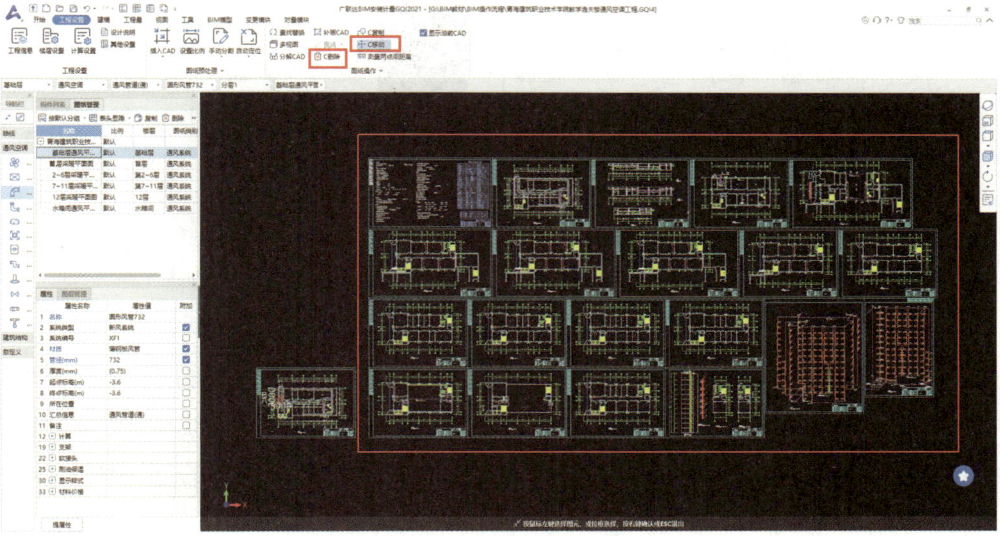

图 5-13　对插入的 CAD 图纸进行处理

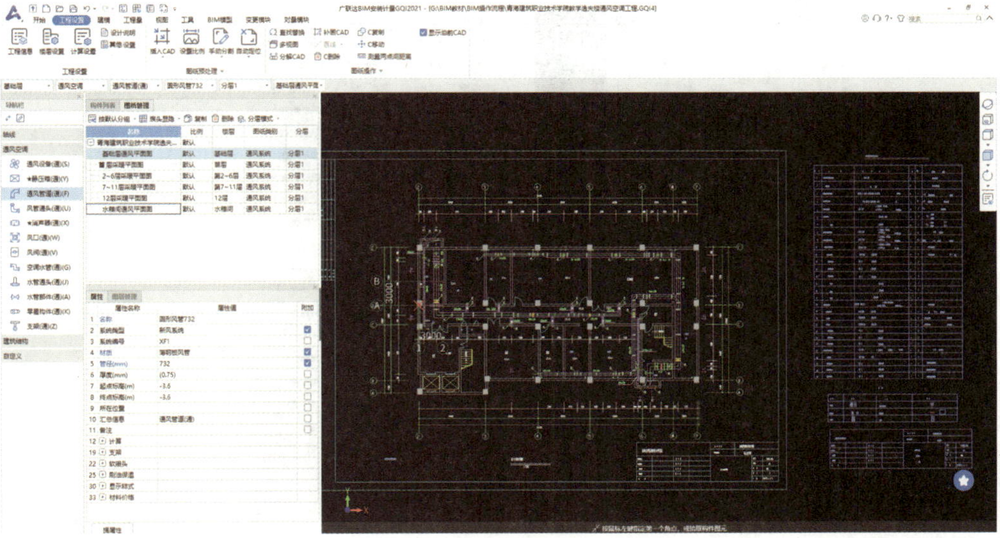

图 5-14　处理后的图纸效果

步骤 2：在页签区的“建模”选项卡中单击“识别通风设备”功能区中的“材料表”图标按钮，启动该功能，如图 5-15 所示。在图 5-14 所示绘图区右侧框选材料表，单击鼠标右键确认，弹出“识别材料表一请选择对应列”对话框，如图 5-16 所示。

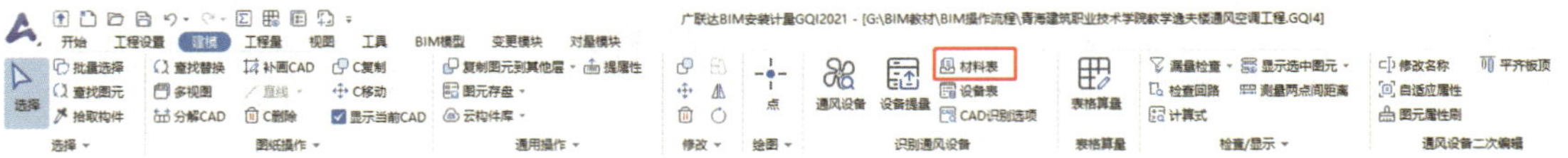

图 5-15　启动“材料表”功能

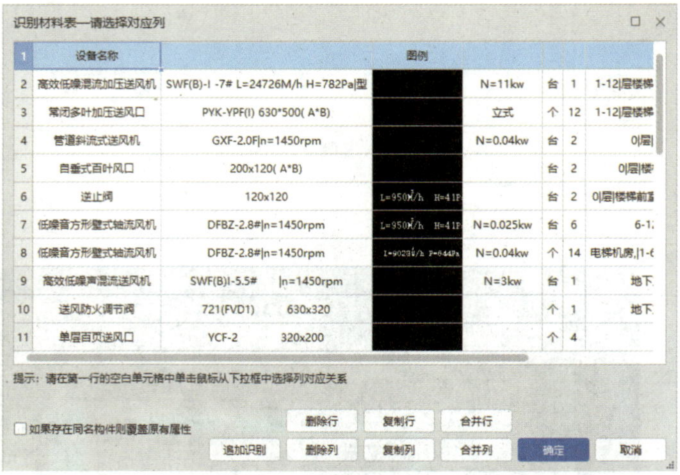

图 5-16　“识别材料表一请选择对应列”对话框

步骤 3：在“识别材料表一请选择对应列”对话框中进行“删除行”“删除列”操作。例如，单击选择需要删除的行，被选中行的填充色变成蓝色，此时单击“删除行”图标按钮，即可完成删除行的操作。如此操作可删除被识别的材料表中多余的行和列，编辑后的“识别材料表一请选择对应列”对话框，如图 5-17 所示。

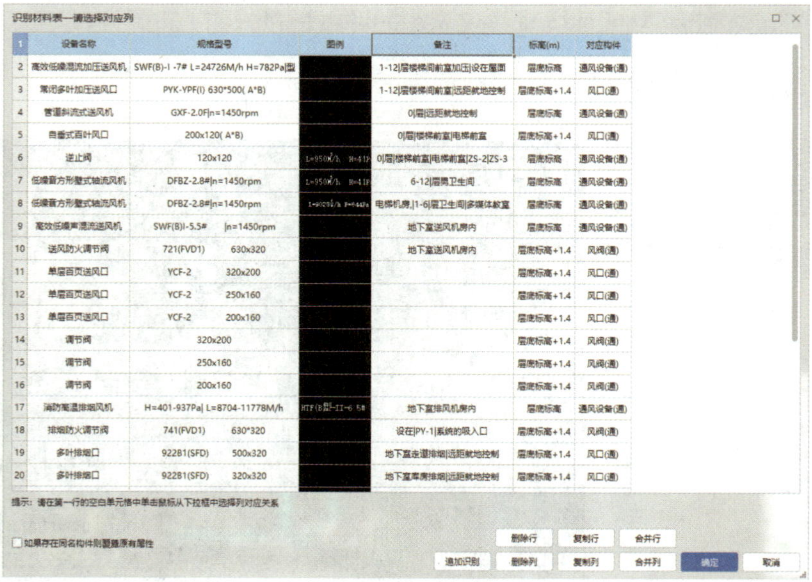

图 5-17　编辑后的“识别材料表一请选择对应列”对话框

步骤 4:在“识别材料表—请选择对应列”对话框中编辑没被识别的属性和图例。单击图 5-18 中箭头所指位置,被选中的位置出现扩展按钮,单击此扩展按钮,“识别材料表—请选择对应列”对话框关闭,回到原操作界面。在图例表中框选“混流风机”及其图例,并单击鼠标右键,该属性就被加载到“识别材料表—请选择对应列”对话框中“图例”的位置(图 5-19),单击“确定”按钮,完成操作。经过加载,弹出“识别完毕”提示窗口,单击“关闭”按钮。在构件列表中显示被识别的通风设备名称及属性,如图 5-20 所示。

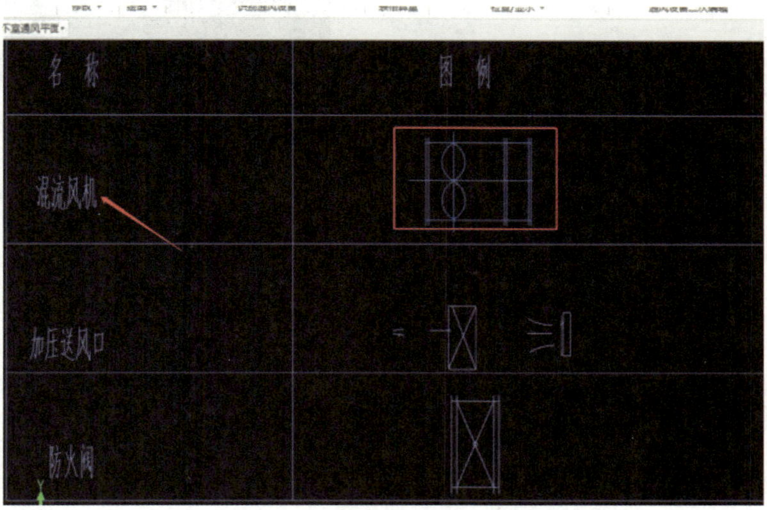

图 5-18　识别图例编辑过程图

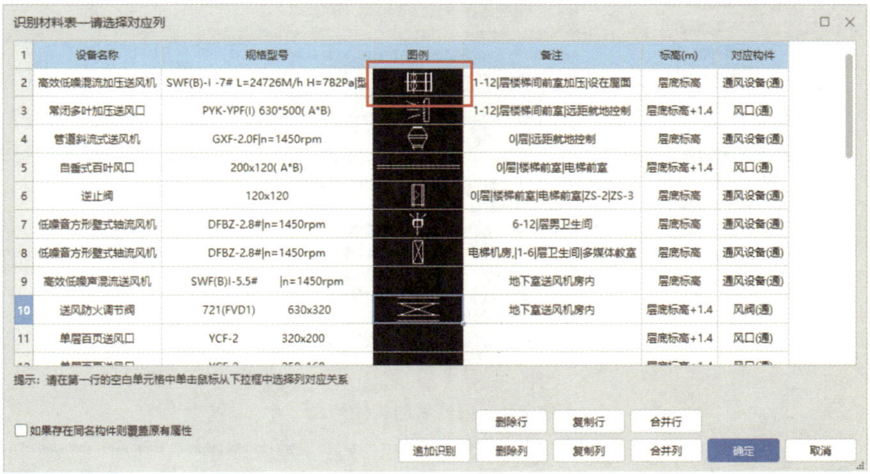

图 5-19　图例识别

步骤 5:在导航栏中使“通风设备(通)(S)”构件类型处于选中状态,使用“设备提量”的方法完成列表中通风设备这类构件的建模。编辑后的构件列表如图 5-21 所示。

步骤 6:打开导航栏,在“风阀(通)(V)”构件列表中有各类阀门构件,它们是在识别“材料表”后软件根据“材料表”自动识别而来的。启动“风阀提量”功能(图 5-22),对列表中的“风阀(通)(V)”进行风阀提量。

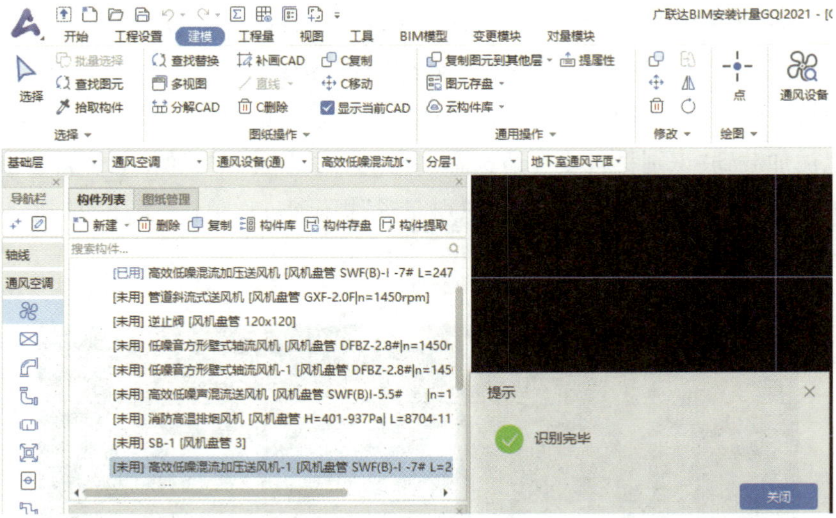

图 5-20　被识别的通风设备

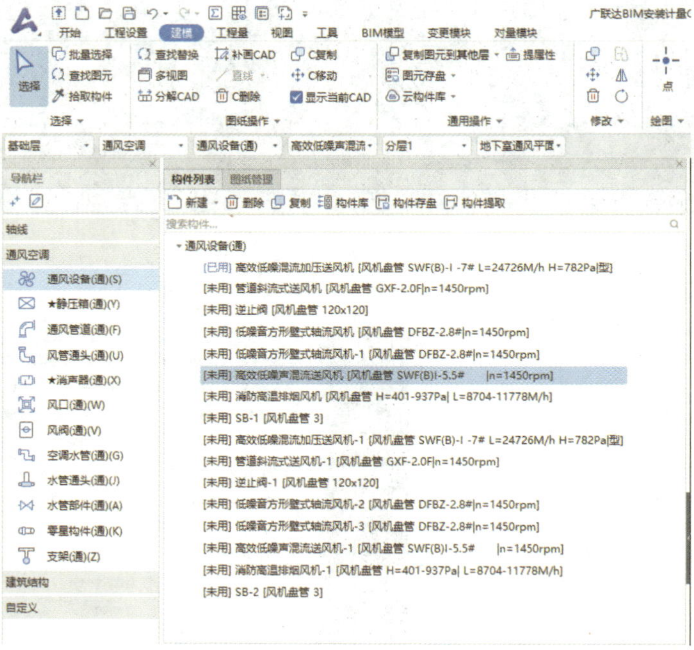

图 5-21　编辑后的构件列表

图 5-22　启动“风阀提量”功能

二、风管建模

在平面操作中，软件为通风管道提供了两种建模方法（“选择识别”和“按系统编号识别”）和一种绘图方法（“直线”绘制）。绘图方法建模非常低效，只在个别情况下使用，其操作步骤在前文已做讲解，这里不再说明。风管的建模主要是通过识别来完成。这两种建模方法都能完成风管的建模，但它们不仅在操作细节上有差别，在建模效率、适用范围和缺点上也有较大的不同(表 5-2)。两种建模方法具体操作如下：

表 5-2　　不同风管建模方法的比较

风管建模方法	建模效率	适用范围	缺点
选择识别	一般	处理零星构件时	对构件属性细节处理效率较低
按系统编号识别	高	适合同一系统内标高相同或差别不大的情况；严格区分通风系统的情况	每次操作只能完成一段或几段风管的识别，非相同标高情况下，后期调整工程量较大

1. 选择识别

步骤 1：在导航栏中使“通风管道(通)(F)”构件类型处于选中状态，在构件列表中单击“新建”下拉菜单，选择“矩形风管”或“圆形风管”。选择“矩形风管”时，构件列表中自动创建一个名为“JXFG-1[新风系统(薄钢板风管)200 * 200]”的矩形风管构件，如图 5-23 所示；选择“圆形风管”时，构件列表中自动创建一个名为“YXFG-1[新风系统(薄钢板风管)200]”的圆形风管构件，如图 5-24 所示。按图纸要求依次修改新建构件的属性，修改完成后，使用复制功能继续添加风管，在构件列表中将显示所有尺寸的风管。

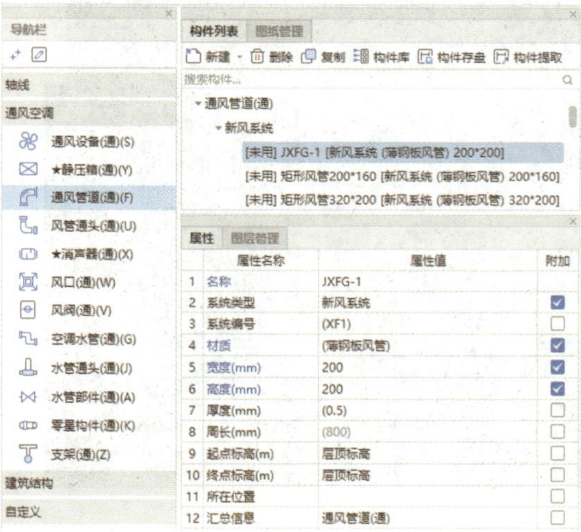

图 5-23　新建矩形风管构件“JXFG-1”

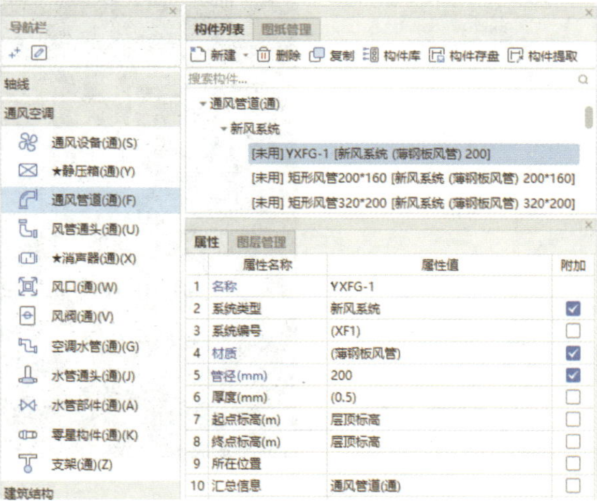

图 5-24　新建圆形风管构件“YXFG-1”

步骤 2：在构件列表中，选择需要识别的风管构件，如选择 320×200 矩形风管，在功能区中单击“选择识别”图标按钮，启动该功能。单击图中 320×200 矩形风管的两侧边线，如图 5-25 所示，被选中的两条边线变成蓝色，单击鼠标右键确定。弹出“选择要识别成的构件”对话框，核对属性，确认无误后单击“确认”按钮，如图 5-26 所示。在绘图区即显示 320×200 矩形风管构件被识别后的图形，如图 5-27 所示。以此类推，识别构件列表中所有风管构件，识别完成后的效果如图 5-28 所示。

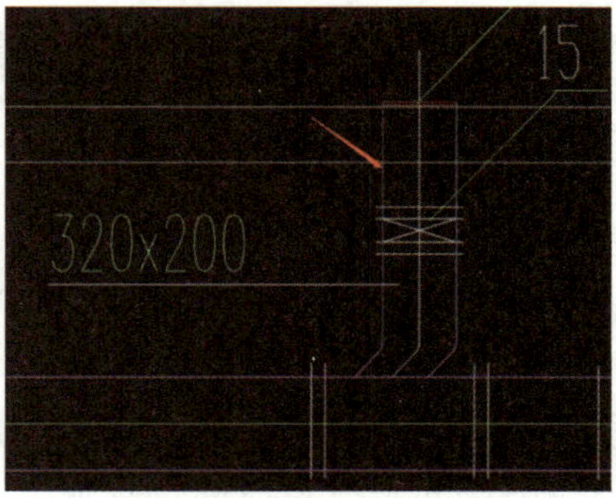

图 5-25　选择 320×200 矩形风管边线

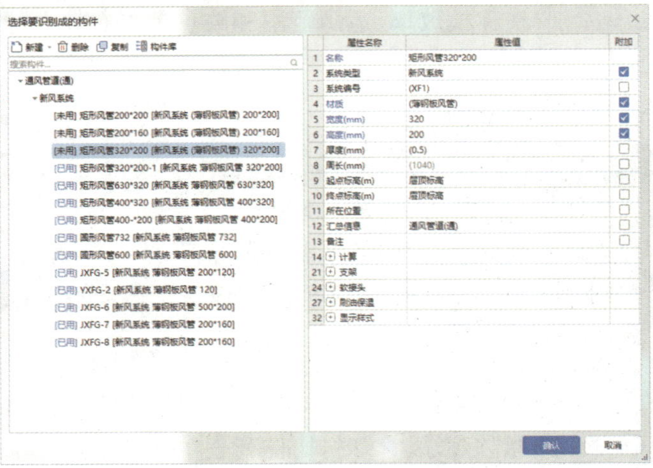

图 5-26　识别 320×200 矩形风管构件

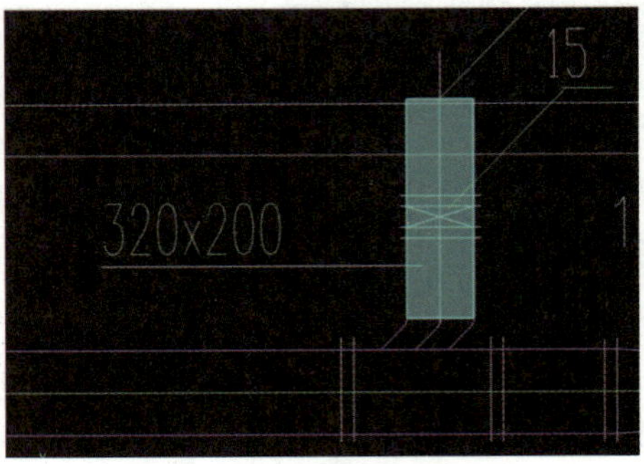

图 5-27　选择识别完成的 320×200 矩形风管构件效果

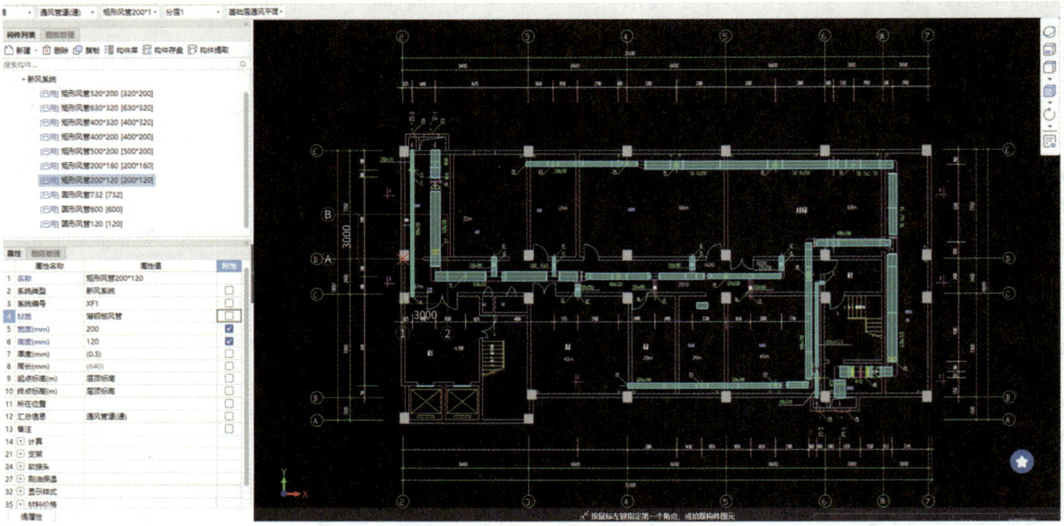

图 5-28　选择识别完成的所有风管构件效果

2. 按系统编号识别

图 5-29　“构件编辑窗口”对话框

步骤 1：在导航栏中使“通风管道（通）（F）”构件类型处于选中状态，在功能区中单击“按系统编号识别”图标按钮，启动该功能。根据下方文字提示“左键选择风管的两侧边线和标注，右键确认或 ESC 退出”，在绘图区单击选中图中一个标识，如“320×200”，再选择 320×320 矩形风管的两侧边线，如图 5-25 所示，被选中的两侧边线和标识都变成蓝色，单击鼠标右键确定。弹出“构件编辑窗口”对话框，如图 5-29 所示。在相应的位置输入相应的属性值，核对属性，确认无误后单击“确认”按钮。完成后的效果如图 5-30 所示。

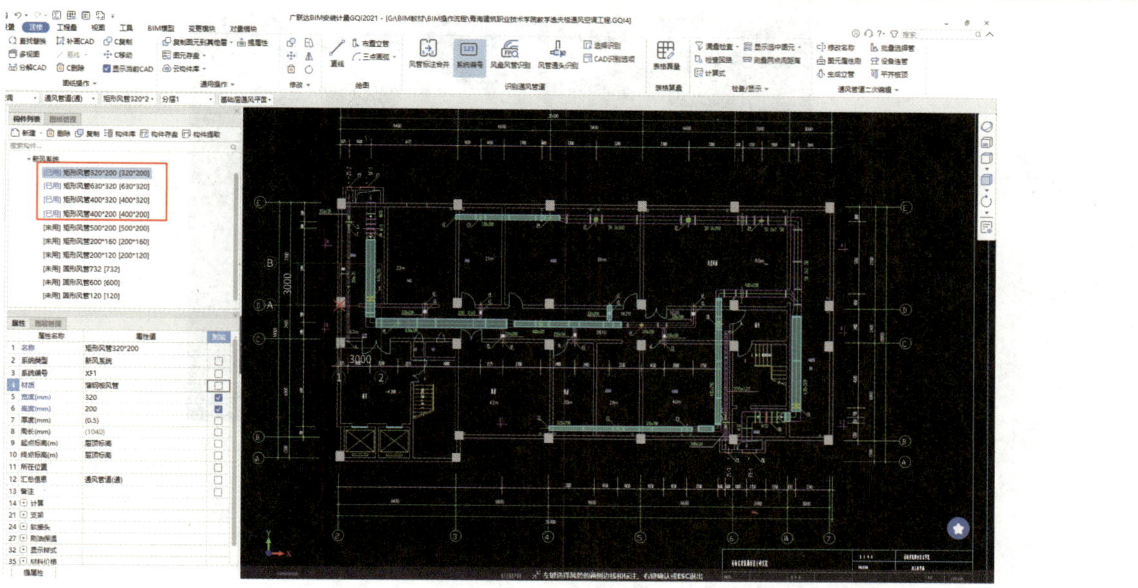

图 5-30　按系统编号识别完成的风管构件效果

步骤 2:从按系统编号识别完成的风管构件效果来看，有些风管未被识别。对未被识别的风管重复上一步操作，直至图中所有风管都被识别为止。在识别过程中，会遇到确实无法用“按系统编号识别”的风管，这种情况下可以采用“选择识别”的方法。所以风管构件识别可以同时采用“按系统编号识别”和“选择识别”来进行。

在用上述两种方法识别完成的风管平面图布置中，风管接头处未生成连接管件，可利用软件提供的“风管通头识别”功能，快速进行风管通头构件建模。

在步骤 1 操作界面下，单击“识别通风管道”功能区中的“风管通头识别”图标按钮，根据下方文字提示“左键点选或者框选要生成通头的风管，右键生成风管通头或 ESC 退出”进行操作(只有系统类型和材质都相同的风管之间才能生成通头)，生成通头后的效果如图 5-31 所示。图中已被识别的通头显示为红色，同时仍存在个别未被识别的通头，它们需要单独调整。选中未被识别通头的风管，风管的上、中、下即出现 3 个绿色小点，单击此风管并按住鼠标左键不放，将其拉伸至需要生成通头的风管上，如图 5-32 所示。风管建模完成的“动态三维”效果如图 5-33 所示。

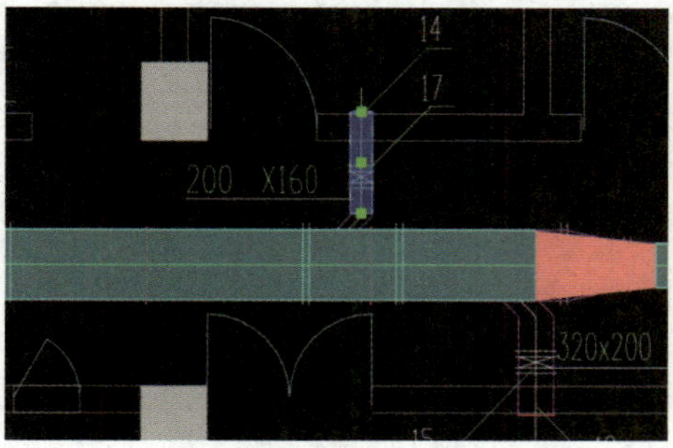

图 5-31　利用“风管通头识别”功能生成通头

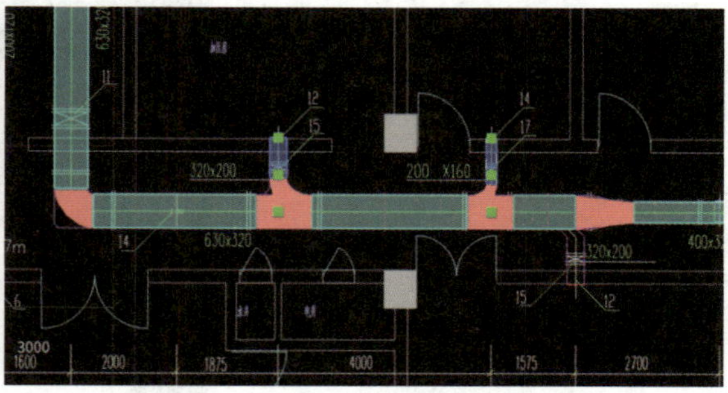

图 5-32　未被识别的通头处理后的效果

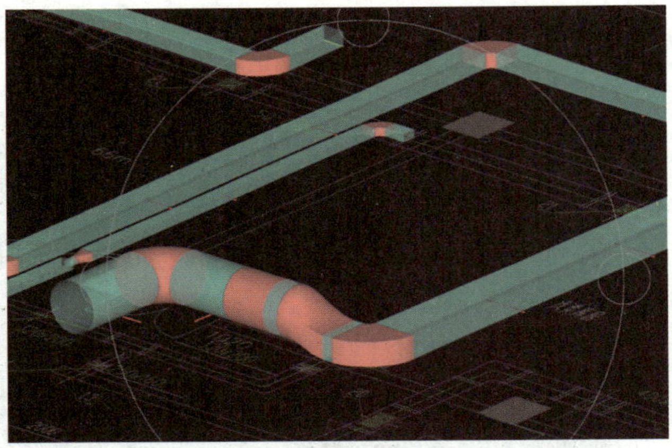

图 5-33　风管建模完成的“动态三维”效果

三、风口建模

步骤 1:在导航栏中使“风口(通)(W)”构件类型处于选中状态,在构件列表中单击“新建”图标按钮,再单击“新建风口”,在构件列表中自动创建一个名为“FK-1[风口]”风口构件,如图 5-34 所示。在“识别风口”功能区中单击“系统风口提量”图标按钮,启动该功能。根据下方文字提示“左键选择系统风口图例,右键确认或 ESC 退出”,在绘图区框选一个风口图例,如图 5-35 所示。该风口尺寸为 400×320,此时风口图例变成蓝色,单击鼠标右键确认。在绘图区“全图识别”下拉菜单中选择“全图识别”,单击鼠标右键确认,弹出“设置风口属性”对话框,如图 5-36 所示。在“风口规格”输入风口尺寸 400×320,并使用“提属性”功能提取风口属性,风口类型选择“竖向风口”,核对属性,确认无误后单击“确定”按钮。

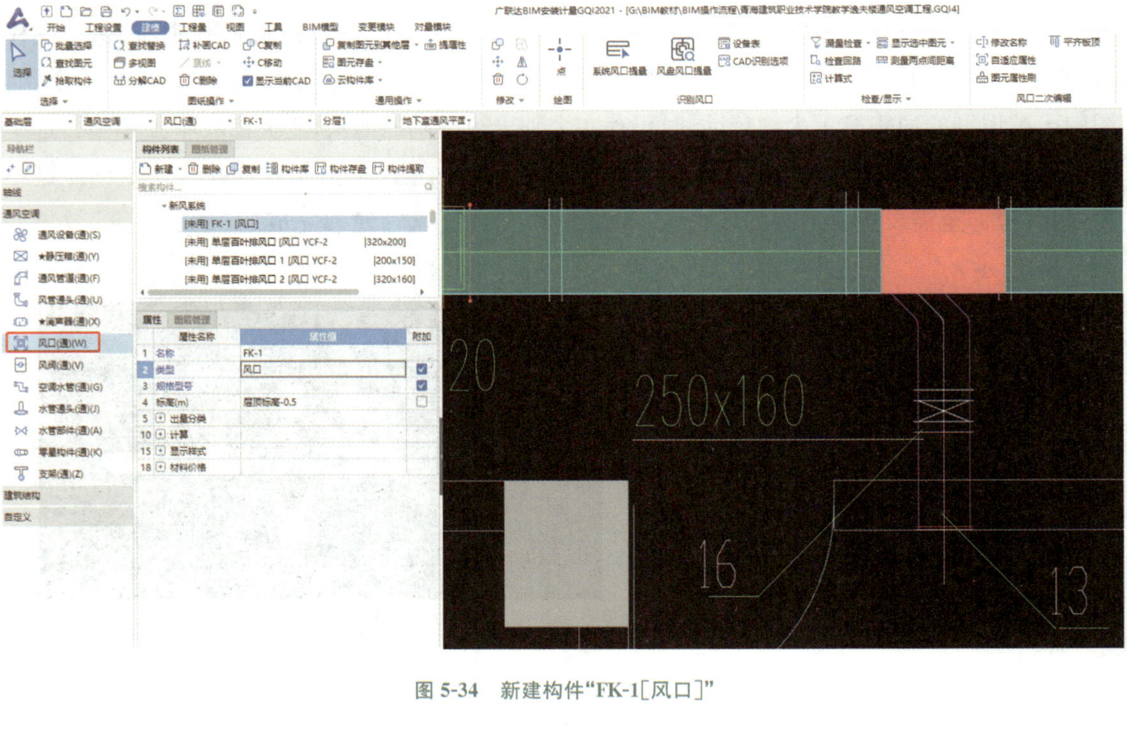

图 5-34　新建构件“FK-1[风口]”

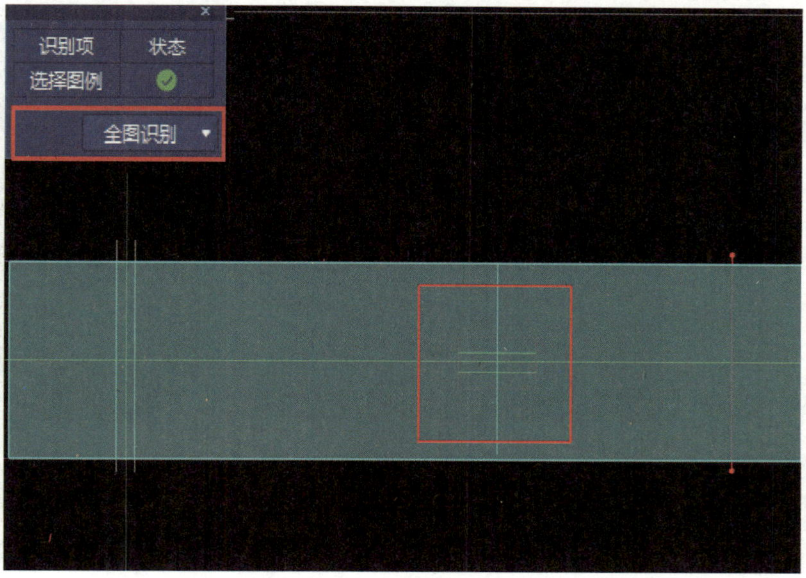

图 5-35　框选风口图例

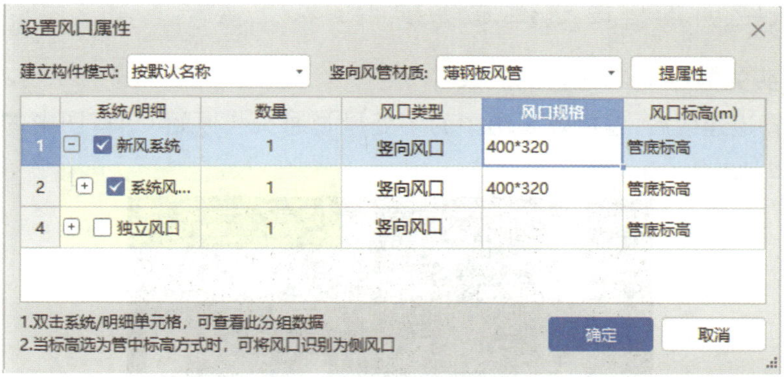

图 5-36　“设置风口属性”对话框

步骤 2：图纸中设计了安装在侧墙的百叶窗风口，如图 5-37 所示。它们属于侧墙式风口。为保证建模构件属性与实际安装方式一致，风口建模后需要在属性对话框中对相应属性值进行修改。在构件列表复制一个已建好的竖向风口，并在属性对话框中将风口类型的属性值修改为“侧墙式”，风口尺寸按图中标注的风口尺寸修改。并启动“系统风口提量”功能完成侧墙式风口的提量。

步骤 3：使用复制功能继续进行不同尺寸风口构件的建模操作。在风口构件属性对话框中按图纸要求依次修改新建构件的属性，需要备注各风口类型。最终所有类型、尺寸的风口均显示在构件列表中。

四、零星构件建模

通风空调工程零星构件与给排水工程零星构件相同，主要也是穿越楼板或墙身的套管构件。本工程实例并没有对套管构件提出设计要求，因此无须进行套管构件的建模。

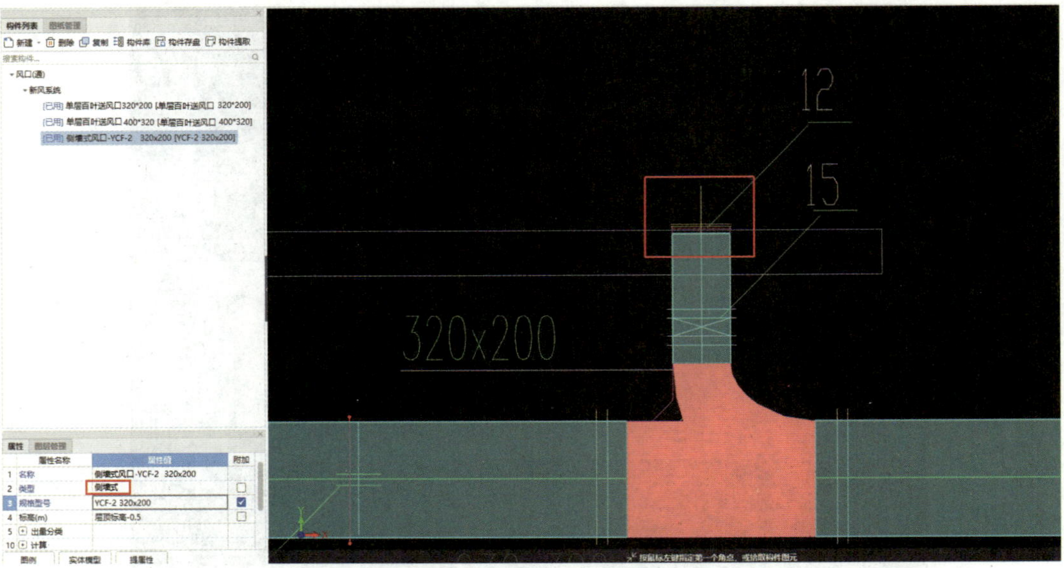

图 5-37　安装在侧墙的百叶窗风口

五、通风空调工程建模注意事项

1. 风管通头的效果与工程量的关系

完成通风管道建模后，建模效果图中的多处风管通头与原始 CAD 图中的风管通头存在差异，如图 5-38 所示。

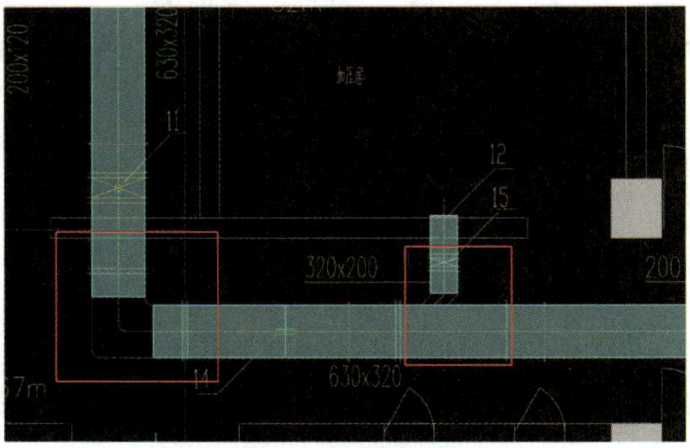

(a) 原始 CAD 图

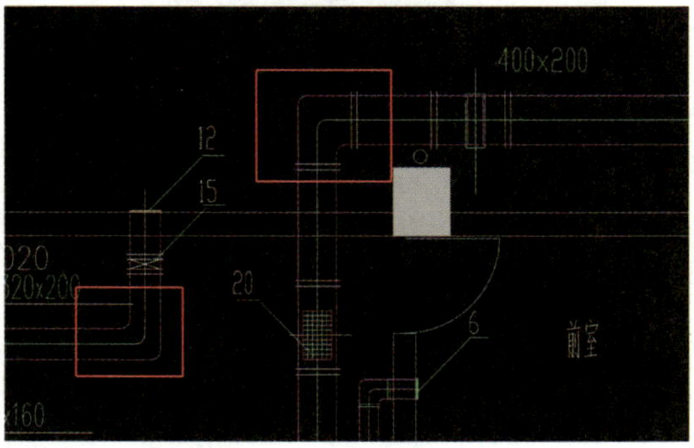

(b)建模效果图

图 5-38　风管通头原始 CAD 图与建模效果图

启动“检查/显示”功能区中的“查看线性图元长度”功能，检查通头两侧风管的长度。可以发现，风管长度是以管道中心交点为界线来计算的，这与计算规则中计算风管长度的方法一致。因此虽然软件显示风管通头略有差异，但并不影响风管工程量的计算。遵循这一原则，若建模仅为快速算量，则在风管通头处保证中心交点准确即可，如图 5-39 所示。

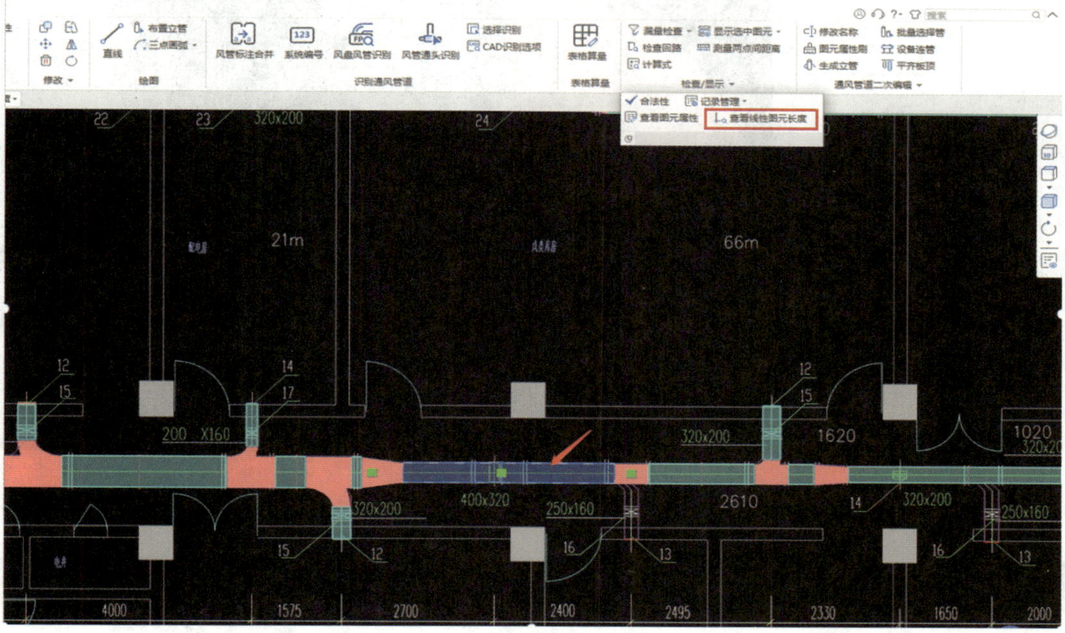

图 5-39　风管通头计算检查

2. 设备连接软接头

风管与设备连接时，软件会自动生成软接头，如图 5-40 所示。软件默认采用帆布材质，每处长度为 200 mm，如图 5-41 所示。如需调整材质和软接头长度，可在风管构件列表中对“软接头材质”和“软接头长度(mm)”的属性值进行修改。

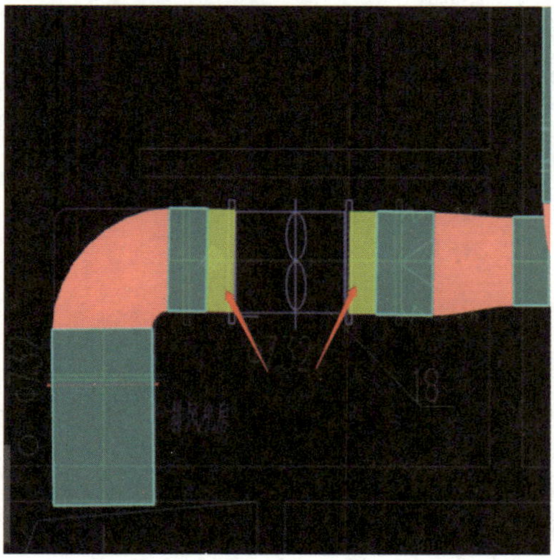

图 5-40　风管与设备连接处自动生成的软接头

按照上述各项操作方法，并牢记相关注意事项，即可完成本工程实例的建模操作。

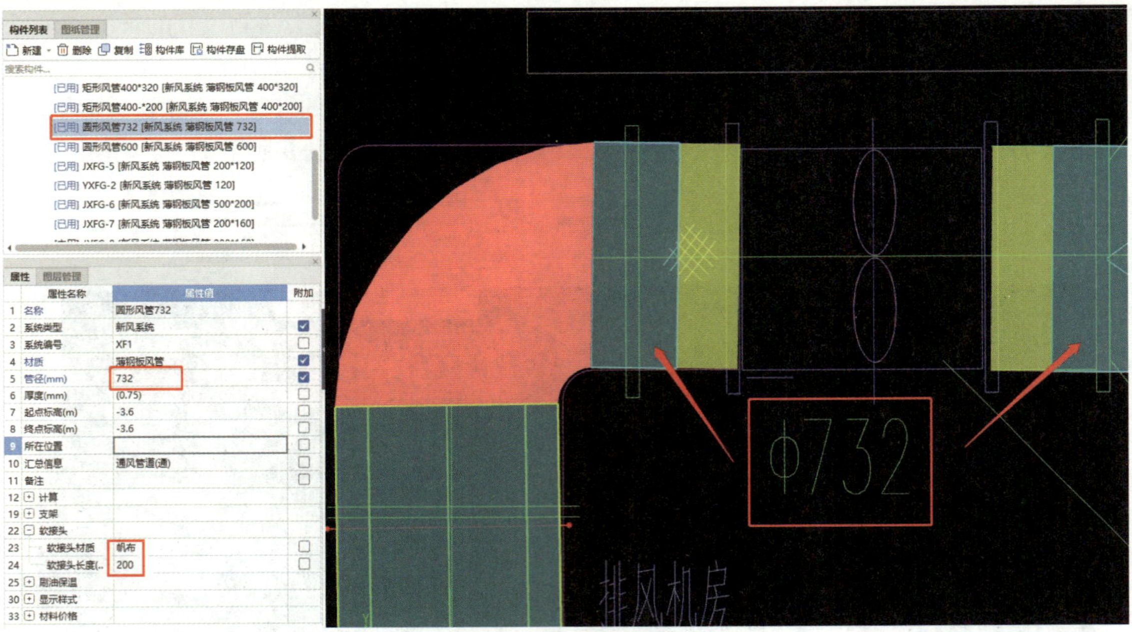

图 5-41 软接头默认属性

习 题

1. 本工程实例涉及的工程内容有哪些？
2. 识别风管构件的步骤有哪些？如何根据图纸信息新建风管构件并编辑属性？
3. 简述风管工程量的计算规则。
4. 简述风口工程量的计算规则。
5. 简述风阀工程量的计算规则。
6. 钢板风管板材厚度如何选取？
7. 两种风管建模方法的不同之处有哪些？
8. 风口构件建模步骤有哪些？

第六章
电气工程建模

章节概述

本章以青海建筑职业技术学院教学逸夫楼项目为例，详细讲解广联达BIM安装计量软件GQI2021在电气工程中建模的全过程操作，并介绍如何对数据进行存储、查询、统计和分析，为后续的工程设计和决策提供有力的支持。电气工程的BIM应用技术基于先进的算法和数学模型，能够自动识别和处理数据，不仅可以完成电气工程工程量的计算，还可以对计算结果进行数据管理和分析，进一步提高计算效率和准确性。

学习目标

知识目标：1. 熟悉配电配线工程的组成，了解电气工程特点及分类。

2. 了解BIM软件算量的基本原理和特点，掌握BIM软件算量的基本流程。

能力目标：1. 能够进行配电配线工程建模前期准备。

2. 能够进行防雷接地工程建模前期准备。

3. 能够创建配电箱柜和桥架。

素质目标：1. 通过对电器构件的创建与使用，培养创新精神和协作精神。

2. 培养工匠精神，树立专业荣誉感和使命感。

3. 强化安全意识，在电气工程的设计和应用中确保用电安全。

第一节 电气工程特点及建模前的基本操作

一、电气工程特点

房屋建筑电气工程根据用途可分为配电工程、动力工程、照明工程和防雷接地工程。前三者可统称为配电配线工程，其计算重点和难点在于需要根据电气系统图来计算电线和电缆等长度。电气工程具备下列特点：灯具的数量和种类繁多；电气线路及配管计算烦琐；配电箱、配电柜等电气设备较多；电线、电缆型号和规格繁多；开关和插座数量较多；有避雷、防雷和接地装置。

针对电气工程上述特点，需要对下列构件进行建模：配电箱及设备、灯具、开关、插座、电线、电缆及其配管等，接闪器、引下线、接地装置和其他零星构件。

二、电气工程实例图纸分析

本章所用电气工程图纸为“青海建筑职业技术学院教学逸夫楼电气施工图”。楼层信息已在表 2-1 中列出。本工程实例图纸包括施工设计说明及材料表，配电系统图，基础接地平面图，1～12 层干线、插座及照明平面图，屋顶层平面图等，设计范围包括动力、照明、防雷接地工程。

室内照明主干线选用 BV 型绝缘铜芯线，配电系统用电缆选用 YFD-YJV 型和普通 YJV 型电缆。应急照明选用自带蓄电池的应急照明灯、应急疏散指示灯。接闪器选用 ϕ12 mm 镀锌圆钢作为避雷带，利用建筑物剪力墙内两根主筋作为防雷引下线，并利用建筑物基础底板上层钢筋连接作为接地装置。

建筑的 2～5 层共用一张电气工程图纸，且各层层高等信息均相同，因此可将 2～5 层设置为标准层。图纸中有金属桥架，并规定金属桥架的安装高度为梁下 0.1 m。由本工程实例的梁体结构图纸可知，梁高为 600 mm，考虑桥架厚度、楼板厚度及便于安装施工等原因，确定金属桥架安装高度为安装楼层的层顶高度－0.8 m。

三、电气工程建模前的基本操作

1. 新建工程

新建工程时，在“工程专业”的下拉菜单中选择“电气”，将“工程名称”设为“青海建筑职业技术学院逸夫楼电气工程”，其余设置与给排水工程新建时设置完全相同，如图 6-1 所示。在确定选项设置无误后，单击“创建工程”按钮，完成新建工程的操作。

2. 工程设置

(1)楼层设置

参考前几章楼层设置方法，结合表 2-1，完成本工程的楼层设置，楼层设置如图 6-2 所示。

(2)其他设置

本工程实例除楼层设置外，其他设置按默认设置即可。

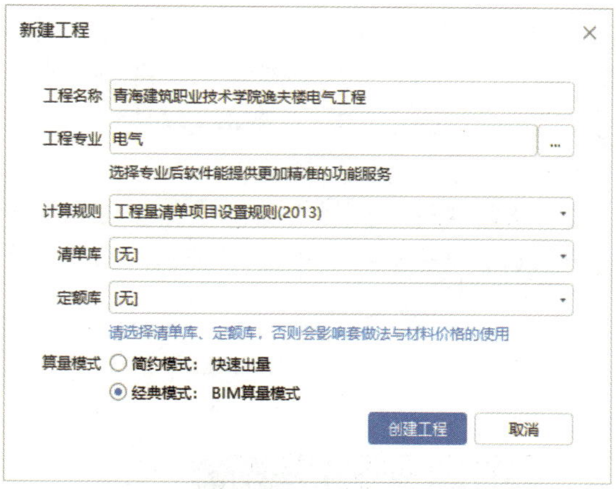

图 6-1 新建电气工程

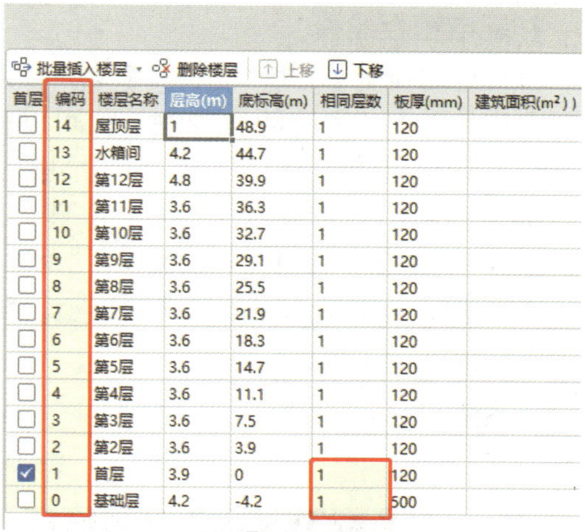

首层	编码	楼层名称	层高(m)	底标高(m)	相同层数	板厚(mm)	建筑面积(m^2)
	14	屋顶层	1	48.9	1	120	
	13	水箱间	4.2	44.7	1	120	
	12	第12层	4.8	39.9	1	120	
	11	第11层	3.6	36.3	1	120	
	10	第10层	3.6	32.7	1	120	
	9	第9层	3.6	29.1	1	120	
	8	第8层	3.6	25.5	1	120	
	7	第7层	3.6	21.9	1	120	
	6	第6层	3.6	18.3	1	120	
	5	第5层	3.6	14.7	1	120	
	4	第4层	3.6	11.1	1	120	
	3	第3层	3.6	7.5	1	120	
	2	第2层	3.6	3.9	1	120	
✓	1	首层	3.9	0	1	120	
	0	基础层	4.2	-4.2	1	500	

图 6-2 楼层设置

(3)导入图纸及其他操作

参照之前的方法，将“青海建筑职业技术学院逸夫楼电气施工图”导入绘图区，完成分割定位和设置比例等后续操作。定位点可以选择轴线②和轴线Ⓑ的交点。此外，需要将配电系统图和施工设计说明中的“主要设备表”用“导出选中图纸”功能进行导出。导出名称分别设置为“配电系统图”和“设备材料表”。各楼层分割定位完毕的图纸管理区如图 6-3 所示。需要注意的是，还需额外将屋顶防雷平面图分别配置于“屋顶层”和“水箱间”，由此图纸的楼层分割定位全部完成。完成比例设置后，即完成全部建模前的基本操作。

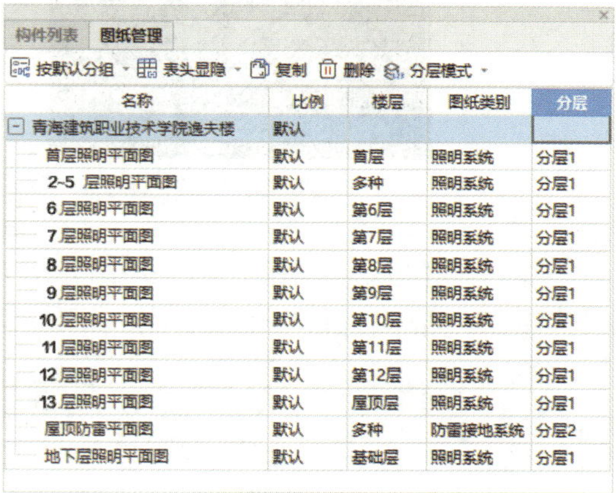

名称	比例	楼层	图纸类别	分层
青海建筑职业技术学院逸夫楼	默认			
首层照明平面图	默认	首层	照明系统	分层1
2-5 层照明平面图	默认	多种	照明系统	分层1
6 层照明平面图	默认	第6层	照明系统	分层1
7 层照明平面图	默认	第7层	照明系统	分层1
8 层照明平面图	默认	第8层	照明系统	分层1
9 层照明平面图	默认	第9层	照明系统	分层1
10 层照明平面图	默认	第10层	照明系统	分层1
11 层照明平面图	默认	第11层	照明系统	分层1
12 层照明平面图	默认	第12层	照明系统	分层1
13 层照明平面图	默认	屋顶层	照明系统	分层1
屋顶防雷平面图	默认	多种	防雷接地系统	分层2
地下层照明平面图	默认	基础层	照明系统	分层1

图 6-3 图纸管理区

第二节 电气工程构件建模

一、配电配线工程构件的建模

在电气工程建模中，首先进行配电配线工程的建模，然后进行防雷接地工程的建模。房屋建筑的配电配线工程需要外部供电才能正常使用，而外部供电的入户线路通常是从最底层开始的，因此配电配线工程的楼层识别顺序一般为由下向上。根据电气工程的算量特点，安排配电配线工程构件的建模顺序，如图 6-4 所示。

图 6-4 配电配线工程构件的建模顺序

1. 配电箱柜建模

将楼层切换至基础层，按照图 6-4 所示的建模顺序，首先对配电箱柜进行建模。配电箱柜属于典型的以“个”为计量单位的构件，可以直接使用“设备提量”来完成建模。但通过观察“设备材料表”中配电箱图例(图 6-5)和图纸中的图示(图 6-6)可以发现，总配电箱和楼层配电箱的图例几乎完全相同，两者仅以配电箱编号加以区分。若直接使用“设备提量”，对于初学者，容易产生错误或漏项，因此软件提供了“配电箱识别”来解决这一问题。具体操作步骤如下：

序号	图例	设备名称	型号及规格	单位	数量	备注
1	■	照明配电箱	图详	个	图详	底边距地面 1.0 m 或 1.8 m，暗装
2	■	双电源切换箱	图详	个	图详	底边距地面 1.5 m，暗装

图 6-5　配电箱图例

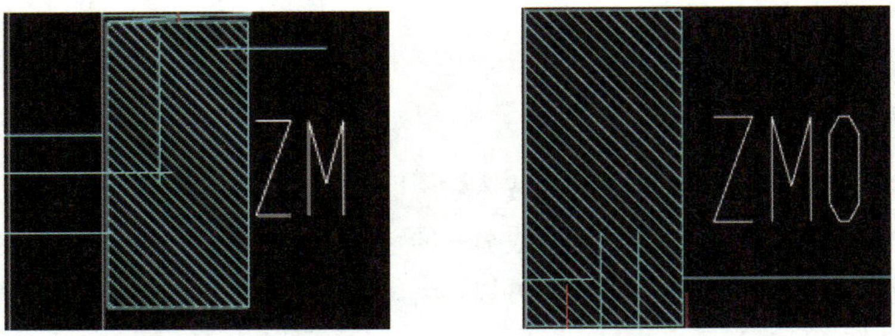

(a) 总配电箱在图纸中的图示　　(b) 楼层配电箱在图纸中的图示

图 6-6　配电箱在图纸中的图示

步骤 1：单击导航栏中的“配电箱柜(电)(P)”构件类型，在“识别配电箱柜”功能区中单击“配电箱识别”图标按钮，启动该功能，如图 6-7 所示。

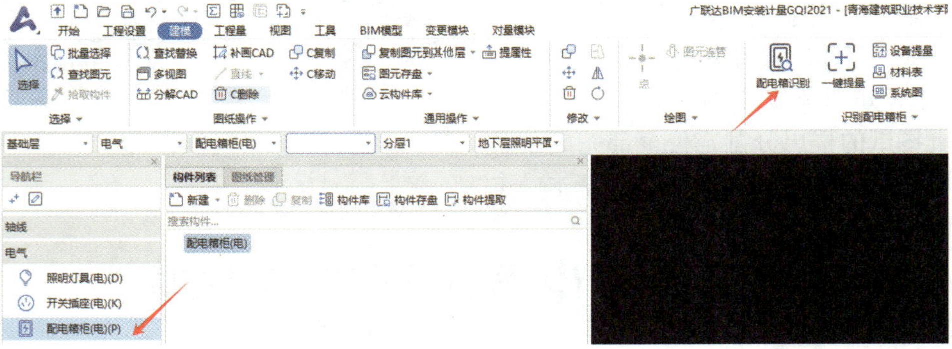

图 6-7　启动“配电箱识别”功能

步骤 2：根据文字提示，单击选中图纸中总配电箱的图例“■”及其“ZM”标识，选中后单击鼠标右键确认，弹出“构件编辑窗口”对话框。

步骤 3：根据设计要求，修改“构件编辑窗口”相应内容，如图 6-8 所示，单击“确认”按钮。在构件列表中，软件会将编号作为构件名称，将位于基础层的总配电箱识别出来，并在图纸中以在“显示样式”中设置的颜色进行显示，如图 6-9 所示。

需要注意的是，电气设计图纸由于设计深度的问题，通常不会给出配电箱的具体尺寸，有时甚至需要到设备招标完成后，才可获取准确的数据。针对这一情况，可以先按软件给定的默认尺寸设置配电箱具体尺寸，待获取准确的尺寸信息后，进行二次编辑。因此在“构件编辑窗口”对话框中，需要确保“类型”“标高(m)”“系统类型”的准确。按照以上要求，完成楼层配电箱构件的建模。

在“构件编辑窗口”对话框中，可以使用“选择楼层”功能，单击“选择楼层”按钮，在弹出的“选择楼层”对话框中勾选“所有楼层”，如图 6-10 所示，让软件尝试在所有楼层进行识别建模。

图 6-8　“构件编辑窗口”对话框

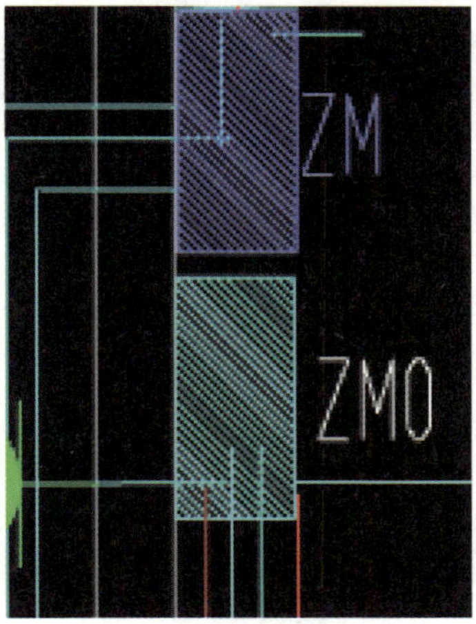

图 6-9　已识别完成的基础层总配电箱

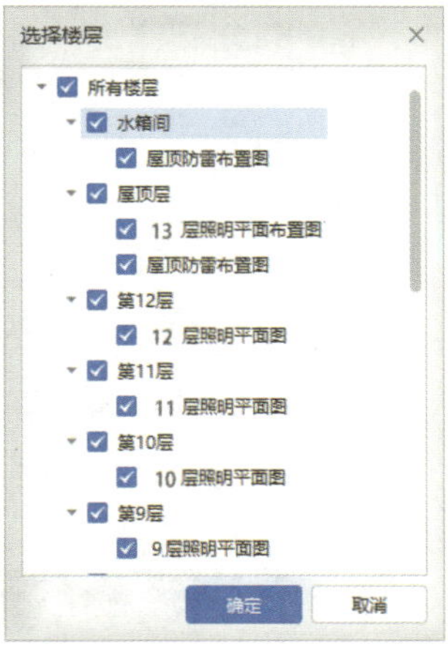

图 6-10　已识别完成的所有楼层总配电箱

采用这种方法时，对于未被识别的构件，可先在提示窗口中单击“定位检查”按钮（图 6-11），进行定位检查，然后使用“配电箱识别”来完成建模。

图 6-11　已识别完成的总配电箱

此外，设计者未给配电箱对应的配电箱编号，将导致使用“配电箱识别”方法进行配电箱建模的效果不佳。可在各楼层的已编号配电箱完成建模后，使用“设备提量”完成未编号配电箱的建模操作。

在配电箱建模时，优先使用“配电箱识别”操作；建模效果不佳时，再考虑使用“设备提量”来完成。

2. 电气系统图识别

完成配电箱柜建模后，即可开始进行电气系统图的识别。电气系统图提供了电气系统干线和支线线路走向、线路管线规格型号、安装及敷设方式，为配电配线工程后续建模操作做准备。电气系统图识别的具体操作步骤如下：

步骤 1：在导航栏中使“配电箱柜(电)(P)”构件类型处于选中状态，单击“识别配电箱柜”功能区的“系统图”图标按钮，启动该功能，如图 6-12 所示。

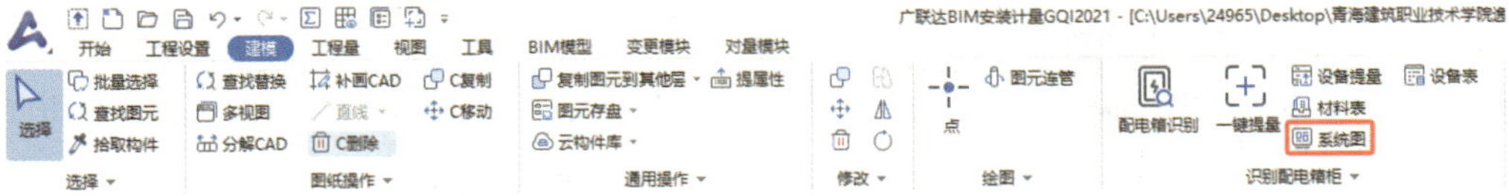

图 6-12　启动“系统图”功能

步骤 2：在如图 6-13 所示的“系统图”对话框中，选择需要提取系统图的配电箱后，单击“追加提取回路”图标按钮。

步骤 3：根据文字提示，框选需要提取的配电箱系统图内容，只需选择回路编号、线路规格型号、敷设方式及末端负荷即可，单击鼠标右键确认，如图 6-14 所示。

步骤 4：系统图框选完成后，“系统图”对话框再次弹出，此时提取的系统图信息已自动添加到对应配电箱列表下，如图 6-15 所示。若因电气系统图不规范导致识别出现错误，可以手动修改或通过“追加读取系统图”追加识别。确认提取信息无误，完成操作。

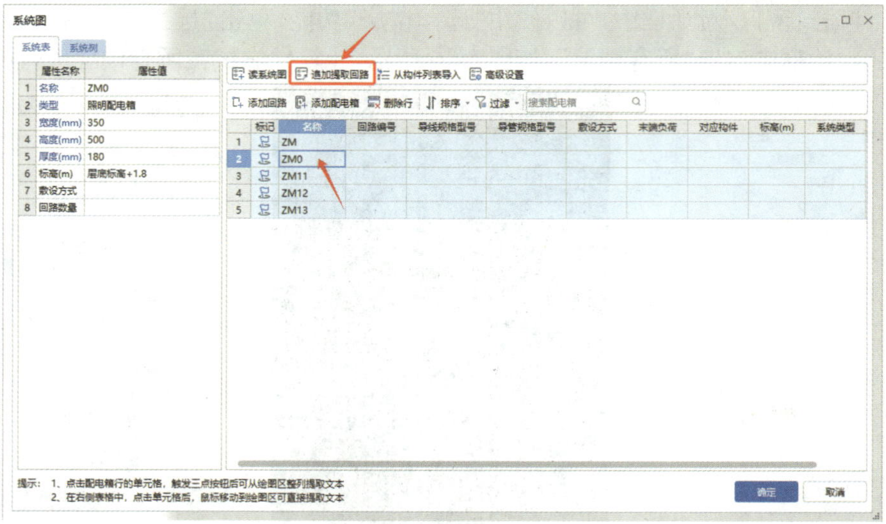

图 6-13 “系统图”对话框

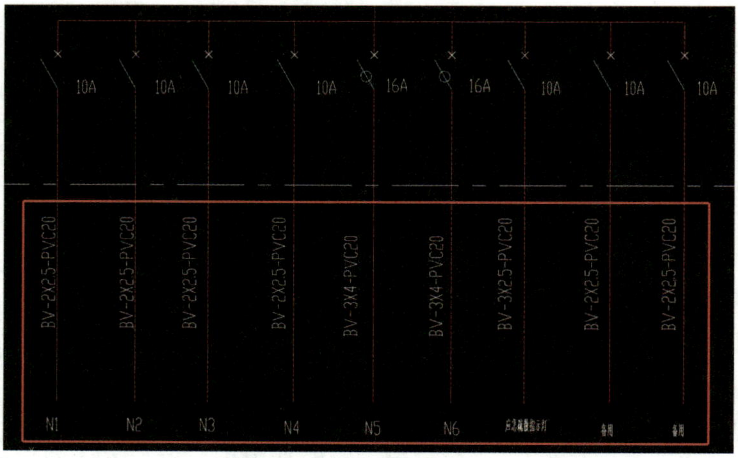

图 6-14 选择配电箱系统图部分内容

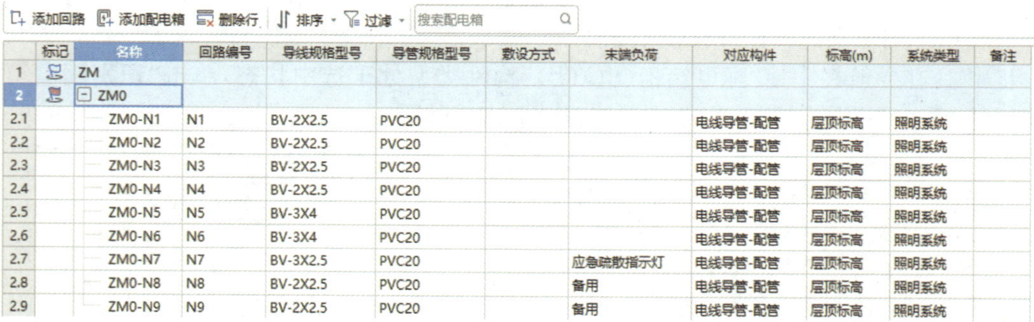

	标记	名称	回路编号	导线规格型号	导管规格型号	敷设方式	末端负荷	对应构件	标高(m)	系统类型	备注
1		ZM									
2		ZM0									
2.1		ZM0-N1	N1	BV-2X2.5	PVC20			电线导管-配管	层顶标高	照明系统	
2.2		ZM0-N2	N2	BV-2X2.5	PVC20			电线导管-配管	层顶标高	照明系统	
2.3		ZM0-N3	N3	BV-2X2.5	PVC20			电线导管-配管	层顶标高	照明系统	
2.4		ZM0-N4	N4	BV-2X2.5	PVC20			电线导管-配管	层顶标高	照明系统	
2.5		ZM0-N5	N5	BV-3X4	PVC20			电线导管-配管	层顶标高	照明系统	
2.6		ZM0-N6	N6	BV-3X4	PVC20			电线导管-配管	层顶标高	照明系统	
2.7		ZM0-N7	N7	BV-3X2.5	PVC20		应急疏散指示灯	电线导管-配管	层顶标高	照明系统	
2.8		ZM0-N8	N8	BV-2X2.5	PVC20		备用	电线导管-配管	层顶标高	照明系统	
2.9		ZM0-N9	N9	BV-2X2.5	PVC20		备用	电线导管-配管	层顶标高	照明系统	

图 6-15 已完成提取的配电箱系统图信息列表

在实际建模中，会遇到图纸设计不规范或软件无法识别的情况，如在配电箱系统图中存在多条相同配置的回路，线缆的规格型号未标注完整而用省略号来表示。这时通常需要对配电回路信息进行二次编辑。具体操作方法如下：

在“系统图”对话框中使用“添加回路”功能添加一定数量空白行(图 6-16)，其中回路编号一列功能与 Excel 表格功能类似，支持右下角下拉自动填充，以快速填充空白回路编号，其他单元格填充效果均为复制。在填充完成“配电箱名称”和“回路编号”信息后，“名称”一列信息将自动生成。此外，“系统图”对话框内表格输入信息后不支持撤销，如需修改，可以使用“删除行”功能。

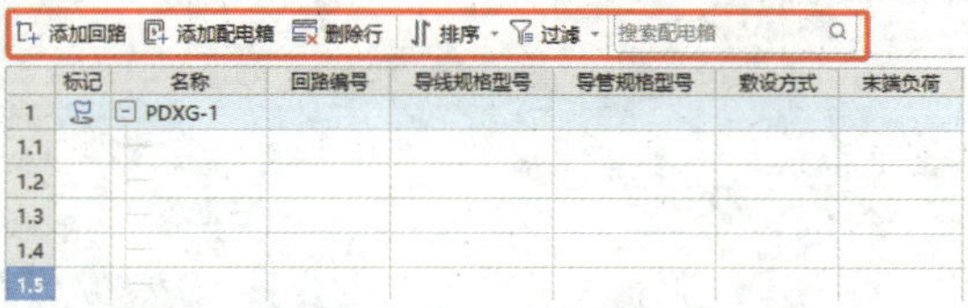

图 6-16　在“系统图”对话框中添加空白行

系统图识别

3. 材料表识别

与其他工程相比，配电配线工程的设备和器具种类繁多，构件建模如果仍采用新建构件再修改构件属性的方式，将会耗费大量的时间。使用软件提供的“材料表”功能来解决这一问题，具体操作步骤如下：

步骤 1：在照明干线配电系统图中找到“主要设备表”。

步骤 2：在导航栏中使“配电箱柜(电)(P)”构件类型处于选中状态，在“建模”选项卡的“识别配电箱柜”功能区中单击“材料表”图标按钮，启动该功能，如图 6-17 所示。

图 6-17　启动“材料表”功能

步骤 3：根据文字提示，框选“设备材料表”，单击鼠标右键确认，弹出“识别材料表—请选择对应列”对话框，“设备材料表”中的内容即被提取到该对话框中，如图 6-18 所示。

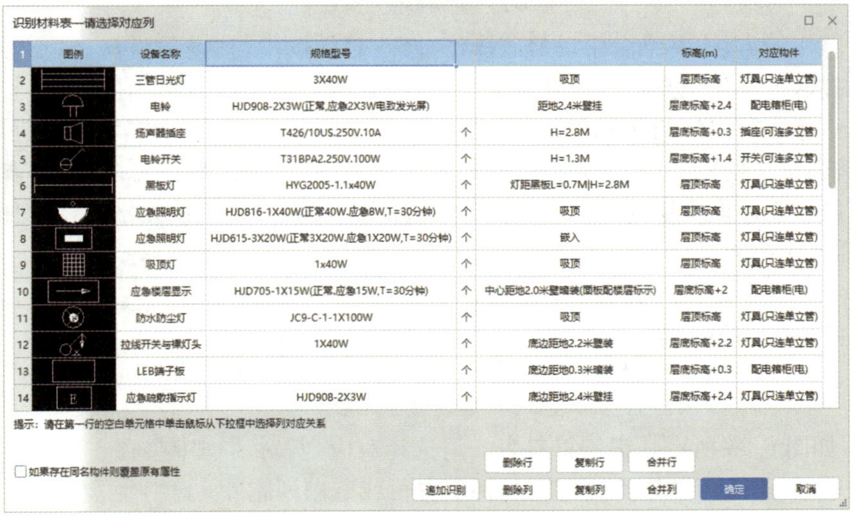

图 6-18　“识别材料表—请选择对应列”对话框

需要注意的是，在框选“设备材料表”时，不要将表中的数字序号及内容信息(图 6-19)选中，否则将影响提取结果。

在图 6-18 所示的对话框中，被填充为蓝色的单元格所在列为已选择了对应关系的列。除

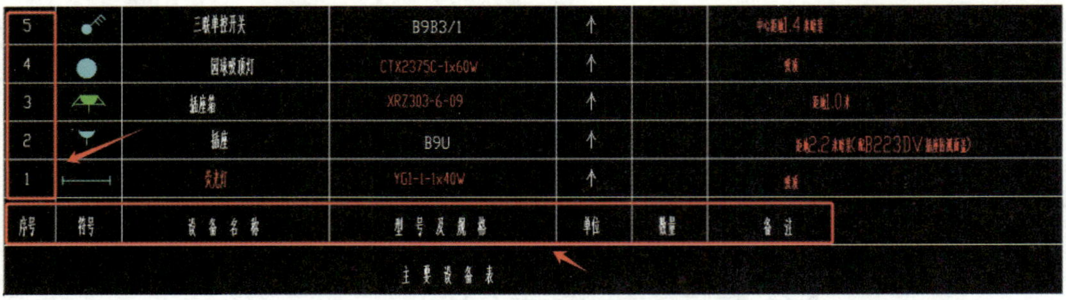

图 6-19 在“设备材料表”中无须选中的内容

“图例”单元格不可调整对应关系外，其他列单元格均能在图 6-20 所示 4 项内容中选取其中 1 项进行调整。因此依据图 6-20 对表格内容进行二次编辑时，对于不属于“设备名称”“类型”“规格型号”“备注”这 4 项内容的信息可直接忽略，并在后续操作中予以删除。

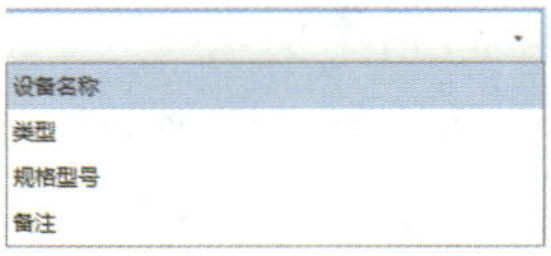

图 6-20 供选择的 4 项列对应关系

步骤 4：如图 6-21 所示，“照明配电箱”图例与“应急照明灯”图例排列在同一个单元格内，这是提取效果不佳的情况，需进行调整。如图 6-22 所示，单击“照明配电箱”图例单元格，再单击图例单元格内出现的扩展按钮，此时对话框消失。点选或框选“设备材料表”中的“照明配电箱”图例，单击鼠标右键确认，则显示“照明配电箱”图例被重新提取的效果，如图 6-23 所示。

图 6-21 提取效果不佳的情况

图 6-22 图例单元格的扩展按钮

图 6-23 重新提取后的效果

参照步骤 4 的方法，并结合手动修改操作，修改对话框中与“设备材料表”不匹配的内容，如果存在未提取的设备信息，可使用“追加识别”功能，如图 6-24 所示。在本工程实例中，首层照明平面图中包含防爆灯与防爆开关，但它们未在“设备材料表”中列出，需重新提取它们的设备图例、设备名称、规格型号和安装高度等信息。需要注意的是，软件可以根据“设备材料表”中的安装高度自动读取安装高度信息，并将其匹配至“标高(m)”列单元格中，但有时会出现匹配错误，仍需人工检查。

图 6-24 启动“追加识别”功能

步骤 5：如图 6-25 所示，“识别材料表—请选择对应列”对话框中会存在空白行或空白列。单击对话框中的“删除行”“删除列”按钮，将空白行或空白列删除。

步骤 6：单击如图 6-26 所示“设备名称”列中的任一单元格，再单击图 6-24 中的“复制列”按钮，复制出新的一列，并将该列的对应关系修改为“类型”，单击“确定”按钮。在构件列表中会根据图 6-26 所示的属性信息自动创建构件，这可省去逐一新建构件的时间。

1	图例	设备名称	规格型号	备注	标高(m)	对应构件
2		三管日光灯	3X40W	吸顶	层顶标高	灯具(只连单立管)
3		电铃	HJD908-2X3W(正常,应急2X3W电致发光屏)	距地2.4米壁挂	层底标高+2.4	配电箱柜(电)
4		扬声器插座	T426/10US.250V.10A	H=2.8M	层底标高+0.3	插座(可连多立管)
5		电铃开关	T31BPA2.250V.100W	H=1.3M	层底标高+1.4	开关(可连多立管)
6		黑板灯	HYG2005-1.1x40W	灯距黑板L=0.7M|H=2.8M	层顶标高	灯具(只连单立管)
7		应急照明灯	HJD816-1X40W(正常40W,应急8W,T=30分钟)	吸顶	层顶标高	灯具(可连多立管)
8		应急照明灯	HJD615-3X20W(正常3X20W,应急1X20W,T=30分钟)	嵌入	层顶标高	灯具(可连多立管)
9		吸顶灯	1x40W	吸顶	层顶标高	灯具(只连单立管)
10		应急楼层显示	HJD705-1X15W(正常,应急15W,T=30分钟)	中心距地2.0米壁暗装(面板配楼层标示)	层底标高+2	灯具(只连单立管)
11		防水防尘灯	JC9-C-1-1X100W	吸顶	层顶标高	灯具(只连单立管)
12		拉线开关与裸灯头	1X40W	底边距地2.2米壁装	层底标高+2.2	灯具(只连单立管)
13		应急疏散指示灯	HJD908-2X3W	底边距地2.4米壁挂	层底标高+2.4	灯具(只连单立管)
14		轻触延时开关	B618	中心距地1.4米暗装	层底标高+1.4	开关(可连多立管)
15		应急照明灯	HJD815-1X40W	吸顶	层顶标高	灯具(可连多立管)
16		应急照明灯	HJD816-1X40W(正常40W,应急8W,T=30分钟)	底边距地2.2米壁装	层底标高+2.2	灯具(可连多立管)
17		扁圆吸顶灯	CTX2384-2-1x40W	吸顶	层顶标高	灯具(只连单立管)
18		应急照明灯	HJD617-2X40W(正常2X40W,应急1X40W,T=30分钟)	吸顶	层顶标高	灯具(可连多立管)
19		双联单控开关	B9B2/1	中心距地1.4米暗装	层底标高+1.4	开关(可连多立管)
20		双管日光灯	HYG2002.2x40W	吸顶	层顶标高	灯具(只连单立管)
21		二、三孔暗装插座	B9/10US	底边距地0.3,1.5,2.2米暗装	层底标高+0.3	插座(可连多立管)
22		单联单控开关	B9B1/1	中心距地1.4米暗装	层底标高+1.4	开关(可连多立管)
23		插座	B9/10S	距地2.2米暗装(配B223DV插座防溅面盖)	层底标高+2.2	插座(可连多立管)
24		三联单控开关	B9B3/1	中心距地1.4米暗装	层底标高+1.4	开关(可连多立管)
25		圆球吸顶灯	CTX2375C-1x60W	吸顶	层顶标高	灯具(只连单立管)
26		插座	B9U	距地2.2米暗装(配B223DV插座防溅面盖)	层底标高+2.2	插座(可连多立管)
27		荧光灯	YG1-1-1x40W	吸顶	层顶标高	灯具(只连单立管)
27						

图 6-25　对话框中含有空白行和空白列

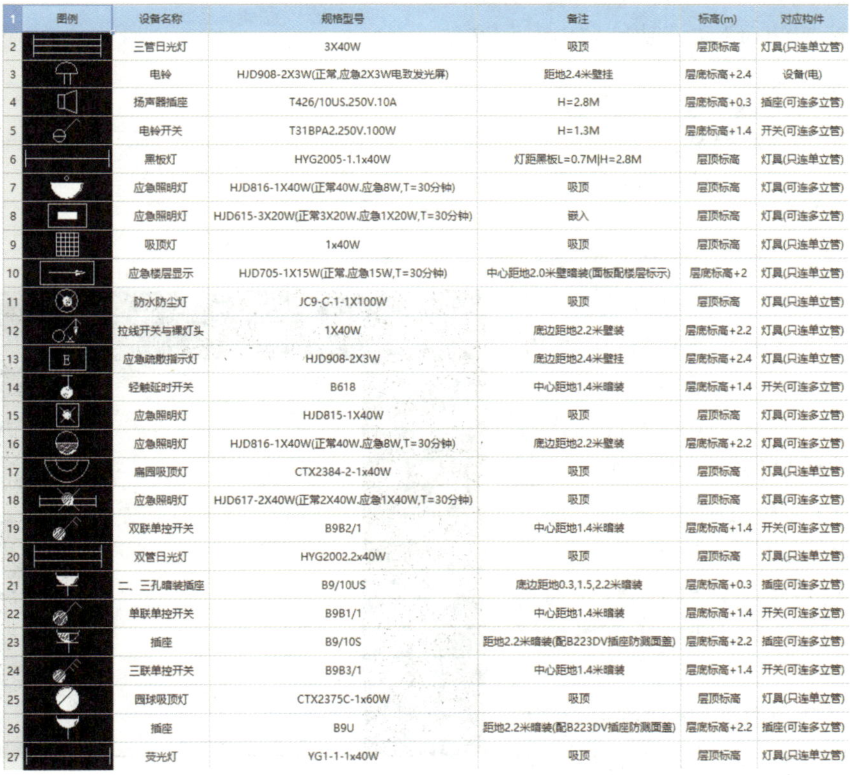

1	图例	设备名称	规格型号	备注	标高(m)	对应构件
2		三管日光灯	3X40W	吸顶	层顶标高	灯具(只连单立管)
3		电铃	HJD908-2X3W(正常,应急2X3W电致发光屏)	距地2.4米壁挂	层底标高+2.4	设备(电)
4		扬声器插座	T426/10US.250V.10A	H=2.8M	层底标高+0.3	插座(可连多立管)
5		电铃开关	T31BPA2.250V.100W	H=1.3M	层底标高+1.4	开关(可连多立管)
6		黑板灯	HYG2005-1.1x40W	灯距黑板L=0.7M|H=2.8M	层顶标高	灯具(只连单立管)
7		应急照明灯	HJD816-1X40W(正常40W,应急8W,T=30分钟)	吸顶	层顶标高	灯具(可连多立管)
8		应急照明灯	HJD615-3X20W(正常3X20W,应急1X20W,T=30分钟)	嵌入	层顶标高	灯具(可连多立管)
9		吸顶灯	1x40W	吸顶	层顶标高	灯具(只连单立管)
10		应急楼层显示	HJD705-1X15W(正常,应急15W,T=30分钟)	中心距地2.0米壁暗装(面板配楼层标示)	层底标高+2	灯具(只连单立管)
11		防水防尘灯	JC9-C-1-1X100W	吸顶	层顶标高	灯具(只连单立管)
12		拉线开关与裸灯头	1X40W	底边距地2.2米壁装	层底标高+2.2	灯具(只连单立管)
13		应急疏散指示灯	HJD908-2X3W	底边距地2.4米壁挂	层底标高+2.4	灯具(只连单立管)
14		轻触延时开关	B618	中心距地1.4米暗装	层底标高+1.4	开关(可连多立管)
15		应急照明灯	HJD815-1X40W	吸顶	层顶标高	灯具(可连多立管)
16		应急照明灯	HJD816-1X40W(正常40W,应急8W,T=30分钟)	底边距地2.2米壁装	层底标高+2.2	灯具(可连多立管)
17		扁圆吸顶灯	CTX2384-2-1x40W	吸顶	层顶标高	灯具(只连单立管)
18		应急照明灯	HJD617-2X40W(正常2X40W,应急1X40W,T=30分钟)	吸顶	层顶标高	灯具(可连多立管)
19		双联单控开关	B9B2/1	中心距地1.4米暗装	层底标高+1.4	开关(可连多立管)
20		双管日光灯	HYG2002.2x40W	吸顶	层顶标高	灯具(只连单立管)
21		二、三孔暗装插座	B9/10US	底边距地0.3,1.5,2.2米暗装	层底标高+0.3	插座(可连多立管)
22		单联单控开关	B9B1/1	中心距地1.4米暗装	层底标高+1.4	开关(可连多立管)
23		插座	B9/10S	距地2.2米暗装(配B223DV插座防溅面盖)	层底标高+2.2	插座(可连多立管)
24		三联单控开关	B9B3/1	中心距地1.4米暗装	层底标高+1.4	开关(可连多立管)
25		圆球吸顶灯	CTX2375C-1x60W	吸顶	层顶标高	灯具(只连单立管)
26		插座	B9U	距地2.2米暗装(配B223DV插座防溅面盖)	层底标高+2.2	插座(可连多立管)
27		荧光灯	YG1-1-1x40W	吸顶	层顶标高	灯具(只连单立管)

图 6-26　识别完成后的材料表效果

材料表识别

需要注意,若跳过步骤 6,直接单击“确定”按钮,则生成的构件会因为缺少类型指定,而按照默认的类型完成构件的自动创建。这样操作往往会出现一些错误,如灯具中的“吸顶灯”按照“荧光灯”进行匹配,如图 6-27 所示。

	属性名称	属性值
1	名称	吸顶灯
2	类型	吸顶灯
3	规格型号	1x40W
4	可连立管根数	单根
5	标高(m)	层顶标高
6	所在位置	
7	系统类型	照明系统

(a) 正确操作的灯具构件属性

	属性名称	属性值
1	名称	吸顶灯
2	类型	荧光灯
3	规格型号	1x40W
4	可连立管根数	单根
5	标高(m)	层顶标高
6	所在位置	
7	系统类型	照明系统

(b) 未正确操作的灯具构件属性

图 6-27 进行类型指定与未进行类型指定的构件属性差异

在图 6-26 所示表格中没有“配电箱”“LEB 端子板”的设备信息。这是因为在之前的操作中,已利用“配电箱识别”功能完成了相应建模,且使用“材料表”方法创建的构件不符合软件创建配电箱的一般原则;而“LEB 端子板”属于防雷接地工程中的构件,这里暂不考虑。

步骤 7:使用“设备提量”与“漏量检查”相结合的方法,完成图 6-26 中全部设备的建模。

4. 墙体建模

在识别开关、插座及管线前,需要对墙体进行识别,便于后续建模操作。对电缆管线识别时,软件能够自动计算预留量,具体操作步骤如下:

步骤 1:在导航栏“建筑结构”中选择“墙(Q)”,如图 6-28 所示。

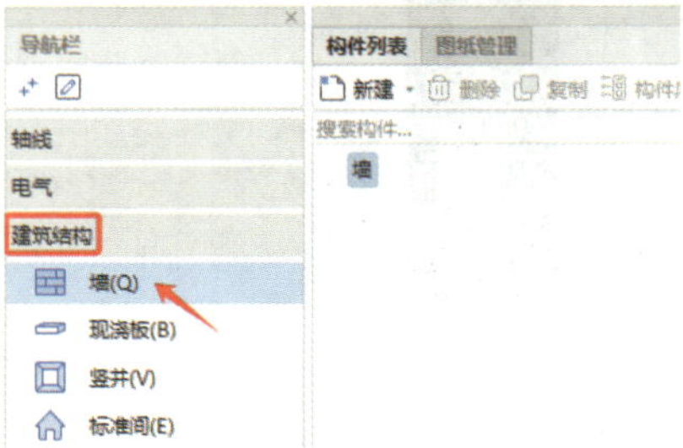

图 6-28 在“建筑结构”中选择“墙”

步骤 2:在“建模”选项卡中单击“识别墙”功能区中“自动识别”图标按钮,启动该功能,如图 6-29 所示。

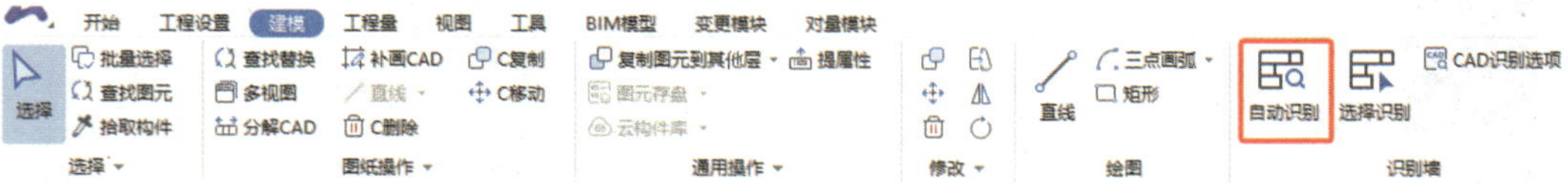

图 6-29 启动“自动识别”功能

步骤 3:启动“自动识别”功能后,根据文字提示选中图纸中某一墙体的两条 CAD 图线,单击鼠标右键确认,弹出“选择楼层”对话框,选择“所有楼层”,如图 6-30 所示,软件将自动完成所有楼层同一厚度墙体构件的识别操作。

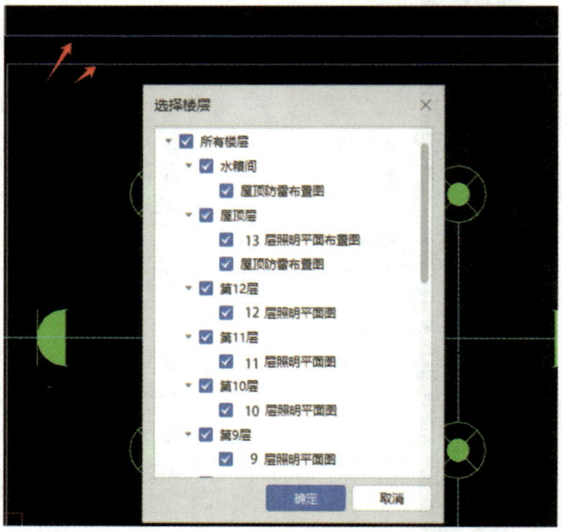

图 6-30 选择“所有楼层”

步骤 4:检查当前及其他楼层,参照上述方法,完成其余墙体构件建模操作。在启动“自动识别”功能时,还可直接单击鼠标右键,并勾选所有楼层,软件将自动完成图纸中所有厚度墙体构件的建模。

需要注意的是,“自动识别”虽效率高,但准确性不足,软件会把一些不相关的平行线也识别成墙体。此外,对某些绘制不规范的图纸,采用此方法识别的效果会很差。

5. 灯具、开关、插座建模

(1)灯具、开关建模顺序及检查

灯具、开关建模顺序

利用“设备提量”进行荧光灯具、开关建模时，需注意它们建模的先后顺序，应按照先繁后简的原则来执行。多联开关、多管荧光灯与单联开关、单管荧光灯的区别只是图例中增加了几根短线，如图 6-31、图 6-32 所示。在某些绘制不规范的图纸中，并非所有的器具都使用了完整的图块来表达，有时设计者会使用简单的图块加上相应的短线来表达复杂的器具，如在单联单控开关的图块上加两根短线来代表三联三控开关的图例。由于未使用完整、规范的图块，如果不遵循“设备提量”时先繁后简的顺序，则很容易造成识别漏项或错误。

(a) 三管荧光灯　(b) 双管防爆荧光灯　(c) 双管荧光灯　(d) 单管荧光灯

图 6-31　荧光灯具图例

灯具、开关设备提量

(a) 三联三控开关　(b) 双联双控开关　(c) 单联单控开关　(d) 非图块方式绘制的拉线开关与裸灯头

图 6-32　开关图例

在进行荧光灯具“设备提量”时，需注意 2×40 W 应急照明灯与双管荧光灯提量的先后顺序。而单管荧光灯与黑板灯图例相同，在提量时应注意检查是否出现提取错误。

结合“漏量检查”，完成全部构件的建模。需要注意的是，“漏量检查”无法识别绘图区中以非图块方式绘制的图例。而本工程实例图纸中的“拉线开关与裸灯头”图例是采用非图块的方式绘制的，如图 6-32 所示，因此应单独使用“设备提量”进行处理。处理时可使用快捷键 C 隐藏图线或调低亮度，以方便操作。

(2)开关、插座建模注意事项

对于在暗敷设中设置的开关、插座类型，注意是否需要按墙体中心线识别，便于后续“回路识别”时能够得出准确的工程量。具体操作步骤如下：

步骤 1：检查是否已完成墙体构件建模，操作方法已在墙体构件建模中详细介绍。

步骤 2：在导航栏中选择“开关插座(电)(K)”，在页签区“建模”选项卡中单击“识别开关插座”功能区，在下拉菜单中单击“CAD 识别选项”图标按钮，启动该功能，如图 6-33 所示。

步骤 3：在“CAD 识别选项”对话框中选择“靠墙构件的管线识别的方式”为“按墙中心线识别管线”，单击“确定”按钮，如图 6-34 所示。

(3)批量选择已识别的构件图元

建模时，需要选中当前楼层中不同构件类型的多个图元进行删除或复制到其他楼层等操作，还需要对同名称构件进行编辑或核对其所在位置等，可通过“批量选择”功能将需要操作的构件一次选中。具体操作步骤如下：

步骤 1：单击“选择”功能区中“批量选择”图标按钮，如图 6-35 所示。

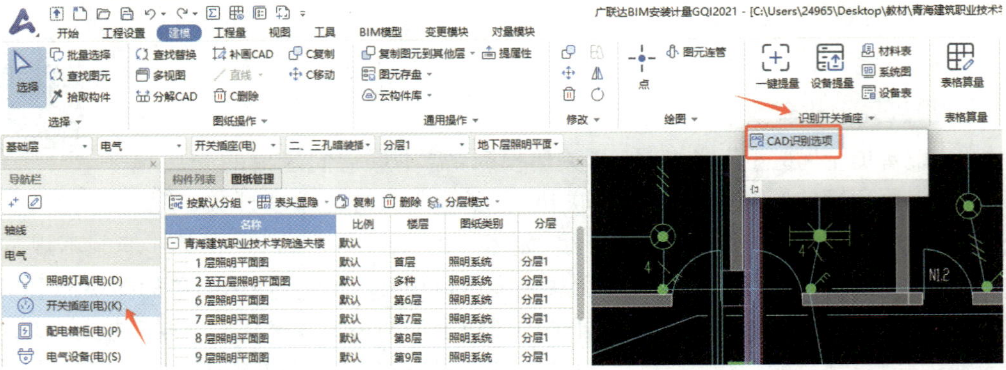

图 6-33　启动“CAD 识别选项”功能

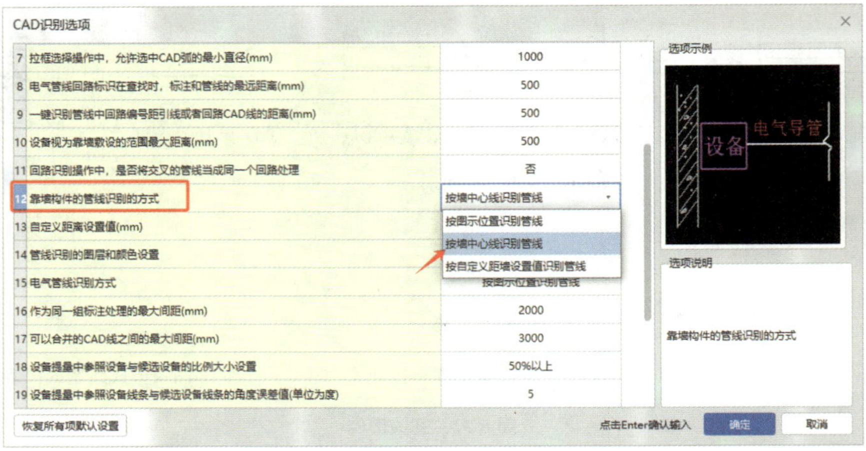

图 6-34　选择“按墙中心线识别管线”

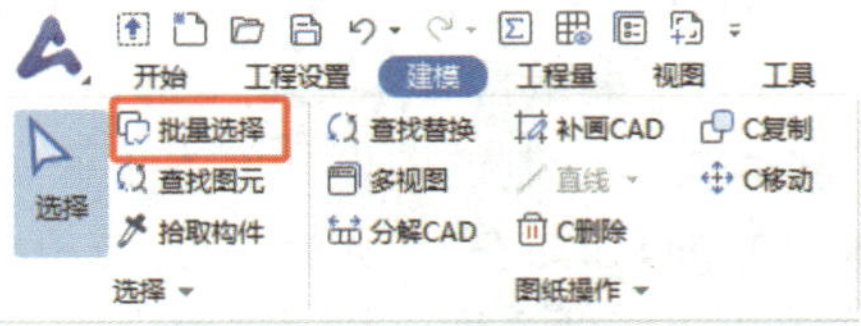

图 6-35　启动“批量选择”图标

步骤 2：在弹出的“批量选择构件图元”对话框中，勾选需要选择的构件图元，单击“确定”按钮，如图 6-36 所示。此对话框提供了不同种类的图元选择方式，如“当前楼层”“当前分层”“当前构件类型”“显示构件”。

①当前楼层：此功能开启时，只显示当前楼层构件。此功能关闭时，显示所有楼层的构件。

②当前分层：此功能可以控制其他分层构件是否显示。

③当前构件类型：默认情况下此功能不开启，可以显示所有类型的构件，如在照明灯具类型状态下，可以看到电线导管构件。此功能开启时，只能看到照明灯具类型的构件。

④显示构件：此功能开启时，显示各类型构件列表下的构件名称。此功能关闭时只显示构件类型。

通过自动识别生成的墙体构件，其类型均为“内墙”，如图 6-37 所示。但软件对墙体类型有“内墙”“外墙”“砌块墙”“人防墙”4 种分类，只有将类型设置为“砌块墙”时，软件才能正确计算墙体的剔槽工程量。因此需要将已通过“自动识别”完成建模的墙体类型批量修改为“砌块墙”。具体操作步骤如下：

图 6-36 “批量选择构件图元”对话框

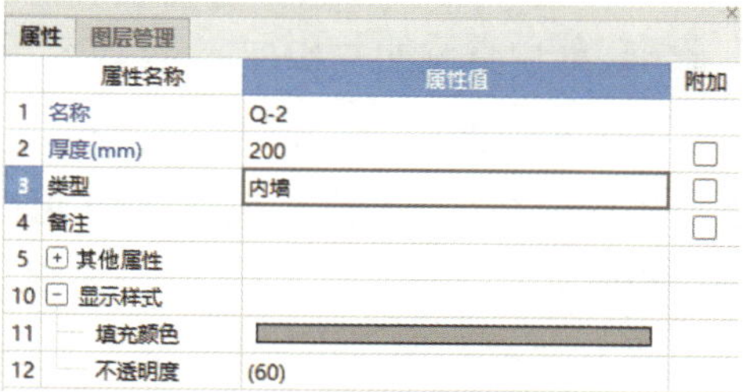

图 6-37 自动识别的墙体构件类型

首先在导航栏“建筑结构”中使“墙(Q)”构件类型处于选中状态；然后在属性对话框“类型”下拉菜单中选择“砌块墙”，如图 6-38 所示；再在“批量选择构件图元”对话框中，取消勾选“当前楼层”和“显示构件”，选择“整楼”；最后单击“确定”按钮，如图 6-39 所示。这样整楼的墙体构件类型均被修改为砌块墙。

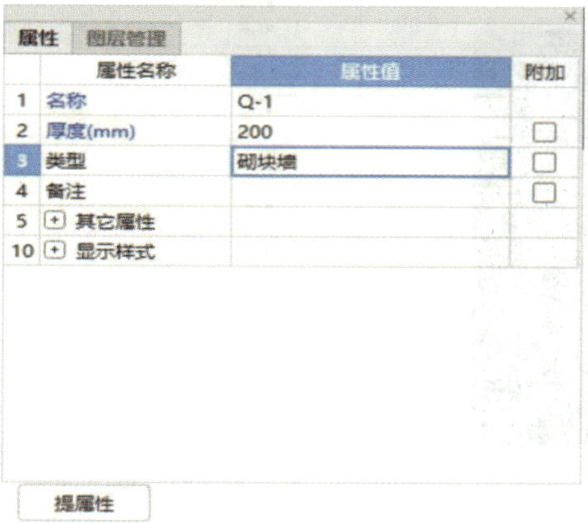

图 6-38 将墙体类型修改为“砌块墙”

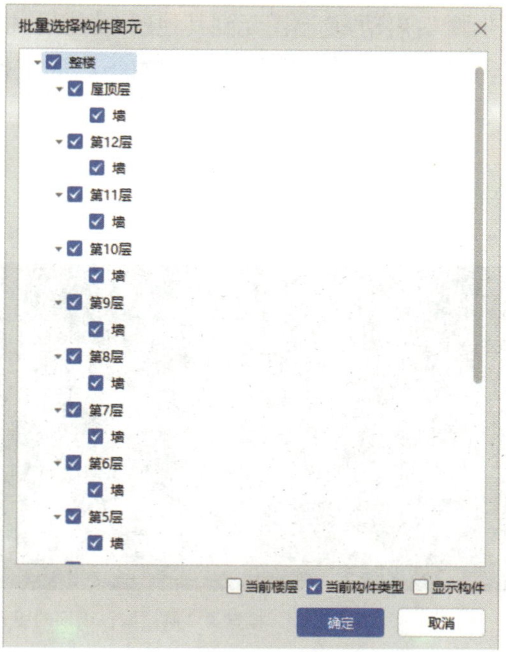

图 6-39 选择整楼的墙体构件

在自动识别墙体构件时，还要注意区分建筑物的内墙和外墙，否则也会影响软件计算工程量的准确性。本工程实例地下室有多处电源引入线，可以单独选中此处墙体，将类型修改为“外墙”，如图 6-40 所示。

图 6-40　将墙体类型修改为“外墙”

(4)标准层复制图元构件

在本工程实例中，2～5 层为标准层，它们的图纸内容完全相同。在图元识别时，除可以通过选择楼层依次对图元进行识别外，还可以使用复制功能，将相同图元复制到其他标准层。具体操作步骤如下：

步骤 1：将楼层切换至第 2 层，启动“跨类型选择”功能，如图 6-41 所示。在“建模”选项卡中，单击“通用操作”功能区中的“复制图元到其他层”图标按钮，如图 6-42 所示，启动该功能。

图 6-41　启动“跨类型选择”功能

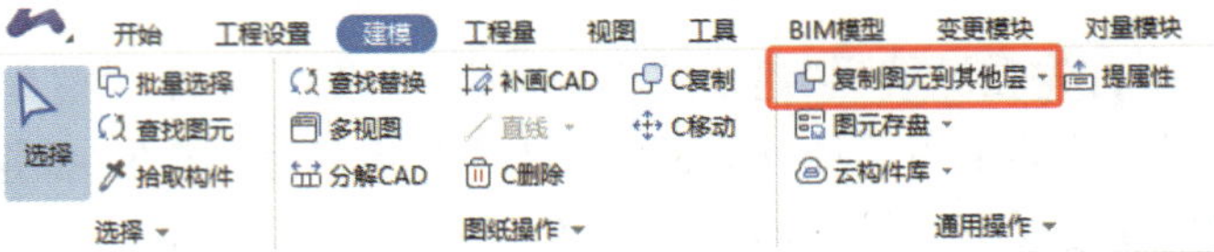

图 6-42　启动“复制图元到其他层”功能

步骤 2：启动“复制图元到其他层”功能后，根据文字提示，在绘图区框选第 2 层所有已识别的图元，如图 6-43 所示，单击鼠标右键确认，完成操作。界面弹出“复制图元到其他层”对话框，如图 6-44 所示。

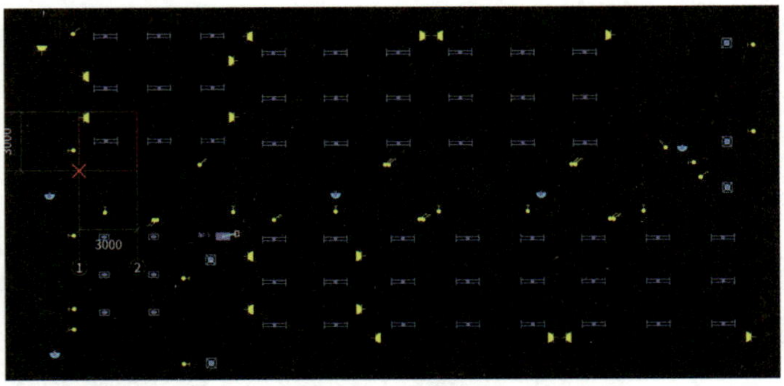

图 6-43　框选第 2 层所有已识别的图元

图 6-44　“复制图元到其他层”对话框

步骤 3：在“复制图元到其他层”对话框中，选择第 3、4、5 层，单击“确定”按钮，如图 6-44 所示，这样就完成了标准层图元复制操作。

灯具、开关、插座等构件通过“设备提量”完成建模后，如果只需要在标准层复制管线，可在步骤 1 中关闭“跨类型选择”功能，再将导航栏切换至“电线导管(电)(X)”，使用“复制图元到其他层”功能，框选已识别的管线回路，根据步骤 2、3 的操作方法，完成标准层复制操作。

在实际工作中，如果图纸中存在同层标准间，可以使用“镜像”或“复制”功能快速完成标准间的建模，还可以通过设置“标准间”来完成。

6. 桥架建模

(1)新建桥架

步骤 1：在导航栏中选择“桥架(电)(W)”，在构件列表中单击“新建”图标按钮，在下拉菜单中单击“新建桥架”按钮，启动该功能，如图 6-45 所示。

步骤 2：设置桥架属性，如图 6-46 所示。

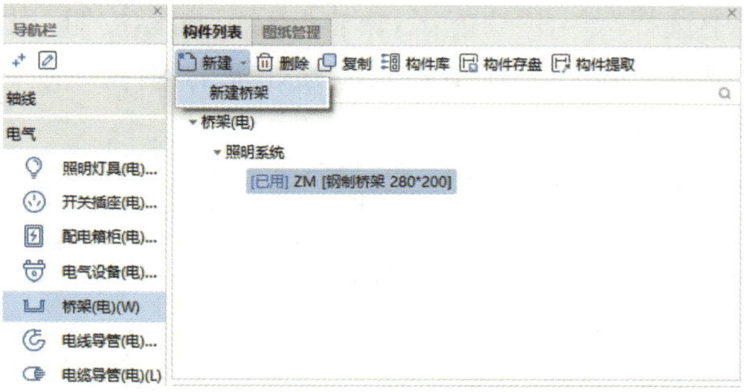

图 6-45　启动“新建桥架”功能

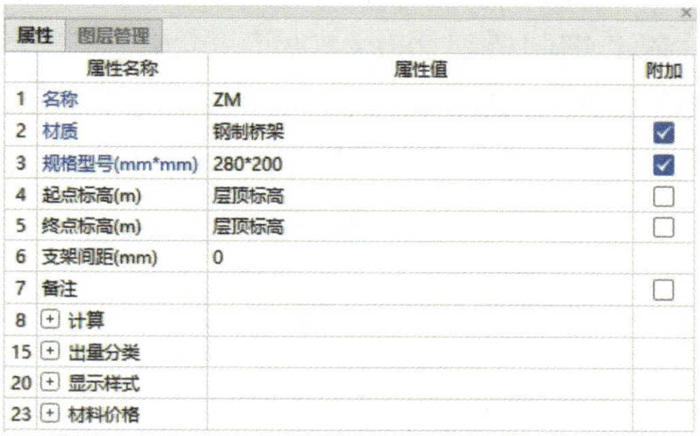

图 6-46　设置桥架属性

(2)自动生成桥架通头

桥架通头是桥架系统的配件之一，主要起连接桥架和配件的作用。使用“生成桥架通头”功能，可以在桥架建模时自动生成桥架通头。在进行桥架建模时，如果需要自动生成桥架通头，须在桥架建模前启动“生成桥架通头”功能。自动生成桥架通头的具体操作步骤如下：

步骤 1：在页签区中选择“工具”选项卡，启动“选项”功能，弹出“选项”对话框。

步骤 2：在“选项”对话框中选择“其他”，在“功能设置”栏中勾选“生成桥架通头”，单击“确定”按钮，如图 6-47 所示。

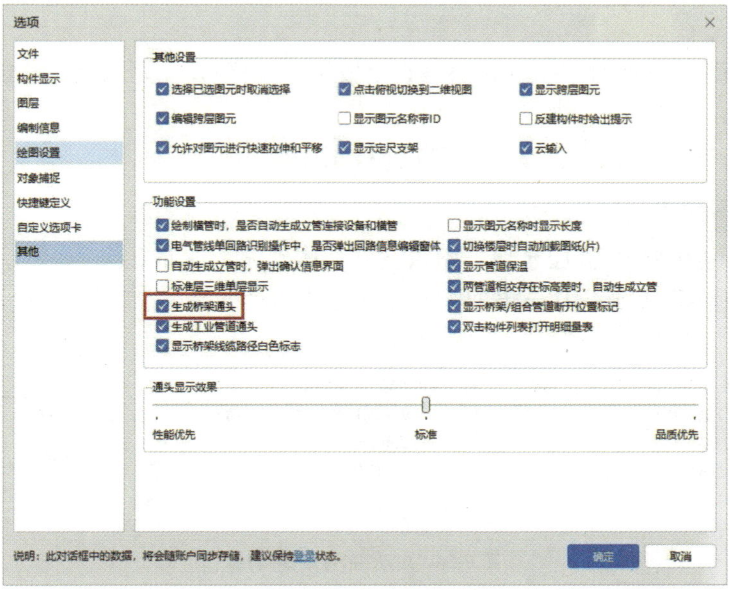

图 6-47　启动“生成桥架通头”功能

对于不需要单独计算桥架通头工程量的工程，可以不设置“生成桥架通头”，建模时只需确保桥架首尾相连、无断开处即可。

(3)同层桥架建模

在本工程实例中，由 DL 双电源切换箱引出的 N2～N14 供电回路，均由配管、桥架连接至各层照明配电箱，在地下室由水平桥架连接至 ZM0 配电箱。下面进行地下室水平桥架建模操作。

方法 1：在导航栏中使“桥架(电)(W)”构件类型处于选中状态，在构件列表中选择构件“ZM[钢制桥架 280 * 200]”，在“建模”选项卡中选择“绘图”功能区，单击“直线”图标按钮，启动该功能，如图 6-48 所示。根据文字提示，绘制地下室 ZM0 配电箱至电井处桥架构件。软件会根据标高自动生成桥架的垂直部分，如图 6-49 所示。

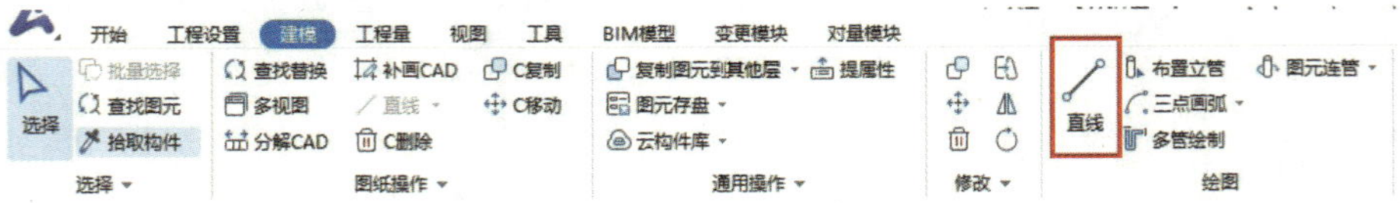

图 6-48　启动“直线”功能

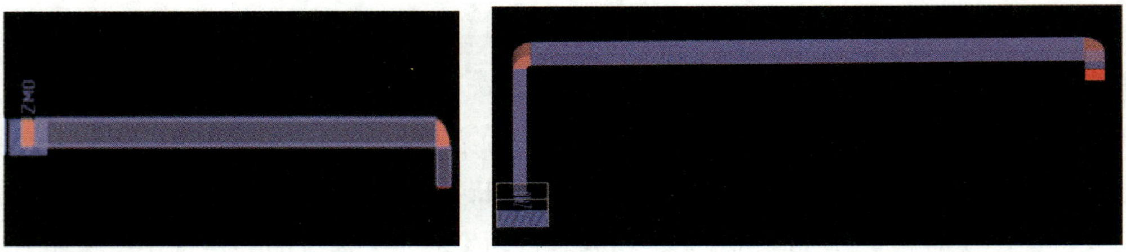

(a)平面效果　　(b)三维效果

图 6-49　软件根据标高自动生成的桥架垂直部分

方法 2：对于用两根 CAD 图线表示的桥架，可以使用“识别桥架”功能进行建模。

方法 3：对于用单根或两根 CAD 图线表示的桥架，可以使用“桥架系统识别”功能进行建模。

“桥架系统识别”功能对于初学者而言难度较高，本书建议使用“直线”功能绘制桥架，不易造成混淆。

参照上述几个方法，完成全部水平桥架建模工作。

(4)跨层桥架建模

跨层桥架沿电井由第 13 层至地下室敷设。具体操作步骤如下：

步骤 1：在“建模”选项卡中选择“绘图”功能区，单击“布置立管”图标按钮，如图 6-50 所示，启动该功能。

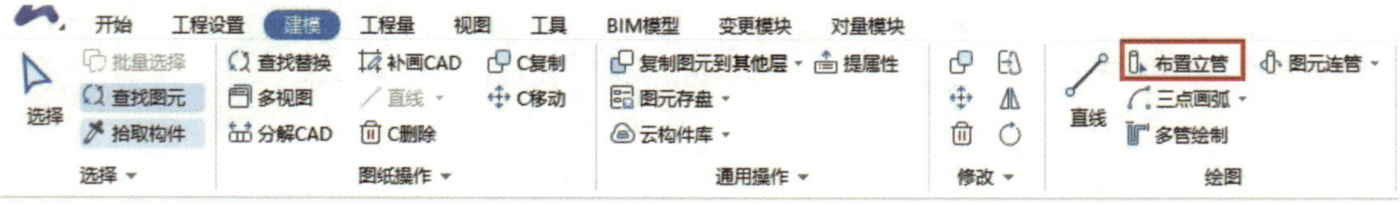

图 6-50　启动“布置立管”功能

步骤 2：在弹出的“布置立管”对话框中设置底标高和顶标高(图 6-51)，必须出现具体高度数值才算设置完成，否则将影响生成效果。也可通过单击“提取图元标高到底标高栏”和“提取图元标高到顶标高栏”来设置标高，设置完成后单击鼠标右键确认。

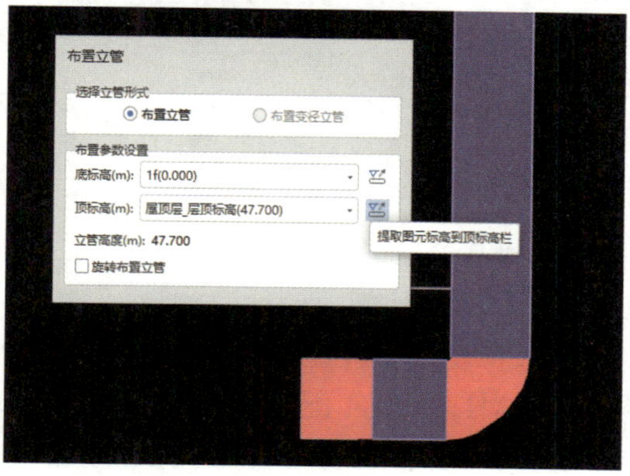

图 6-51　布置立管

桥架建模

(5)设置起点

在本工程实例中，由 DL 双电源切换箱引出的 N2～N14 供电回路，均由配管、桥架连接至各层照明配电箱，在地下室由水平桥架连接至 ZM0 配电箱。此类连接方式需要使用“设置起点”功能完成桥架内布线。而 N1 回路为纯桥架配线，使用“桥架配线”功能即可完成布线。具体操作步骤如下：

步骤 1：将楼层切换至基础层，并使“电缆导管(电)(L)”构件类型处于选中状态。

步骤 2：在“建模”选项卡中选择“识别桥架内线缆”功能区，单击“设置起点”图标按钮，如图 6-52 所示，启动该功能。

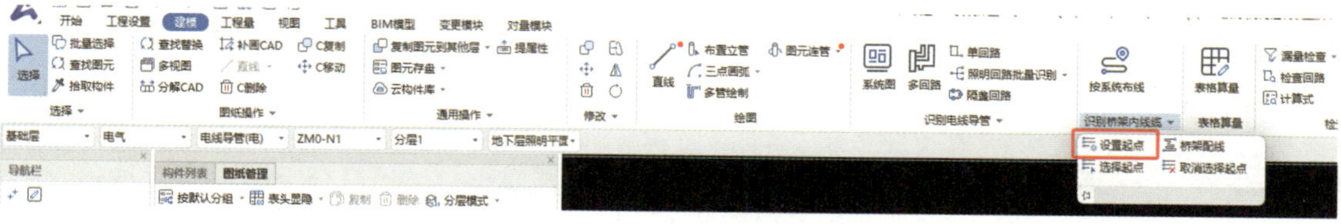

图 6-52　启动“设置起点”功能

步骤 3：选择桥架起点，单击 DL 配电箱垂直桥架引出端，弹出“设置起点位置”对话框。选择“立管”和“底标高”，如图 6-53 所示，单击“确定”按钮。此时在 DL 配电箱上端面出现一个黄色的“×”，表示起点已设置完成，如图 6-54 所示。

设置、选择起点

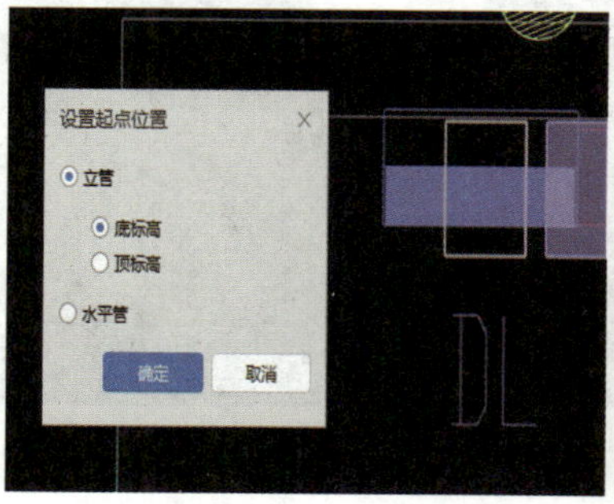

图 6-53　选择“立管”和“底标高”

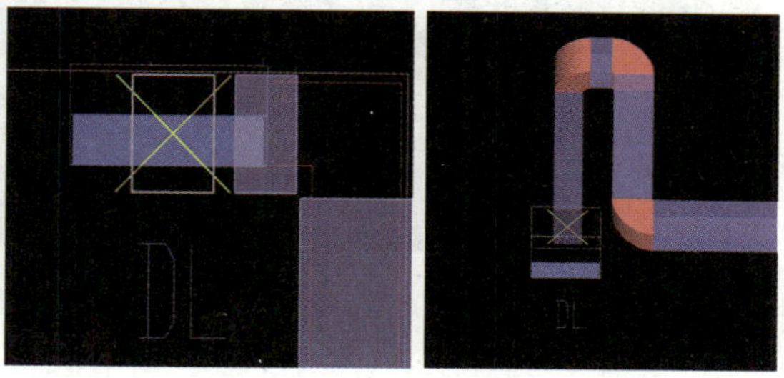

图 6-54　设置起点完成效果

在设置起点时，之前生成的粉色桥架通头可能会遮挡起点，影响选择。可以在“显示设置”对话框中取消勾选“桥架通头(电)”(图 6-55)或使用快捷键 R 快速隐藏桥架通头。

在“设置起点”操作过程中，如果起点位置选择有误，可以在“设置起点”功能开启的情况下，单击“×”处。界面弹出“设置起点位置”对话框，单击“确定”按钮，即可删除设置有误的起点。

图 6-55　取消勾选桥架通头图元显示

(6)选择起点

设置起点完成后，需要进行“选择起点”操作，从而完成相应电缆的布线操作。此前章节中已完成系统图识别，创建了配电箱各回路电线、电缆导管。接下来将使用相应型号的电缆配管进行布线。以 DL 配电箱至 ZM12 配电箱配管与桥架内布线为例，讲解“选择起点”的操作。具体操作步骤如下：

步骤 1：将楼层切换至第 13 层，在图纸上找到 DL 配电箱。

步骤 2：在导航栏内选择“电缆导管(电)(L)”，在“建模”选项卡中选择“识别桥架内线缆”功能区，单击“选择起点”图标按钮，启动该功能，如图 6-56 所示。

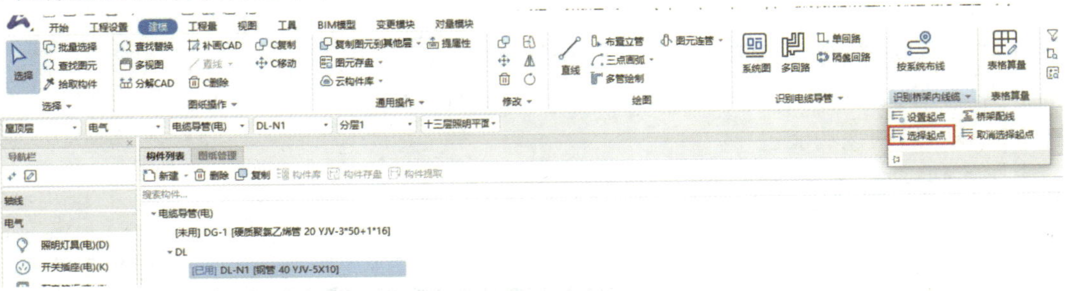

图 6-56　启动“选择起点”功能

步骤 3：单击选择 ZM12 配电箱与桥架连接的配管，单击鼠标右键确认，如图 6-57 所示。

步骤 4：进入“选择起点”对话框，在“切换起点楼层”下拉菜单中选择“屋顶层”，如图 6-58 所示。

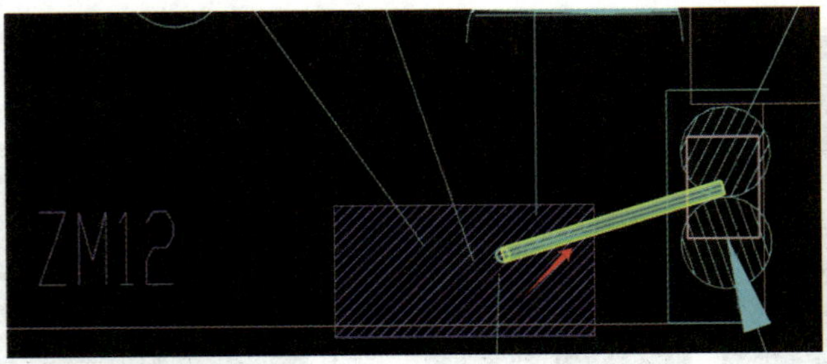

图 6-57　选择 ZM12 配电箱与桥架连接的配管

图 6-58　“切换起点楼层”至“屋顶层”

步骤 5：在屋顶层对应的“选择起点”对话框中，单击 DL 配电箱上的紫色圆圈(起点)，如图 6-59 所示，此时整条线缆变为绿色，如图 6-60 所示，单击鼠标右键确认。

步骤 6：汇总查看桥架内线缆工程量。

图 6-59　选择 DL 配电箱的起点

图 6-60　选择起点后整条线缆变为绿色

(7)建模显示设置

完成 DL 配电箱 N2～N14 回路配管与桥架内布线后，可以通过“显示设置”功能查看楼层间整体效果，具体操作如下：

步骤 1：在“视图”选项卡中选择“用户界面”功能区，单击“显示设置”图标按钮，启动该功能，如图 6-61 所示；也可直接在视图栏中单击“显示设置”图标按钮，如图 6-62 所示。

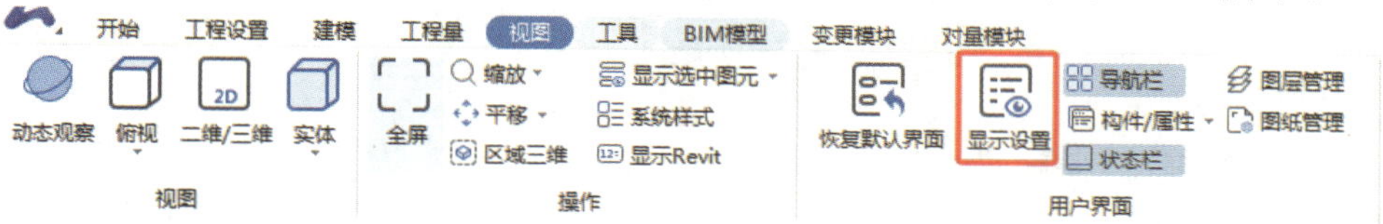

图 6-61　启动“显示设置”功能

步骤 2：界面弹出“显示设置”对话框，默认显示为“当前楼层”。单击“全部楼层”，如图 6-63 所示，此时将显示全部楼层的建模构件。通过“动态观察”功能查看 N2～N14 全部楼层建模构件整体效果，如图 6-64 所示。

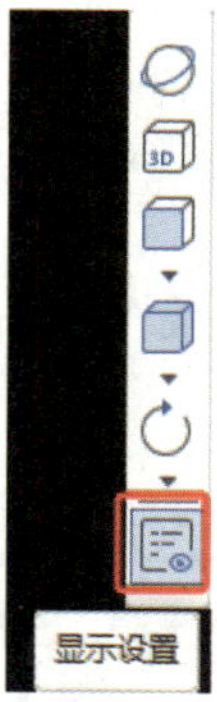

图 6-62　在视图栏中启动“显示设置”功能

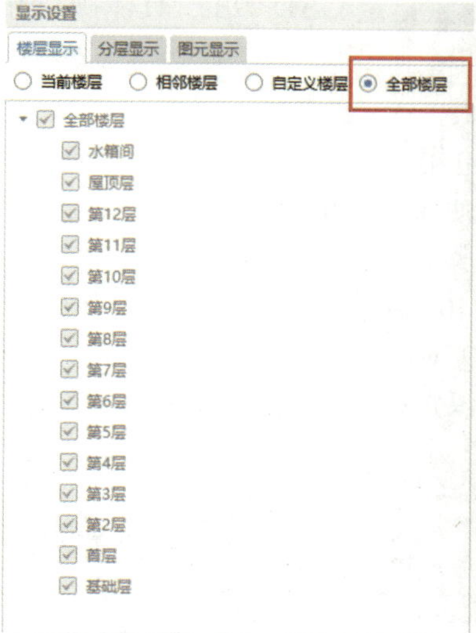

图 6-63　选中“全部楼层”

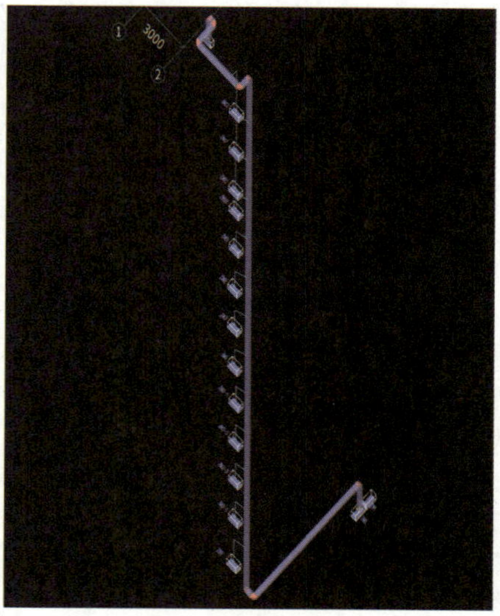

图 6-64　N2～N14 全部楼层建模构件整体效果

“显示设置”对话框还提供了“分层显示”和“图元显示”功能，可以根据实际需要显示或隐藏图层或图元，如图 6-65 所示。

建模时，CAD 图线被已建模的构件遮挡，会给后续操作带来不便。灵活使用隐藏、显示图元等功能即可解决此类问题，具体操作如下：

在导航栏选择对应构件类型或启动“跨类型选择”功能，在绘图区中单击或框选需要进行调整的构件图元，单击鼠标右键确认，根据需要选择相应的功能选项，如图 6-66 所示。

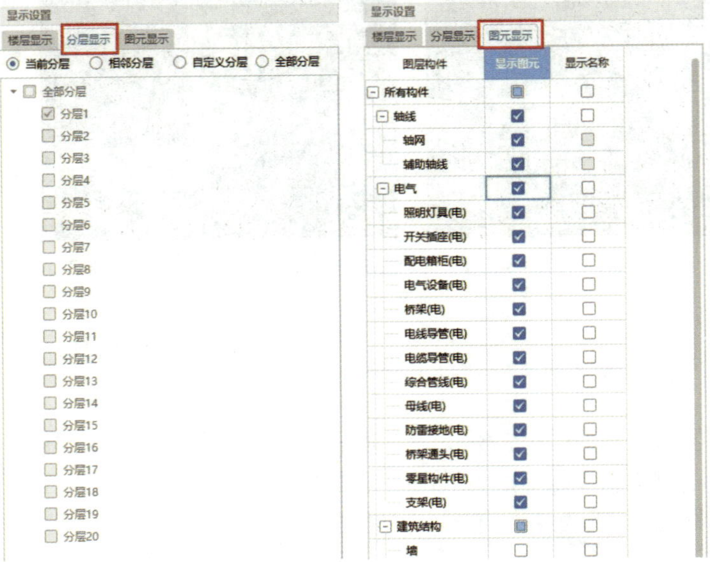

图 6-65 “分层显示”和“图元显示”功能

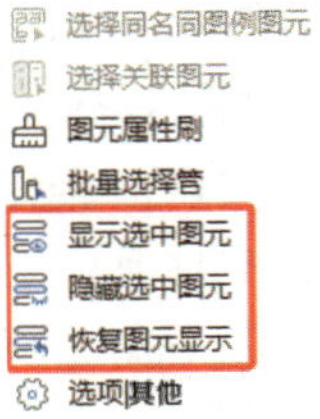

图 6-66 图元显示、隐藏功能选项图标按钮

①“显示选中图元”：显示当前已选中的构件图元，未选中的构件图元全部隐藏。

②“隐藏选中图元”：隐藏当前已选中的构件图元。

③“恢复图元显示”：所有已隐藏的构件图元恢复显示。

此功能常用于隐藏桥架等建模效果明显、容易遮挡其他构件图元或 CAD 图线的构件图元。需要注意的是，此功能隐藏或显示的是已经建模的构件图元，并不能隐藏 CAD 图线。如果需要隐藏 CAD 图线，则需要使用“隐藏指定 CAD”功能，具体操作方法会在后续章节中进行详细介绍。

7. 桥架配线

在 DL 配电箱 N1 回路中，DL 配电箱连接 ZM0 配电箱，全程使用桥架。该回路全程未使用配管，即桥架外没有线缆，因此无法使用之前的“设置起点”和“选择起点”功能，需要使用“桥架配线”功能来完成布线，具体操作步骤如下：

步骤 1：在“用户界面”功能区中单击“显示设置”图标按钮，弹出“显示设置”对话框。选择“楼层显示”中的“自定义楼层”，勾选“基础层”和“屋顶层”。

步骤 2：在“建模”选项卡中选择“识别桥架内线缆”功能区，单击“桥架配线”图标按钮，启动该功能，如图 6-67 所示。

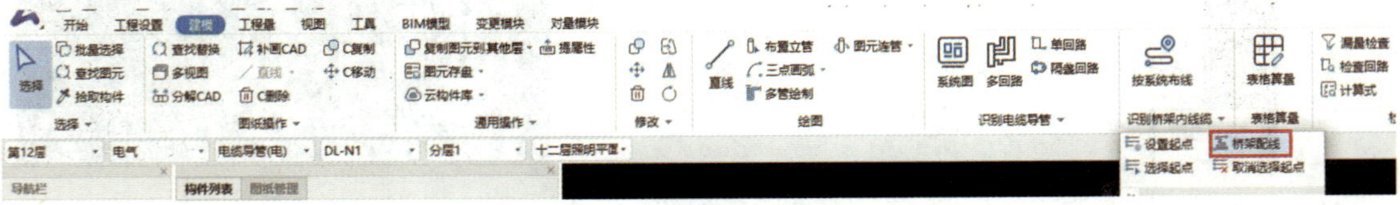

图 6-67 启动“桥架配线”功能

步骤 3：单击选择 DL 配电箱与 ZM0 配电箱上端面的两处立管。选中后，两端面立管之间的整段桥架变为绿色，即两个配电箱之间的桥架被全部选中，单击鼠标右键确认，如图 6-68 所示。界面弹出“选择配线”对话框。需要注意的是，使用“桥架配线”功能时，只需选中起点和终

点的两段桥架，即可选中两端点间的全部桥架。此功能能够节省时间，提升操作效率。

步骤 4：在“选择配线”对话框中，选择构件“DL-N1”，核对其配电箱信息和回路编号，确认无误后，单击“确定”按钮，如图 6-69 所示。

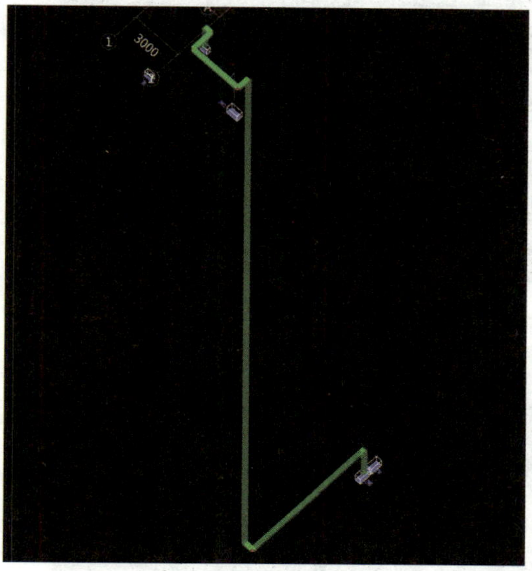

图 6-68　选中的桥架

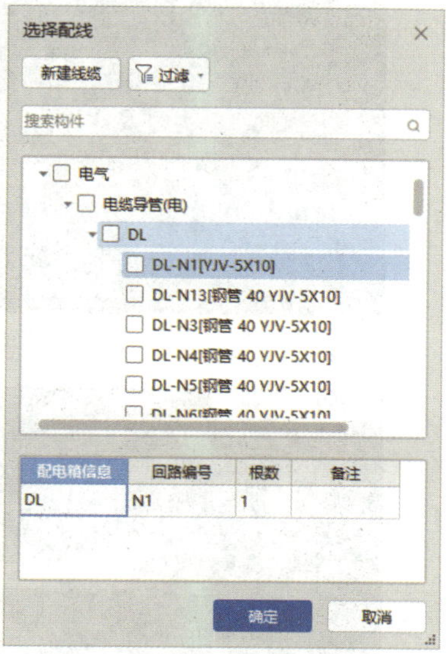

图 6-69　选择构件“DL-N1”

8. 按系统布线

更新后的软件提供了方便快捷的桥架布线功能。接下来将使用“按系统布线”功能完成 DL 配电箱至 ZM12 配电箱配管与桥架内布线。具体操作步骤如下：

步骤 1：在导航栏内选择“电缆导管（电）(L)”，在构件列表中选择相应线缆构件。在“建模”选项卡中选择“识别桥架内线缆”功能区，单击“按系统布线”图标按钮，启动该功能，如图 6-70 所示，界面弹出“按系统布线”对话框。

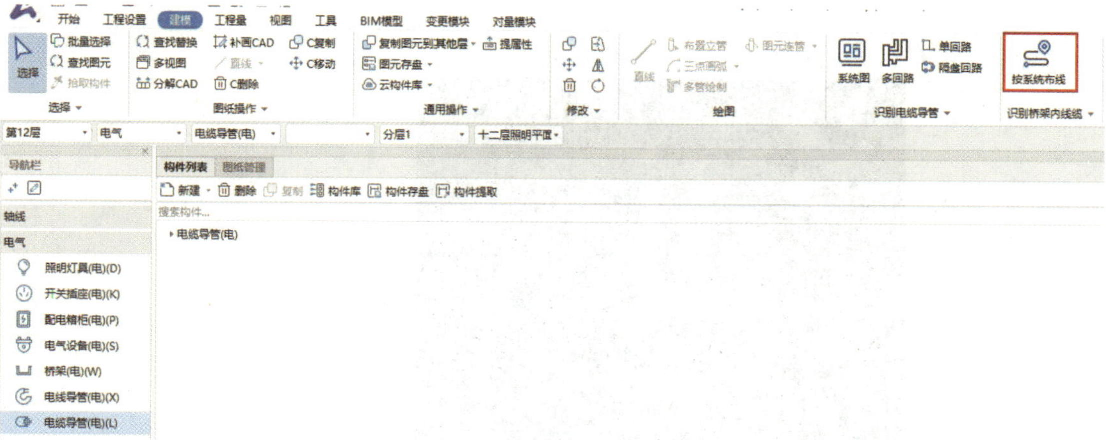

图 6-70　启动“按系统布线”功能

步骤 2：在“按系统布线”对话框中将楼层切换至基础层，选中 DL 配电箱上端面，当四周变为黄色时，即完成选中操作，如图 6-71 所示。在弹出的“设置起点”“设置终点”对话框中选择“设置起点”，如图 6-72 所示。注意，选择时不要将桥架垂直部分设置为起点，以免影响工程量的准确性。

步骤 3：将楼层切换至第 13 层，选中 ZM12 配电箱，将其设置为终点。设置完成后，软件将自动生成线缆，如图 6-73 所示。检查回路无误后，单击鼠标右键确认，生成图元。

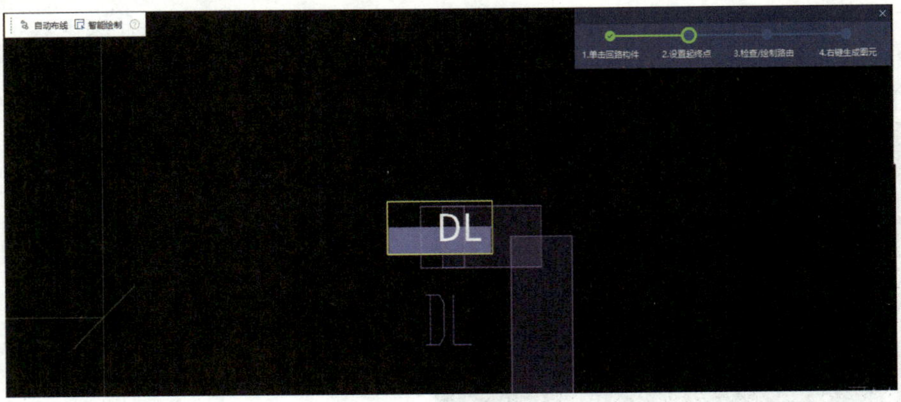

图 6-71　选中 DL 配电箱

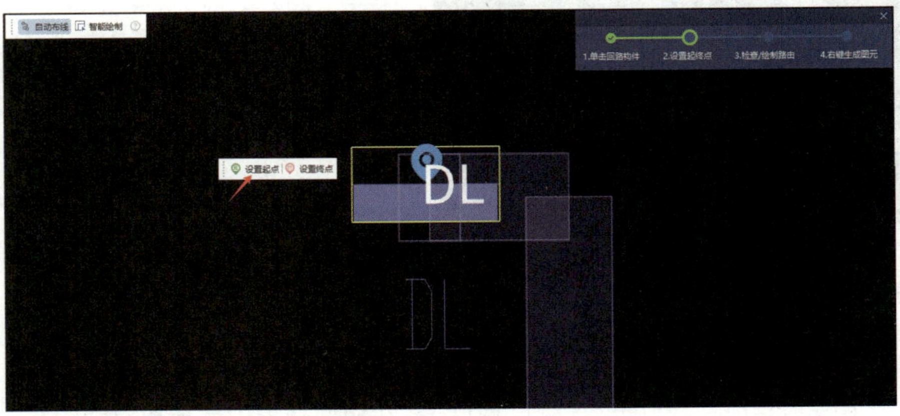

图 6-72　设置 DL 配电箱为起点

无论是纯桥架还是桥架-配管形式，都可以使用“按系统布线”功能完成布线操作，此功能十分强大。

参照上述方法，完成其余回路的建模操作。

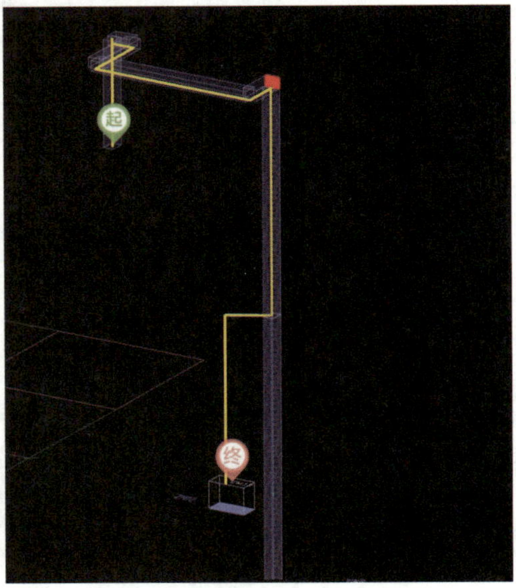

按系统布线

图 6-73　自动生成的线缆

9. 检查回路

利用“检查回路”功能可以清晰、完整、系统地显示连通回路，并显示其工程量信息，这是“图元查量”功能无法实现的。在分系统回路检查图元或核对工程量时，可以使用此功能，也可以使用此功能与手工计算的工程量进行对量操作。“检查回路”的具体操作步骤如下：

步骤 1：将楼层切换至第 13 层，单击“检查/显示”功能区中的“检查回路”图标按钮，启动该功能，如图 6-74 所示。

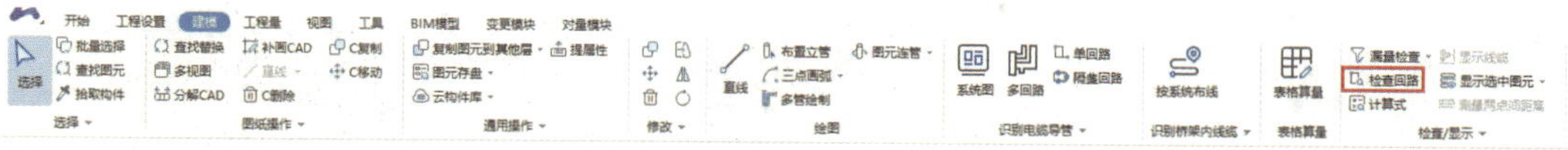

图 6-74　启动“检查回路”功能

步骤 2：单击 DT 配电箱 N1 回路桥架外的线缆，在绘图区中会显示动态形式的回路路径和工程量等信息，桥架内配线长度也会单独列出，如图 6-75 所示。

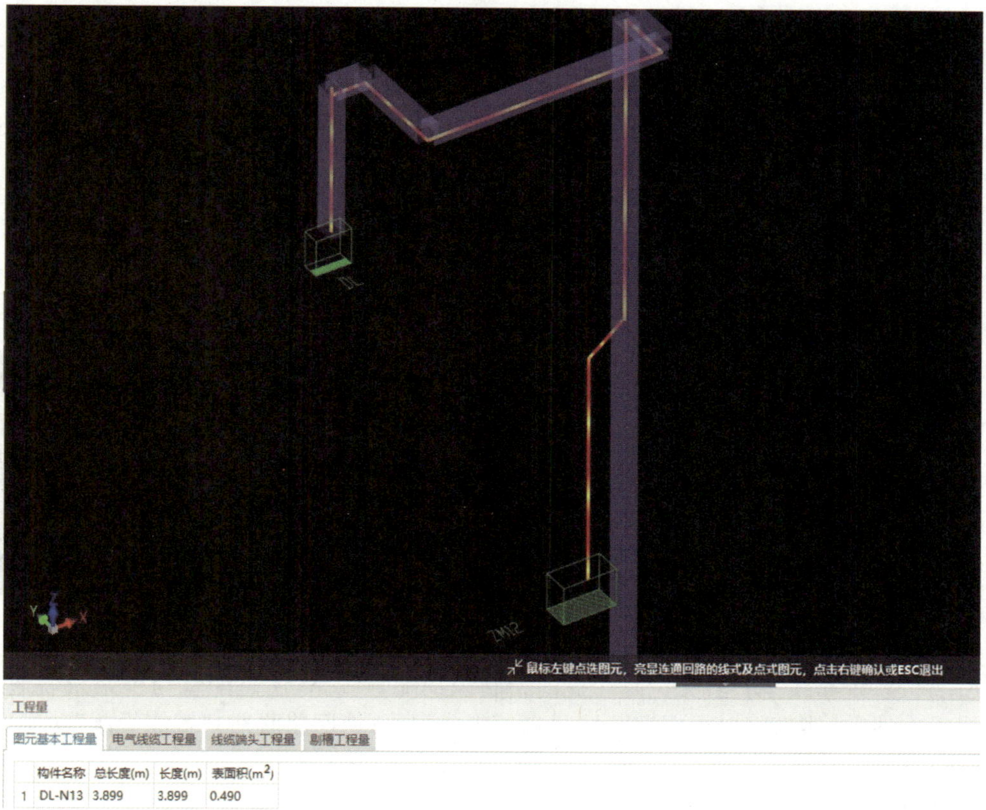

图 6-75　“检查回路”效果

10. 桥架建模注意事项及操作技巧

在使用“选择起点”功能时，会遇到弹出错误提示窗口的情况。可根据提示窗口中的错误，进行相应修正。

错误 1：未设置桥架起点，直接使用“选择起点”功能，如图 6-76 所示。

修正 1：使用“设置起点”功能确定桥架位置后，再使用“选择起点”功能，即可进行正常操作。

错误 2：在不是桥架-配管形式的情况下或未提前绘制识别配管线路时，使用“选择起点”功能，如图 6-77 所示。

修正 2：在不是桥架-配管形式的情况下，可以使用“按系统布线”或“桥架配线”功能完成布线。当未提前绘制识别配管线路时，在确定配线形式为桥架-配管后，检查此回路是否有连接至设备、配电箱的配管未进行绘制识别。确保全部配管已绘制识别，问题即可解决。

错误3：选中与桥架相连接的配管时，提示存在与起点不相连的管或线缆，如图6-78所示。

修正3：检查配管与桥架是否相连。需要注意的是，配管未连接到桥架(图6-79)或配管穿过桥架(图6-80)，均会导致此类错误发生。因此需要对错误的配管线路进行修改，将配管线路修改至桥架内，重新使用“选择起点”功能，问题即可解决。

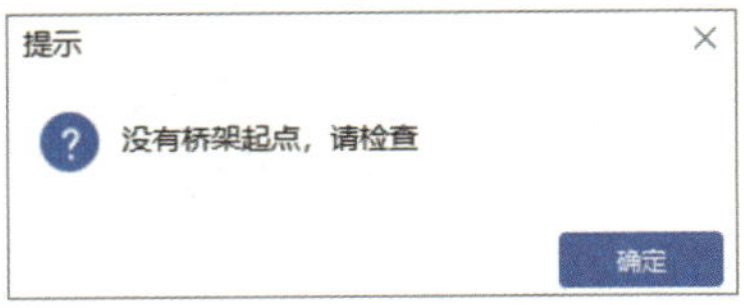

图6-76　未设置桥架起点

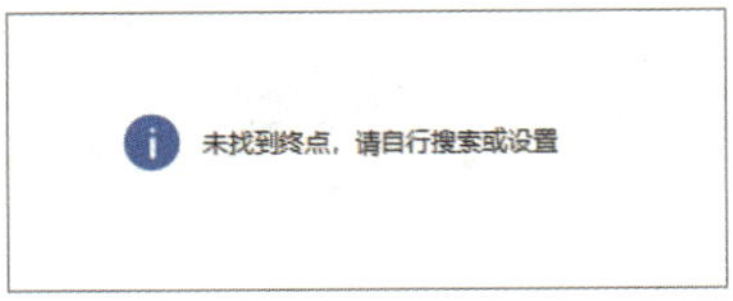

图6-77　未找到终点

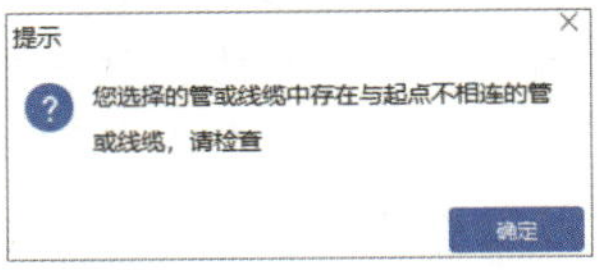

图6-78　桥架与配管不相连

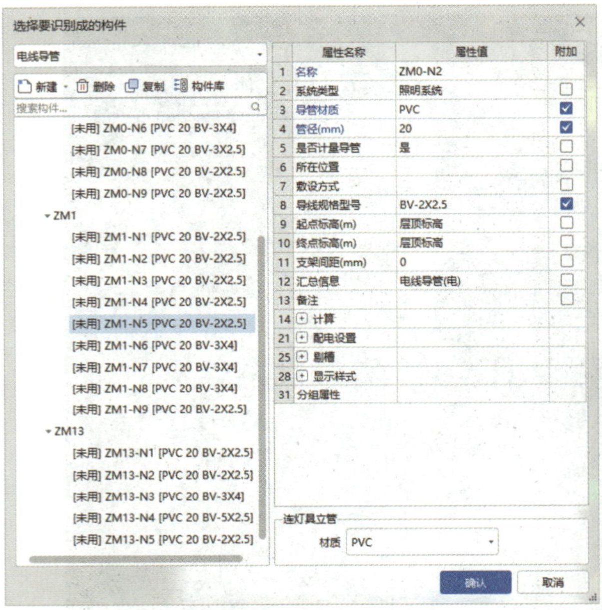

图6-79　配管未连接到桥架

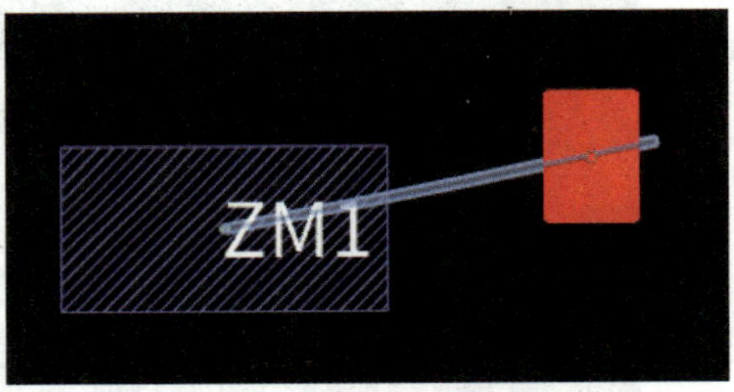

图6-80　配管穿过桥架

使用“按系统布线”功能，无论是否提前绘制识别配管线路，还是配管与桥架未联通，软件中的“自动布线”功能都可以根据实际情况自动生成配管，使回路联通；“智能绘制”功能也能很好地解决以上问题。

11. 照明回路建模(单回路)

电线导管单回路识别是指操作一次识别一条配电回路工程量。在使用“单回路”功能前，应先完成该回路连接设备、器具(灯具、开关等)的建模操作。以ZM1配电箱N2回路为例介绍“单回路”功能。具体操作步骤如下：

步骤1：在导航栏选择“电线导管(电)(X)”构件类型，在“建模”选项卡中选择“识别电线导管”功能区，单击“单回路”图标按钮，启动该功能，如图6-81所示。

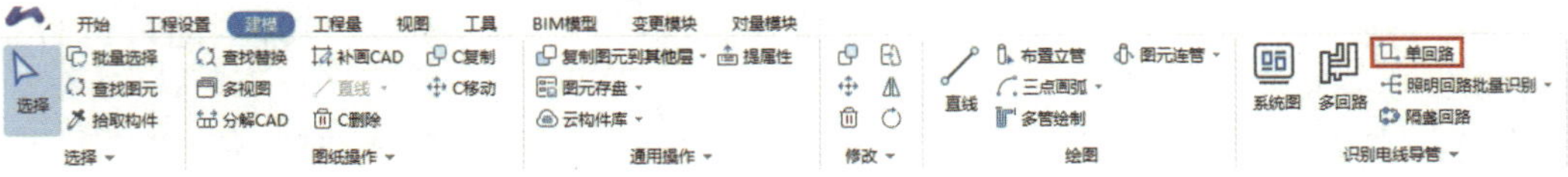

图6-81　启动“单回路”功能

步骤 2：根据文字提示，选中首层平面图中 ZM1 配电箱 N2 回路的 CAD 图线和回路编号 N2。选中的回路会变为橙色，单击鼠标右键确认，如图 6-82 所示。

步骤 3：在弹出的“单回路-回路信息”对话框中，“配电箱”“回路编号”“构件名称”均可手动修改，例如修改构件名称，双击待修改的构件名称，出现扩展按钮，如图 6-83 所示。单击该扩展按钮，进入“选择要识别成的构件”对话框，如图 6-84 所示。如要检查导线根数是否正确，可以双击导线根数，同样出现扩展按钮。单击该扩展按钮，进入绘图区修改界面，若发现错误，直接单击数字即可修改，如图 6-85 所示，修改完成后单击“确定”按钮。

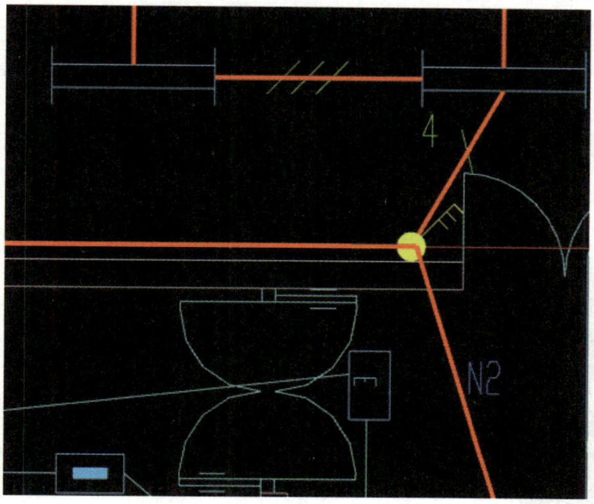

图 6-82　选中回路和回路编号

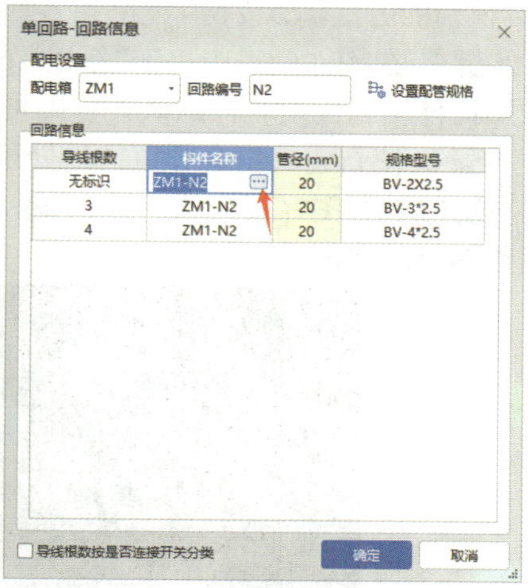

图 6-83　修改构件名称

步骤 4：检查回路有无遗漏或错误。如果未能一次单击将回路图线全部选中，则先检查回路中设备是否已全部识别完毕；如果回路中图线还有遗漏或错误，可再次使用“单回路”功能完成对应图线的补选或修正。

软件还提供了“多回路”功能，它是通过一次性选择多条回路编号和相应回路管线来识别多条回路工程量。使用“多回路”功能，若图纸回路连接无断开或交叉，则效率较高；但对于某些绘制不规范的图纸，可能需要多次修改，反而影响效率，降低识别的准确率。因此对于初学者，本书建议使用“单回路”功能。

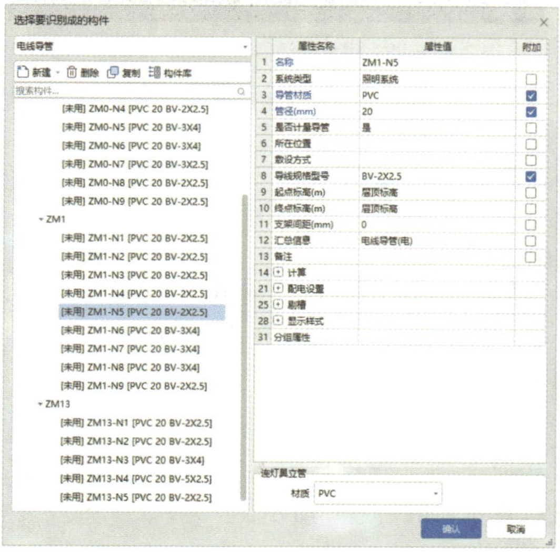

图 6-84　“选择要识别成的构件”对话框

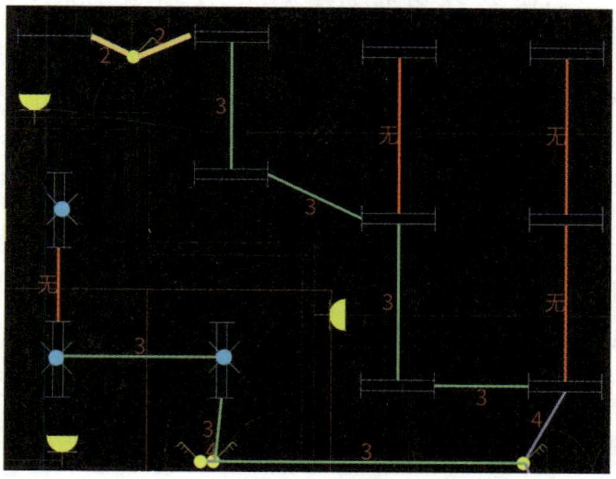

图 6-85　修改导线根数

12. 组合管道建模

在配电系统图和平面图中，有多处配电箱回路存在共线段，即用一根 CAD 图线来表示两个回路。地下室 ZM0 配电箱 N1、N2 回路，首层 ZM1 配电箱 N3、N4、N5 回路及其他楼层配电箱均存在这种情况，并且没有使用桥架敷设，如图 6-86 所示。使用“组合管道”功能可以很好地处理这种情况，以地下室 ZM0 配电箱 N1、N2 回路为例介绍“组合管道”功能，具体操作步骤如下：

步骤 1：将楼层切换至基础层，并在导航栏内选中“电线导管(电)(X)”构件类型。使用“系统图”识别的方法输入 ZM0 配电箱各回路信息，实现回路构件的快速建模。

步骤 2：在构件列表中单击“新建”下拉列表中的“新建组合管道”，如图 6-87 所示，新建组合管道构件。属性按软件默认设置即可，如图 6-88 所示。

步骤 3：使新建的组合管道构件处于选中状态，单击“建模”选项卡中“识别电线导管”功能区的“选择识别”图标按钮，启动该功能，完成 ZM0 配电箱 N1、N2 回路一条 CAD 图线表示一个回路部分的建模，如图 6-89 所示。

图 6-86　地下室 ZM0 配电箱中 N1、N2 回路共线

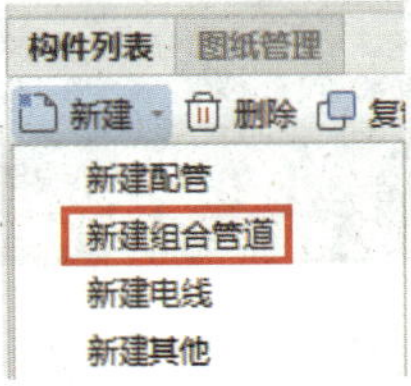

图 6-87　新建组合管道

属性

	属性名称	属性值	附加
1	名称	ZHGD-1	
2	宽度(mm)	200	☑
3	起点标高(m)	层底标高	☐
4	终点标高(m)	层底标高	☐
5	⊟ 计算		
6	标高类型	管底标高	☐
7	⊞ 显示样式		
10	分组属性		

图 6-88　组合管道构件默认属性

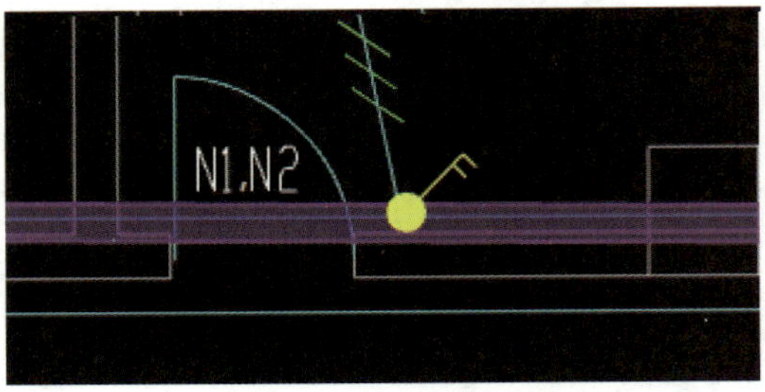

图 6-89　组合管道建模完成后的效果

步骤 4：在 ZM0 配电箱和组合管道的起点处进行“设置起点”操作。

步骤 5：在图纸轴线④、⑤之间的 ZM0 配电箱 N1 回路管线进行“选择起点”操作。

步骤 6：根据步骤 5 的操作，完成轴线⑤、⑥之间的 ZM0 配电箱 N2 回路管线建模。由此 ZM0 配电箱 N1、N2 回路共线部分就完成了建模。

参照上述操作步骤完成整楼的共线部分建模。

需要注意的是，组合管道建模只是一种辅助工具，它本身没有任何工程量。它的作用是解决使用一根 CAD 图线来表示多个回路的问题。所以还要进行与桥架建模类似的“设置起点”和“选择起点”操作，否则将不会计算任何工程量。与桥架建模“设置起点”和“选择起点”不同的是，在桥架内软件只进行布线，并未进行管道敷设；而组合管道建模既有线缆的工程量，也有管道的工程量。利用组合管道完成建模后，查看相应回路工程量与桥架建模后的查看工作量也略有区别，需要对“选择起点”时选中的管线进行查量，如图 6-90 所示。

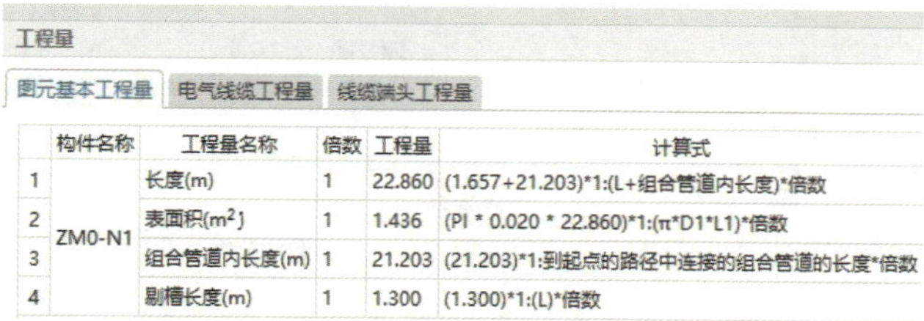

工程量

图元基本工程量 | 电气线缆工程量 | 线缆端头工程量

	构件名称	工程量名称	倍数	工程量	计算式
1	ZM0-N1	长度(m)	1	22.860	(1.657+21.203)*1:(L+组合管道内长度)*倍数
2		表面积(m²)	1	1.436	(PI * 0.020 * 22.860)*1:(π*D1*L1)*倍数
3		组合管道内长度(m)	1	21.203	(21.203)*1:到起点的路径中连接的组合管道的长度*倍数
4		剔槽长度(m)	1	1.300	(1.300)*1:(L)*倍数

图 6-90　组合管道工程量

组合管道建模

13. 线缆工程量查看

完成工程量汇总计算后，可以使用“查看分类汇总工程量”功能查看相应线缆工程量。在查看时，需要勾选“查看电线工程量”选项，如图 6-91 所示。图中显示的工程量并非本工程实例最终工程量，仅做操作演示使用。

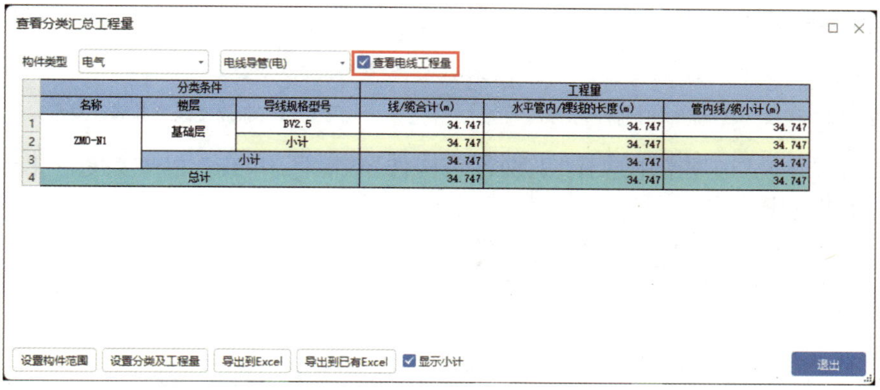

查看分类汇总工程量

构件类型　电气　电线导管(电)　☑查看电线工程量

	分类条件			工程量		
	名称	楼层	导线规格型号	线/缆合计(m)	水平管内/裸线的长度(m)	管内线/缆小计(m)
1	ZM0-N1	基础层	BV2.5	34.747	34.747	34.747
2			小计	34.747	34.747	34.747
3		小计		34.747	34.747	34.747
4	总计			34.747	34.747	34.747

设置构件范围　设置分类及工程量　导出到Excel　导出到已有Excel　☑显示小计　退出

图 6-91　启动“查看分类汇总工程量”功能

14. 标准间建模

图纸中有时存在标准间，如室内房间回路敷设位置相同或对称的宿舍、公寓即可视为标准间。可以先完成宿舍、公寓其中一个房间的回路建模，再使用“复制”和“镜像”的方法，快速完成其他房间的回路建模。

此外，如果不要求建模细节，只为快速计算工程量，那么在完成一个房间的回路建模后，可以启动“标准间”功能来实现其他房间建模。需要注意的是，根据电气建模识别顺序，灯具、开关和插座已通过“设备提量”的方法完成了识别，此时只需对管线进行“标准间”建模即可。具体操作步骤如下：

步骤 1：在导航栏中选中“电线导管（电）（X）”构件类型，在构件列表中选择相应回路的线缆。

步骤 2：在构件的属性对话框中，单击展开“计算”，找到“乘以标准间数量”和“倍数”。

步骤 3：将“乘以标准间数量”属性值设置为“是”。修改“倍数”的属性值，数值根据标准件实际数量设置即可，如图 6-92 所示。

在使用“标准间”功能计算工程量时，对于不同楼层且不同层高的标准间，需要针对不同层高分别设置，避免造成最终工程量计算错误。按上述操作步骤即可快速完成标准间的建模。

15. 零星构件建模

根据配电配线工程构件的建模顺序，本节将对零星构件进行建模。配电配线工程的零星构件一般为接线盒、灯头盒、开关插座盒等。具体操作步骤如下：

步骤 1：在导航栏中选中“零星构件（电）（A）”构件类型，新建 3 个“接线盒”构件并将其中两个构件类型分别修改为“灯头盒”和“开关插座盒”，如图 6-93 所示。

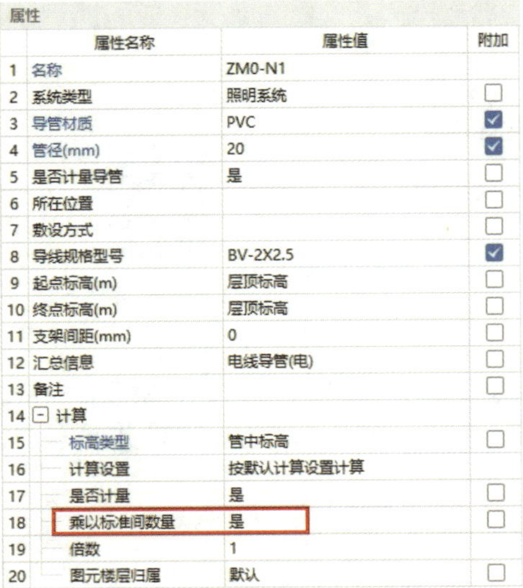

图 6-92 选择“乘以标准间数量”功能

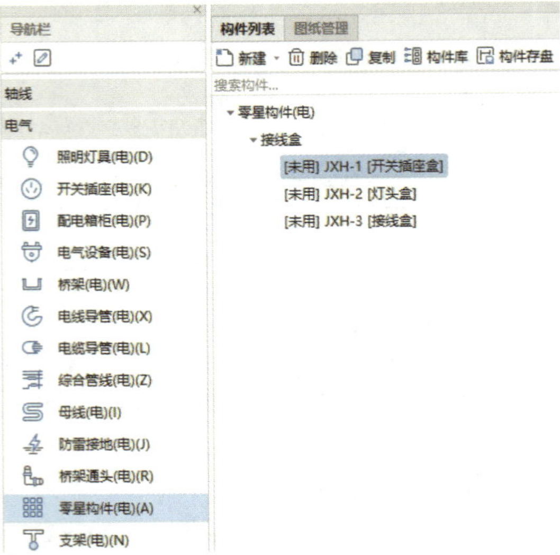

图 6-93 新建接线盒并修改类型

步骤 2：在“建模”选项卡中选择“识别零星构件”功能区，单击“生成接线盒”图标按钮，如图 6-94 所示，启动该功能。

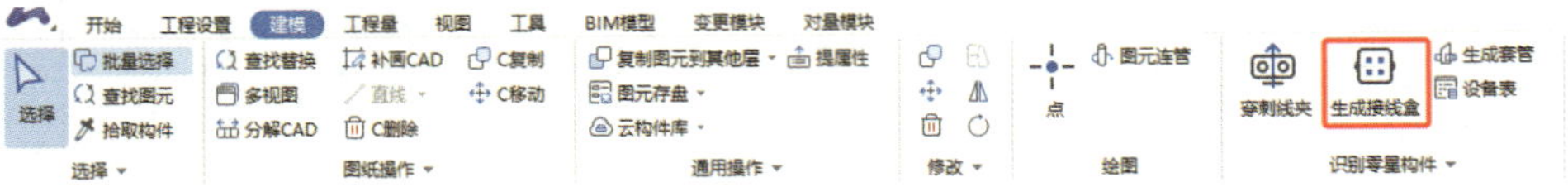

图 6-94 启动“生成接线盒”功能

步骤 3：在弹出的“选择构件”对话框中，选择“JXH-1[开关插座盒]”，如图 6-95 所示，单击“确认”按钮。在弹出的“生成接线盒”对话框中，选择每层需要设置接线盒的“开关插座(电)”构件，如图 6-96 所示，单击“确定”按钮，完成操作。

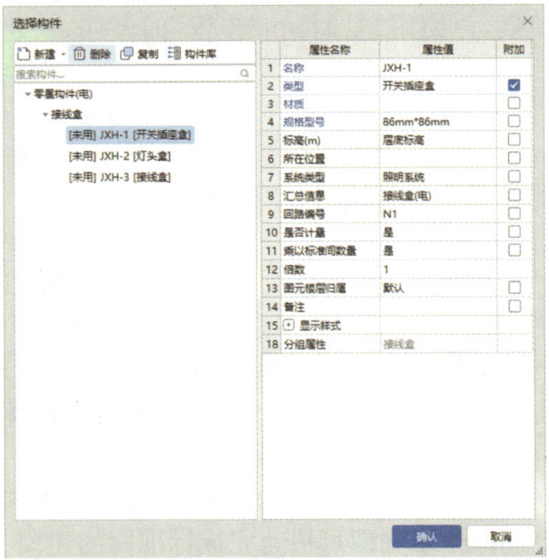

图 6-95 “选择构件”对话框

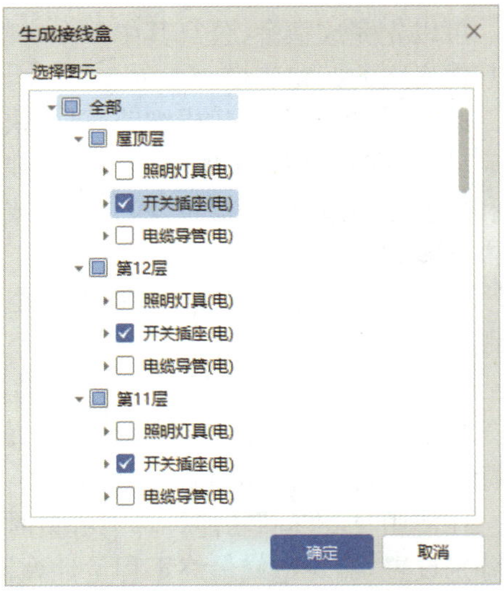

图 6-96 选择全部楼层的“开关插座”构件

步骤 4：参考步骤 3，完成“照明灯具(电)(D)”构件类型中的“灯头盒”构件建模。操作完成后，软件会在对应灯具位置自动生成“灯头盒”构件，如图 6-97 所示。

步骤 5：在“选择构件”对话框中，选择“JXH-3[接线盒]”，再在“生成接线盒”对话框中选择每层需要设置接线盒的“电缆导管(电)”构件，单击“确定”按钮，完成操作。

根据配电配线工程构件的建模顺序，完成零星构件建模后，本工程实例中的配电配线工程建模操作已全部完成。

二、防雷接地工程构件的建模

防雷接地工程是保护建筑物、设备、人员等免受雷电侵害的重要措施，其主要组成部分包括接闪器、避雷引下线和接地装置等。利用建筑物接闪器将雷电过电压通过引下线与接地装置相连，并释放到大地，在室内设置等电位装置来实现等电位连接。

防雷接地工程构件的建模顺序如图 6-98 所示。

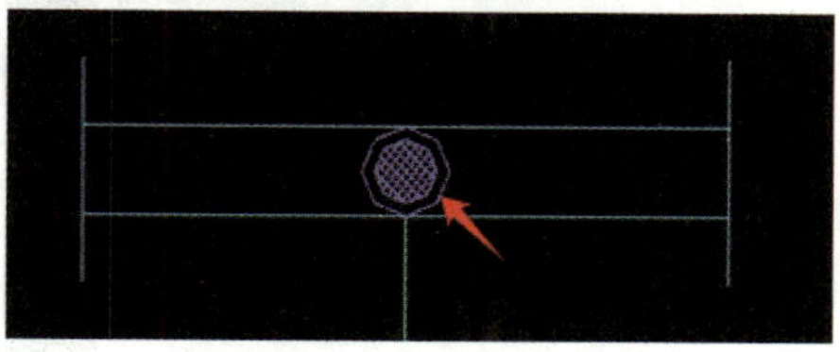

图 6-97　生成的“灯头盒”构件

图 6-98　防雷接地工程构件的建模顺序

1. 接闪器建模

本工程实例接闪器选用 $\phi 12$ mm 镀锌圆钢作为避雷带，屋顶并非平整结构。在建模时一定要注意高差结构带来的敷设要素；同时屋顶避雷带须做网格处理，所有避雷带须连接无断点，形成完整的避雷防护。具体操作步骤如下：

步骤 1：在导航栏中选择“防雷接地(电)(J)”，在构件列表中“新建避雷网”，如图 6-99 所示。新建完成后，修改避雷网属性，如图 6-100 所示。

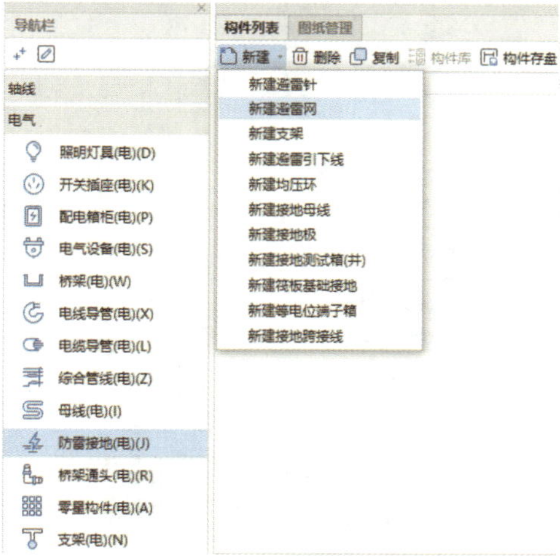

图 6-99　新建避雷网

属性

	属性名称	属性值	附加
1	名称	避雷网-1	
2	类型	避雷网	☐
3	材质	镀锌圆钢	☐
4	规格型号	12	☑
5	起点标高(m)	层底标高	☐
6	终点标高(m)	层底标高	☐
7	计算设置	按默认计算设置计算	
8	系统类型	防雷系统	☐
9	汇总信息	避雷网(防)	☐
10	是否计量	是	☐
11	乘以标准间数量	是	☐
12	倍数	1	☐
13	图元楼层归属	默认	☐
14	备注		☐
15	+ 显示样式		

图 6-100　修改避雷网属性

步骤 2：在“建模”选项卡中选择“识别防雷接地”功能区，单击“回路识别”图标按钮，启动该功能，如图 6-101 所示。

图 6-101　启动“回路识别”功能

步骤 3：在绘图区选中避雷带 CAD 图线，单击鼠标右键确认。弹出“选择构件”对话框，选择新建的“避雷网-1[12]”构件，单击“确认”按钮，如图 6-102 所示。

步骤 4：分析图纸，修改部分避雷带标高。修改完成后可使用“动态观察”功能检查效果，如图 6-103 所示。

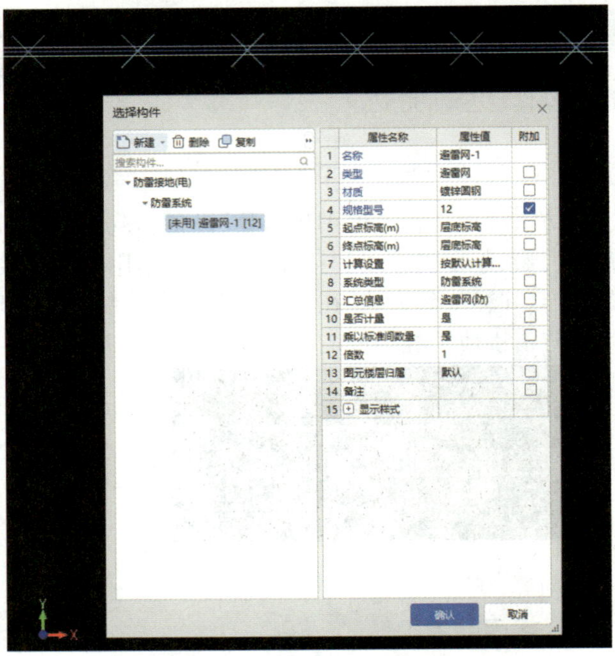

图 6-102 避雷带建模

2. 避雷引下线建模

在进行避雷引下线建模时，由于部分避雷引下线的位置不在同一平面，存在高差，因此使用“识别引下线”功能无法选定范围，建模后还需进行修改。在建模前可以使用“隐藏 CAD 图线”功能隐藏不同高度的避雷引下线。具体操作步骤如下：

步骤 1：在导航栏中使“防雷接地(电)(J)”处于选中状态，在构件列表中“新建避雷引下线”，如图 6-104 所示。

步骤 2：在“视图”选项卡中选择“用户界面”功能区，单击“图层管理”图标按钮，启动该功能，如图 6-105 所示。

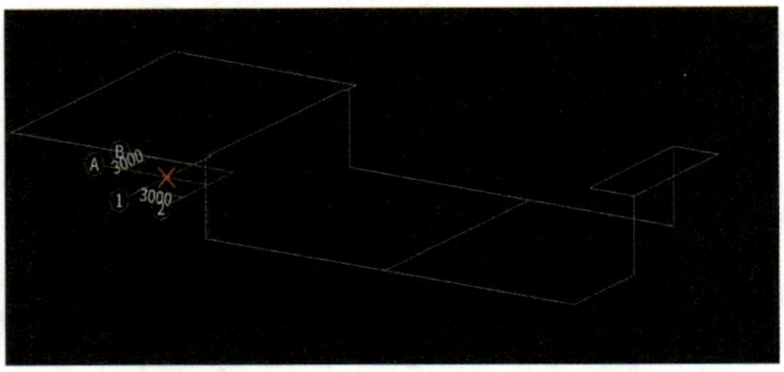

图 6-103 使用“动态观察”功能检查效果

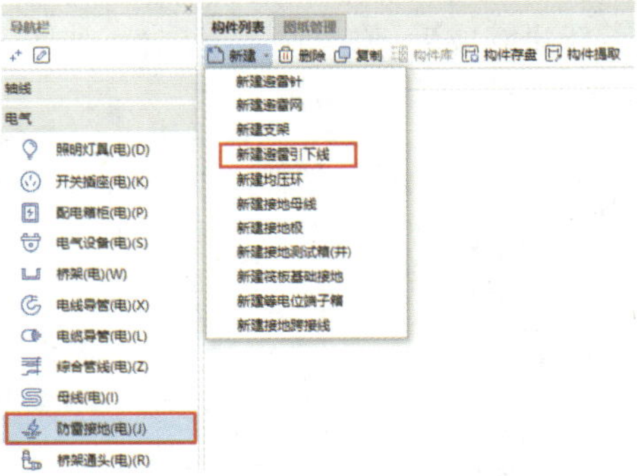

图 6-104 新建避雷引下线

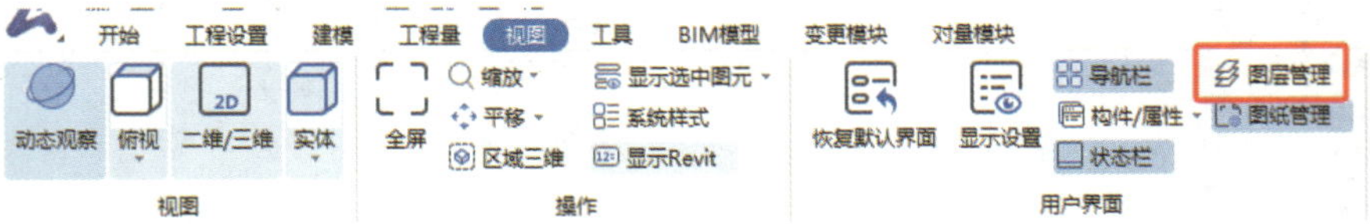

图 6-105 启动“图层管理”功能

步骤 3：在“图层管理”区中，单击“隐藏指定 CAD”图标按钮，启动该功能，如图 6-106 所示。在绘图区框选高度不一致的图线，单击鼠标右键确认，完成隐藏。

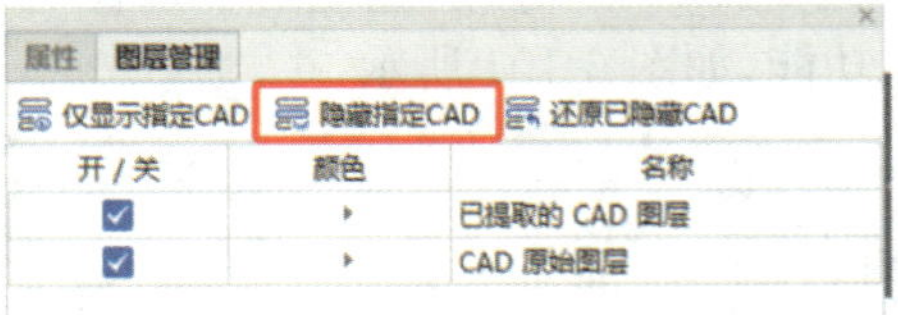

图 6-106 启动“隐藏指定 CAD”功能

步骤 4：在“建模”选项卡中选择“识别防雷接地”功能区，单击“引下线识别”图标按钮，启动该功能，如图 6-107 所示。

步骤 5：在图纸中选中一个避雷引下线图元，单击鼠标右键确认，界面弹出“选择构件”对

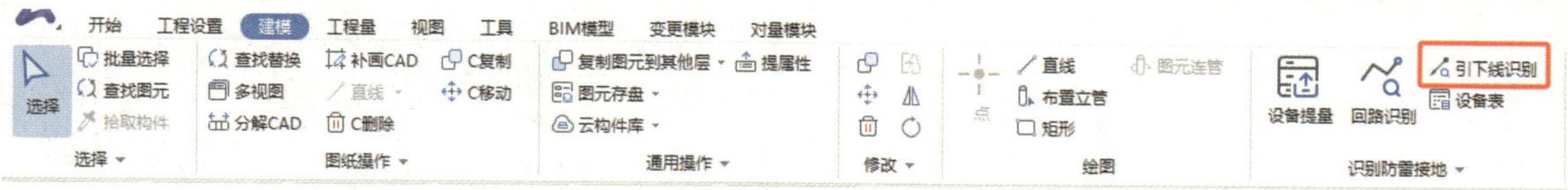

图 6-107　启动“引下线识别”功能

话框。在对话框中选择步骤 1 中创建的构件“避雷引下线-1”，单击“确认”按钮，完成操作，如图 6-108 所示。

步骤 6：在弹出的“立管标高设置”对话框中，设置“起点标高”和“终点标高”属性值，单击“确认”按钮。界面弹出“识别的避雷引下线数量：2”提示窗口，如图 6-109 所示，单击“确定”按钮。

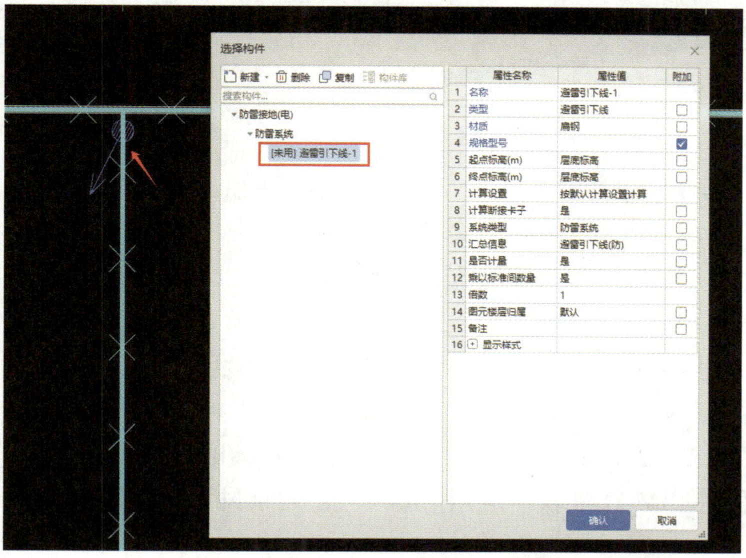

图 6-108　识别避雷引下线构件

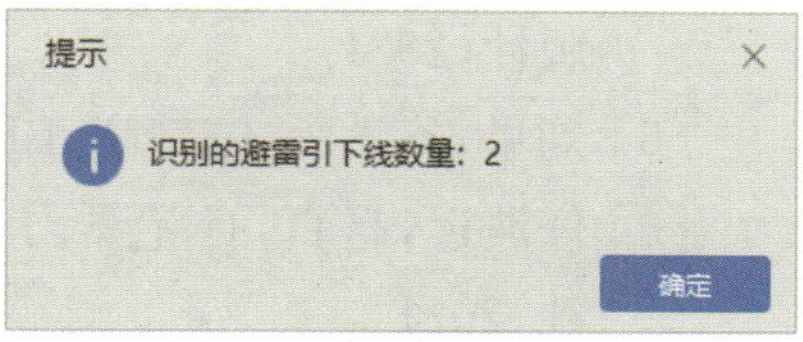

图 6-109　提示识别的引下线数量

步骤 7：在图层管理区中，启动“还原已隐藏 CAD”功能，框选已隐藏的 CAD 图线，单击鼠标右键确认，即恢复已隐藏的 CAD 图线。根据步骤 3～6 的操作方法，隐藏另一部分图纸，完成全部避雷引下线的识别。

还可以使用“布置立管”功能进行避雷引下线建模，在对应位置直接绘制避雷引下线。需要注意的是，不同位置的避雷引下线高度设置一定要准确，避免发生错误。

防雷接地其他构件建模

3. 其他构件建模

防雷接地系统、接地装置，以及等电位装置的建模操作方法与之前介绍的构件建模操作方法大体相同，这里不再一一介绍。

习　题

1. 房屋建筑电气工程根据用途可分为哪些工程？
2. 配电配线工程包括哪些工程？
3. 桥架建模注意事项有哪些？
4. “单回路”功能与“多回路”功能的主要区别是什么？

参考文献

[1] 周建云，赵秋雨. BIM 安装工程量清单计价[M]. 北京：清华大学出版社，2022.

[2] 欧阳焜. 广联达 BIM 安装算量软件应用教程[M]. 2 版. 北京：机械工业出版社，2023.

[3] 杨霖华，朱加鹏，赵小云. 建筑工程 BIM 造价实操从入门到精通[M]. 北京：化学工业出版社，2023.

[4] 广联达安装产品部. 安装工程 BIM 算量通用流程与实例教程[M]. 北京：化学工业出版社，2021.

[5] 刘星，谷洪雁，陈楚晓. BIM 安装工程计量与计价[M]. 北京：化学工业出版社，2022.

[6] 任波远，赵真，孙艳翠. 广联达 BIM 算量软件应用[M]. 2 版. 北京：机械工业出版社，2021.

[7] 吕艳玲. BIM 安装工程造价[M]. 北京：清华大学出版社，2023.